Lutz Hofmann
Elektrische Energieversorgung
De Gruyter Studium

Weitere empfehlenswerte Titel

Elektrische Energieversorgung 1
L. Hofmann, 2019
ISBN 978-3-11-054851-8, e-ISBN (PDF) 978-3-11-054853-2,
e-ISBN (EPUB) 978-3-11-054870-9

Elektrische Energieversorgung 3
L. Hofmann, 2019
ISBN 978-3-11-060824-3, e-ISBN (PDF) 978-3-11-060827-4,
e-ISBN (EPUB) 978-3-11-060872-4

Energy Harvesting
O. Kanoun (Ed.), 2018
ISBN 978-3-11-044368-4, e-ISBN (PDF) 978-3-11-044505-3,
e-ISBN (EPUB) 978-3-11-043611-2

Energietechnik
D. Liepsch, F. Bajic, C. Steger
ISBN 978-3-486-72769-2, e-ISBN (PDF) 978-3-486-76967-8,
e-ISBN (EPUB) 978-3-486-98965-6

Communication and Power Engineering
R. Rajesh, B. Mathivanan (Eds.), 2016
ISBN 978-3-11-046860-1, e-ISBN (PDF) 978-3-11-046960-8,
e-ISBN (EPUB) 978-3-11-046868-7

Wind Energy Harvesting
R. Kishore, C. Stewart, S. Priya, 2018
ISBN 978-1-61451-565-4, e-ISBN (PDF) 978-1-61451-417-6,
e-ISBN (EPUB) 978-1-61451-979-9

Lutz Hofmann

Elektrische Energieversorgung

Band 2: Betriebsmittel und ihre quasistationäre
Modellierung

DE GRUYTER
OLDENBOURG

Prof. Dr. Ing. habil. Lutz Hofmann
Leibniz Universität Hannover
Institut für Elektrische Energiesysteme
Appelstr. 9A
30167 Hannover
hofmann@ifes.uni-hannover.de

ISBN 978-3-11-054856-3
e-ISBN (PDF) 978-3-11-054860-0
e-ISBN (EPUB) 978-3-11-054875-4

Library of Congress Control Number: 2019936037

Bibliografische Information der Deutschen Nationalbibliothek
Die Deutsche Nationalbibliothek verzeichnet diese Publikation in der Deutschen
Nationalbibliografie; detaillierte bibliografische Daten sind im Internet über
http://dnb.dnb.de abrufbar.

© 2019 Walter de Gruyter GmbH, Berlin/Boston
Coverabbildung: WangAnQi/iStock/Getty Images
Satz: le-tex publishing services GmbH, Leipzig
Druck und Bindung: CPI books GmbH, Leck

www.degruyter.com

Inhalt

Inhaltsverzeichnis Band 1:
Grundlagen, Systemaufbau und Methoden

Inhaltsverzeichnis Band 3: Systemverhalten und Berechnung von Drehstromsystemen

Größenbezeichnungen

Die Bezeichnungen der Größen werden im Text bei ihrer Einführung erläutert. Es gelten darüber hinaus die folgenden allgemeinen Vereinbarungen:

- Es wird einheitlich das Verbraucherzählpfeilsystem (VZS) verwendet.
- Es werden allgemein rechtsgängige Wicklungen vorausgesetzt. Damit fallen die Richtungen der Zählpfeile für den Magnetfluss bzw. für die Flussverkettung mit denen für den Strom und die Spannung zusammen.
- Die mechanischen Größen Drehwinkel, Winkelgeschwindigkeit und Drehmoment beschreiben die Drehung um die Rotationsachse. Sie sind ebenfalls einheitlich orientiert und hängen über die Rechte-Hand-Regel miteinander zusammen.
- Momentan-, Amplituden- und Effektivwerte werden wie folgt angegeben:

  g Momentanwert

  $\hat{g}$ Amplitudenwert

  G Effektivwert

- Komplexe Größen werden durch Unterstreichen gekennzeichnet. Beispiele:

  $\underline{G}$ komplexe Größe

  $\underline{G} = G\mathrm{e}^{\mathrm{j}\varphi} = G\angle\varphi$ ruhender Effektivwertzeitzeiger

  $\underline{\hat{g}} = \hat{g}\mathrm{e}^{\mathrm{j}\varphi} = \sqrt{2}\underline{G}$ ruhender Amplitudenzeitzeiger

  $\underline{\hat{g}} = \hat{g}\mathrm{e}^{\mathrm{j}(\omega t+\varphi)} = \sqrt{2}\underline{G}\mathrm{e}^{\mathrm{j}\omega t}$ mit ω umlaufender Amplitudenzeitzeiger

  $\underline{g}_{\mathrm{R}} = \hat{g}\mathrm{e}^{\mathrm{j}(\omega t+\varphi)}$ Raumzeiger in ruhenden Koordinaten

  $\underline{g}_{\mathrm{L}} = \hat{g}\mathrm{e}^{\mathrm{j}\varphi}$ Raumzeiger in mit ω umlaufenden Koordinaten

- Betrag, Real- und Imaginäranteil einer komplexen Größe werden wie folgt angegeben:

  $|\underline{G}|$ Betrag einer komplexen Größe

  $\mathrm{Re}\{\underline{G}\} = G_{\perp}$ Realteil einer komplexen Größe

  $\mathrm{Im}\{\underline{G}\} = G_{\perp\perp}$ Imaginärteil einer komplexen Größe

  $\underline{G} = G_{\perp} + \mathrm{j}G_{\perp\perp}$ komplexe Größe

- Es werden die folgenden speziellen komplexen Formelzeichen verwendet:

  $\mathrm{j} = \mathrm{e}^{\mathrm{j}\pi/2}$ imaginäre Einheit

  $\underline{a} = \mathrm{e}^{\mathrm{j}2\pi/3}$ Drehoperator mit der Länge 1

- Die komplexe Konjugation wird durch den oberen Index * gekennzeichnet.
- Matrizen und Vektoren werden fett dargestellt. Beispiele:

$$
\underline{\mathbf{A}} = \begin{bmatrix} \underline{a}_{11} & \cdots & \underline{a}_{1n} \\ \vdots & \ddots & \vdots \\ \underline{a}_{m1} & \cdots & \underline{a}_{mn} \end{bmatrix}, \qquad \underline{\mathbf{z}} = \begin{bmatrix} \underline{z}_{1} \\ \vdots \\ \underline{z}_{m} \end{bmatrix},
$$

$$
\underline{\mathbf{A}}_{\mathrm{D}} = \mathrm{diag}\left(\begin{bmatrix} \underline{a}_{11} & \cdots & \underline{a}_{nn} \end{bmatrix}\right) = \begin{bmatrix} \underline{a}_{11} & & \\ & \ddots & \\ & & \underline{a}_{nn} \end{bmatrix}
$$

https://doi.org/10.1515/9783110548600-201

$$\mathbf{E} = \mathrm{diag}\left(\begin{bmatrix} 1 & \cdots & 1 \end{bmatrix}\right) = \begin{bmatrix} 1 & & \\ & \ddots & \\ & & 1 \end{bmatrix},$$

$$\mathbf{I} = \begin{bmatrix} 1 & \cdots & 1 \\ \vdots & \ddots & \vdots \\ 1 & \cdots & 1 \end{bmatrix}, \qquad \mathbf{0} = \begin{bmatrix} 0 & \cdots & 0 \\ \vdots & \ddots & \vdots \\ 0 & \cdots & 0 \end{bmatrix}$$

- Die Inverse einer Matrix wird durch den oberen Index −1 und die Transponierte einer Matrix durch den oberen Index T gekennzeichnet.

$$\underline{A}^{-1} = \begin{bmatrix} \underline{a}_{11} & \cdots & \underline{a}_{1n} \\ \vdots & \ddots & \vdots \\ \underline{a}_{m1} & \cdots & \underline{a}_{mn} \end{bmatrix}^{-1} \quad \text{und} \quad \mathbf{A}^{\mathrm{T}} = \begin{bmatrix} \underline{a}_{11} & \cdots & \underline{a}_{1n} \\ \vdots & \ddots & \vdots \\ \underline{a}_{m1} & \cdots & \underline{a}_{mn} \end{bmatrix}^{\mathrm{T}} = \begin{bmatrix} \underline{a}_{11} & \cdots & \underline{a}_{m1} \\ \vdots & \ddots & \vdots \\ \underline{a}_{1n} & \cdots & \underline{a}_{mn} \end{bmatrix}$$

- Die Determinante einer Matrix wird mit det() angegeben.

$$\det\left(\underline{A}\right) = \det\left(\begin{bmatrix} \underline{a}_{11} & \cdots & \underline{a}_{1n} \\ \vdots & \ddots & \vdots \\ \underline{a}_{m1} & \cdots & \underline{a}_{mn} \end{bmatrix}\right) = \begin{vmatrix} \underline{a}_{11} & \cdots & \underline{a}_{1n} \\ \vdots & \ddots & \vdots \\ \underline{a}_{m1} & \cdots & \underline{a}_{mn} \end{vmatrix}$$

1 Einführung und Übersicht

Die drei Bände der Buchreihe „Grundlagen der Elektrischen Energieversorgung" behandeln die Inhalte meiner Vorlesungen „Grundlagen der elektrischen Energieversorgung", „Elektrische Energieversorgung I" und „Elektrische Energieversorgung II" an der Leibniz Universität Hannover und sind um einige notwendige mathematische und physikalische Grundlagen ergänzt worden. Alle drei Bände sind auf die grundlegende Behandlung von stationären und quasistationären Zuständen des Elektroenergiesystems fokussiert und sollen anhand von detaillierten Beschreibungen und Darstellungen das Verständnis fördern und das notwendige Rüstzeug zur Verfügung stellen, um selbständig entsprechende Frage- und Problemstellungen aus der Planung und Führung von elektrischen Energiesystemen behandeln zu können.

Im ersten Band „Grundlagen, Systemaufbau und Methoden" wird das notwendige Grundlagenwissen für das Verständnis der Inhalte der oben genannten Vorlesungen und für die in Band 2 und 3 entwickelten Betriebsmittelmodelle, Berechnungsmethoden sowie des Betriebsverhaltens des Gesamtsystems aufbereitet und erläutert. Hierfür werden die Grundlagen zur Zeigerdarstellung, Wechselstromlehre, Mehrpoldarstellung, Wärmelehre, etc. dargestellt. Des Weiteren werden die Energiewandlungskette, die Möglichkeiten der Bereitstellung von Elektroenergie, verschiedene Grundbegriffe der Energiewirtschaft und der Aufbau und die Topologie des Gesamtsystems erläutert sowie die Funktionen der schaltenden und nicht schaltenden Betriebsmittel in den verschiedenen Netzebenen und der darauf basierenden Schalt- und Umspannanlagen beschrieben. Abschließend erfolgt eine detaillierte Darstellung der mathematischen Behandlung von symmetrischen und unsymmetrischen Drehstromsystemen mit Hilfe der Symmetrischen Komponenten.

Der hier vorliegende zweite Band „Betriebsmittel und ihre quasistationäre Modellierung" behandelt die Herleitung und Beschreibung der Betriebsmittelmodelle und ihrer Ersatzschaltungen in den Symmetrischen Koordinaten. Im Einzelnen wird auf die aktiven Betriebsmittel Synchronmaschine, Asynchronmaschine und Ersatznetz sowie auf die passiven Übertragungselemente Leitungen, d. h. Freileitungen und Kabel, Transformatoren, Drosselspulen und Kondensatoren detailliert eingegangen. Die Ersatzschaltungen sind die Basis für die Berechnung und Analyse von eingeschwungenen stationären und quasistationären Betriebszuständen in Elektroenergiesystemen und für die Auslegung der Betriebsmittel sowie für die Analyse des grundsätzlichen Betriebsverhaltens und der elektrischen Eigenschaften in fehlerfreien als auch in gestörten Betriebszuständen, auf die in den einzelnen Kapiteln vertiefend eingegangen wird.

Im dritten Band „Systemverhalten und Berechnung von Drehstromsystemen" werden dann aufbauend auf den Betriebsmittelmodellen und den Grundlagen aus den ersten beiden Bänden die wichtigsten Themen im Rahmen der Netzplanung und Netzführung sowie für die Auslegung der elektrischen Betriebsmittel und Schalter be-

https://doi.org/10.1515/9783110548600-001

handelt. Dies umfasst die Berechnung von 3-poligen Kurzschlüssen und von unsymmetrischen Quer- und Längsfehlern, die Bestimmung der Übertragungsverhältnisse in NS- und MS-Netzen mit einfachen Netztopologien, die Analyse der Winkelstabilität bei kleinen und großen Störungen (statische und transiente Stabilitätsanalyse), die Berechnung der Vorgänge im Rahmen der Frequenzregelung in Insel- und in Verbundsystemen (Frequenzstabilität), die Auslegung der Betriebsmittel und Schalter im Rahmen der Untersuchung der thermischen und mechanischen Kurzschlussfestigkeit sowie die Eigenschaften, Vor- und Nachteile der Sternpunktbehandlung in den unterschiedlichen Netzebenen. Die Darstellungen dieser Themen erfolgt sehr detailliert und mit Fokus auf die Vermittlung eines grundlegenden Verständnisses des Systemverhaltens und des Zusammenspiels aller Betriebsmittel.

Mein besonderer Dank bei der Erstellung der drei Bände gebührt meinen wissenschaftlichen Mitarbeitern, den Herren Blaufuß, Breithaupt, Garske, Goudarzi, Huisinga, Kluß, Lager, Dr.-Ing. Leveringhaus, Neufeld, Pawellek, Sarstedt und Schäkel, die u. a. durch wertvolle Anmerkungen und Korrekturlesen zum Gelingen beigetragen haben, sowie Herrn Wagenknecht und den Hilfswissenschaftlern (HiWi) des Fachgebiets Frau Kengkat, Herrn Witt und Herrn Wenzel, die mich durch die Erstellung und Überarbeitung von zahlreichen Zeichnungen unterstützt haben. Besonders hervorheben möchte ich die Unterstützung durch Herrn Blaufuß, der sehr gewissenhaft die Erstellung des Gesamtdokuments koordiniert und die damit verbundenen Schwierigkeiten gemeistert hat, und die unermüdliche Tätigkeit von Herrn Wagenknecht bei der Anfertigung von Ersatzschaltungsbildern, Zeigerbildern, etc. Ebenso gilt mein Dank den in den Quellen genannten Unternehmen, Verbänden und Personen, die mir Zeichnungen und Bilder zur Veranschaulichung der Betriebsmittel zur Verfügung gestellt haben.

Die Leser bitte ich abschließend, mir die beim Lesen festgestellten Fehler, Korrekturvorschläge und gerne auch Ergänzungsvorschläge unter hofmann@ifes.uni-hannover.de mitzuteilen.

2 Synchronmaschinen

Synchronmaschinen sind, wie auch die Asynchronmaschinen (siehe Kapitel 3), Dreh-feldmaschinen. Elektrische Drehfeldmaschinen in elektrischen Energiesystemen be-stehen im allgemeinen aus einem feststehenden Teil, dem Ständer (oder Stator oder Anker), und einem koaxial gelagerten rotierenden Teil, dem Rotor (oder Läufer oder Induktor). Zwischen Ständer und Läufer befindet sich ein schmaler Luftspalt (siehe Abbildung 2.1).

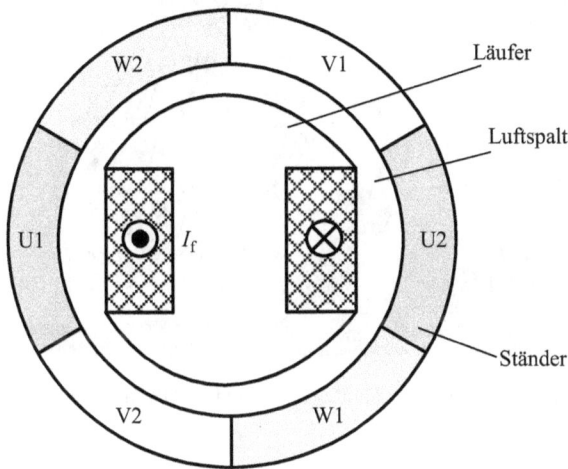

Abb. 2.1: Prinzipieller Aufbau einer Synchronmaschine mit der Drehstromwicklung (U1–U2, V1–V2 und W1–W2) im Ständer und der Erregerwicklung mit dem Erregergleichstrom I_f im Läufer

Drehfeldmaschinen sind Energiewandler, die zwischen elektrischer Energie und me-chanischer Energie umformen (Motor, Generator). Wird Leistung von der elektrischen Seite auf die mechanische Seite übertragen, so spricht man vom Motorbetrieb. Bei ei-nem gegensinnigen Leistungsfluss liegt ein Generatorbetrieb vor. Synchronmaschi-nen werden hauptsächlich als Generatoren und Asynchronmaschinen werden haupt-sächlich als Motoren eingesetzt.

2.1 Prinzipieller Aufbau einer Synchronmaschine und Wicklungsschema

2.1.1 Ständerwicklungen und Ständerdrehfeld

Eine auf dem Ständer (siehe Abbildung 2.2) aufgebrachte und von einem Wechsel-strom durchflossene Wicklung (siehe Abbildung 2.1, Wicklung U1–U2 oder Wicklung V1–V2 oder Wicklung W1–W2) erzeugt ein magnetisches Wechselfeld, das sich an den

https://doi.org/10.1515/9783110548600-002

Abb. 2.2: Ständerwicklung einer Synchronmaschine in der Montage, Quelle: Lloyd Dynamowerke GmbH

beiden Spulenseiten in Form von zwei Wirbeln (magnetisches Wirbelfeld) ausbildet, die sich über den Luftspalt und den Eisenkern des Läufers schließen.

Der Bereich des Luftspalts, in dem das Magnetfeld die selbe Richtung aufweist, beschreibt einen magnetischen Pol. Es entstehen somit zwei magnetische Pole, die ein sogenanntes Polpaar bilden. Bringt man drei solcher Wicklungen im Ständer ein und schließt sie an ein symmetrisches Drehspannungssystem an (siehe Wicklungen U1–U2, V1–V2 und W1–W2 in Abbildung 2.1), so entsteht durch die dann fließenden Ströme ein magnetisches Drehfeld [4], dass dadurch gekennzeichnet ist, dass sich ebenfalls ein magnetisches Polpaar mit einem Nord- und einem Südpol ausbildet, dessen magnetische Pole in einer Netzperiode T einmal auf dem Umfang des Ständers mit konstanter Drehzahl n_0 umlaufen. Dies kann leicht nachvollzogen werden, wenn man die magnetischen Einzelfelder der drei Wicklungen zu unterschiedlichen Zeitpunkten der speisenden Strangströme und deren Überlagerung zu einem Ständerdrehfeld in Abbildung 2.3 betrachtet. Innerhalb einer Periode wandern das Polpaar und damit der Vektor der magnetischen Induktion auf dem Umfang in Drehrichtung des Rotors herum. Die nicht in Richtung dieses Vektors weisenden magnetischen Feldkomponenten addieren sich zu null.

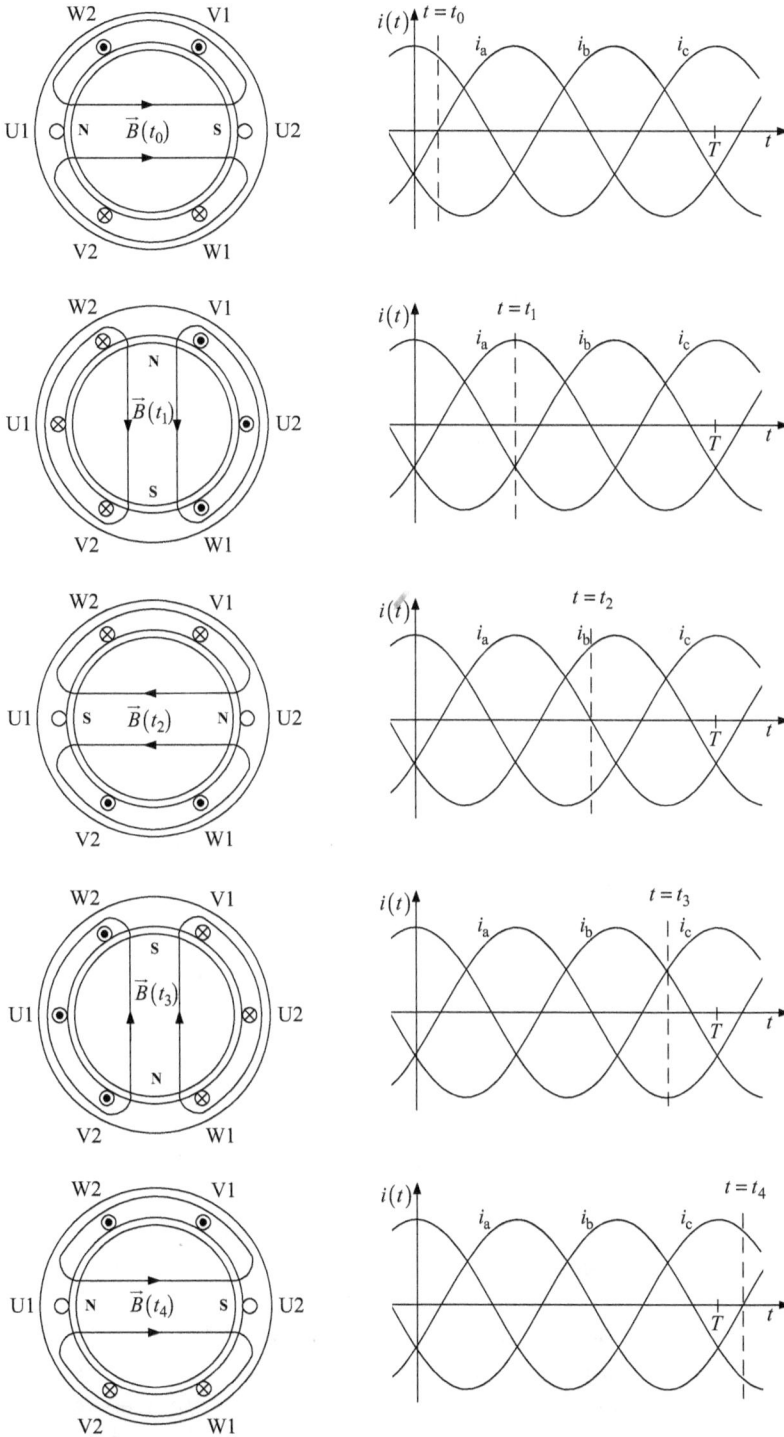

Abb. 2.3: Verlauf magnetisches Ständerdrehfeld $\vec{B}(t)$ in einer Synchronmaschine mit $p = 1$ und i_a in U1–U2, i_b in V1–V2 und i_c in W1–W2 (N: Nordpol, S: Südpol)

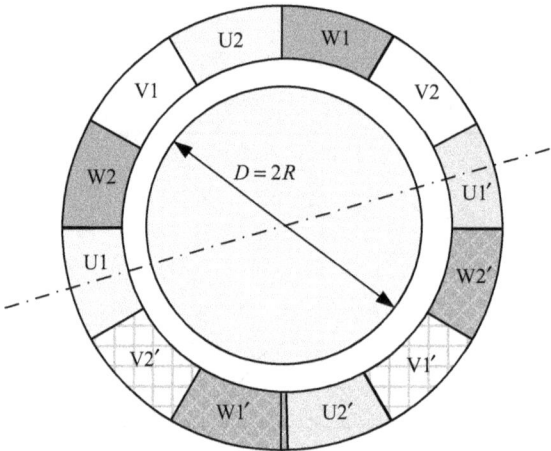

Abb. 2.4: Prinzipieller Aufbau einer Synchronmaschine mit zwei Drehstromwicklungen (U1–U2, V1–V2, W1–W2 und U1'–U2', V1'–V2', W1'–W2') und damit mit der Polpaarzahl $p = 2$

Werden weitere Drehstromwicklungen auf dem Ständer untergebracht (siehe Abbildung 2.4), so dass die „Hin- und Rückleiter" der einzelnen Drehstromwicklungen nur einen Teil des Umfangs einnehmen, so bildet sich ein magnetisches Drehfeld mit p Polpaaren aus.

Jeder Pol der $2p$ Pole nimmt am Umfang $U = \pi D = 2\pi R$ eines Ständers mit dem Bohrungsdurchmesser $D = 2R$ die Polteilung τ_P ein. Das Drehfeld bewegt sich während einer Netzperiode T auf dem Umfang U um die doppelte Polteilung $2\tau_P = U/p$ bzw. den Winkel $\Delta\alpha = 2\tau_P/R = 2\pi/p$ weiter und läuft mit konstanter synchroner Drehzahl n_0 um. Die synchrone Drehzahl n_0 berechnet sich damit aus der Netzfrequenz f (in Europa $f = 50\,\text{Hz}$) und der Polpaarzahl p:

$$n_0 = \frac{\Delta\alpha}{2\pi T} = \frac{1}{T \cdot p} = \frac{f}{p} = \frac{50\,\text{Hz} \cdot 60\,\frac{\text{s}}{\text{min}}}{p} = \frac{3000\,\frac{\text{U}}{\text{min}}}{p} \tag{2.1}$$

Je mehr Wicklungen und damit Polpaare vorhanden sind, umso geringer ist der auf dem Umfang zurückgelegte Weg und umso geringer ist die Drehzahl n_0 des magnetischen Drehfeldes.

Für eine grundlegendere Betrachtung der Entstehung eines Drehfeldes durch eine Ständerdrehstromwicklung wird ein fein verteilter Strombelag im Ständer der Synchronmaschine angenommen, der die Auswirkungen der Ständernuten und der daraus resultierenden diskreten Durchflutungsverteilung vernachlässigt. Er entspricht einer auf den Umfang bezogenen zeitabhängigen und vom Umfangswinkel α abhängigen magnetischen Durchflutung $\underline{a}(\alpha, t)$. Entlang des Umfangs existieren $2p$ Wicklungszonen mit den („Hin-" und „Rück-") Leitern der drei Stränge eines Drehstromsystems, die jeweils den Umfangswinkel $\Delta\alpha = \tau_P/R = \pi/p$ überstreichen. Der entlang des Ständerumfangs verteilte Strombelag $\underline{a}_a(\alpha, t)$ einer mit dem Strom

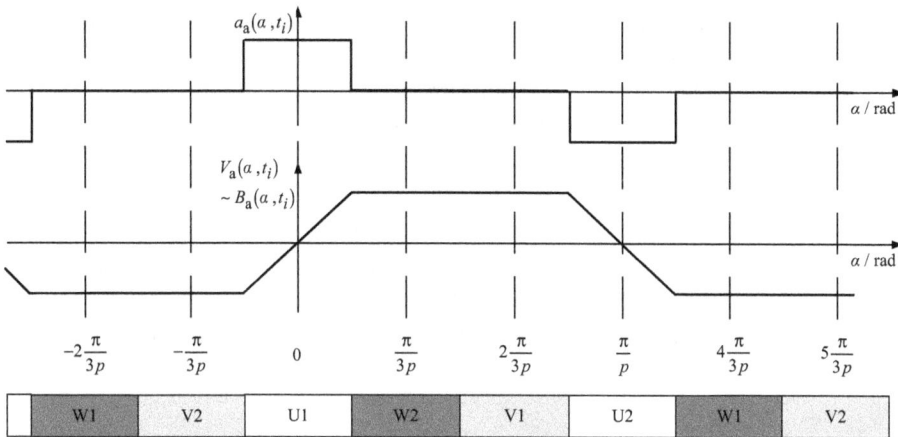

Abb. 2.5: Beträge des Strombelags $\underline{a}_a(\alpha, t)$ und der Felderregerkurve $\underline{V}_a(\alpha, t)$ des Strangs a (U1'–U2') einer Synchronmaschine (Annahmen: konstanter Luftspalt und $\mu_{FE} \to \infty$)

$\underline{I}_a = I e^{j(\omega t + \varphi_a)}$ durchflossenen Ständerwicklung des Strangs a erzeugt eine Durchflutung und ein daraus resultierendes magnetisches Wechselfeld im Luftspalt entlang des entsprechenden Umfangs [4]. Der Strombelag eines Strangs hat einen annähernd stufenförmigen Verlauf (siehe Abbildung 2.5 oben), der direkt aus dem Zonenplan der Wicklungen (siehe Abbildung 2.5 unten) abgelesen und durch eine Fourierzerlegung mathematisch beschrieben werden kann. Die Ortskoordinate α bezeichnet dabei den Umfangswinkel, der ausgehend von der Mitte eines Pols des Strang a gezählt wird:

$$\underline{a}_a(\alpha, t) = e^{j(\omega t + \varphi_a)} \sum_{\substack{v=p(2k+1) \\ k=0}}^{\infty} A_v \cos(v\alpha) \tag{2.2}$$

Der Strombelag ist periodisch über eine doppelte Polteilung $2\tau_P$. Er setzt sich aus einem Grundwellenbelag, der p Polpaare ausbildet, und Oberwellen[1] zusammen. Die Oberwellen weisen Polpaare auf, deren Anzahl einem ungeradzahligen Vielfachen der Grundpolpaarzahl p entsprechen.

Aus der Strombelagskurve erhält man durch Integration den Verlauf der magnetischen Spannung $\underline{V}_a(\alpha, t)$, die dem Wegintegral über die magnetische Feldstärke im Luftspalt, d. h. vom Ständer zum Läufer entspricht, und als Felderregerkurve bezeichnet wird (siehe Abbildung 2.5 Mitte) [4]. Dabei wird angenommen, das der magnetische Rückschluss im Ständer- und Läufereisenkern ideal ist ($\mu_{FE} \to \infty$). Aus der

---

1 Oberwellen sind von Oberschwingungen (Harmonische, siehe Band 1, Abschnitt 6.3) grundsätzlich zu unterscheiden und begrifflich auseinanderzuhalten. Die v-te Oberschwingung besitzt die v-fache Frequenz der Grundschwingung. Oberschwingungen besitzen keine räumliche Ausdehnung, sondern nur eine zeitliche Komponente in Form einer sinusförmigen periodischen Schwingung. Oberwellen weisen dagegen immer eine räumliche Ausdehnung und eine zeitliche Abhängigkeit auf.

Felderregerkurve ergibt sich über die Größe des ggf. ortsabhängigen Luftspalts $\delta(\alpha)$ die magnetische Flussdichte. Bei einem konstanten Luftspalt $\delta(\alpha) = \delta''$, in dem z. B. auch die magnetischen Spannungsabfälle im Ständer- und Läufereisenkern durch eine fiktive Vergrößerung berücksichtigt werden könnten, sind die beiden Verläufe direkt proportional zueinander.

Für die nachfolgenden Betrachtungen wird eine Beschränkung auf die Grundwelle $v = p$ durchgeführt, da diese das Maschinenverhalten dominiert und dieses für die nachfolgenden Betrachtungen ausreichend genau nachbildet. Grundsätzlich wirken sich die Oberwellen negativ auf das Betriebsverhalten aus, und man versucht, die Oberwellen z. B. durch eine geeignete Wicklungsauslegung (u. a. Sehnung) zu unterdrücken [4]:

$$\underline{B}_{\mathrm{a}}(\alpha, t) = \mathrm{e}^{\mathrm{j}(\omega t + \varphi_{\mathrm{a}})} \sum_{\substack{v=p(2k+1) \\ k=0}}^{\infty} B_v \sin(v\alpha) \approx \mathrm{e}^{\mathrm{j}(\omega t + \varphi_{\mathrm{a}})} B_p \sin(p\alpha) \tag{2.3}$$

Diese Grundschwingungsflussdichte stellt ein magnetisches Wechselfeld (stehende Welle) dar und weist damit einen räumlich sinusförmigen Verlauf auf. Dies ist in Abbildung 2.6 für das Ständerwechselfeld für den Strang a für verschiedene Zeitpunkte dargestellt.

Ein Wechselfeld kann grundsätzlich als eine Überlagerung von zwei entgegengesetzt gleich schnell rotierenden Drehfeldern $\underline{B}_{\mathrm{a}+}(\alpha, t)$ und $\underline{B}_{\mathrm{a}-}(\alpha, t)$ interpretiert werden. Dies wird mathematisch nach Anwendung der Definition der Sinus-Funktion (siehe z. B. Band 1, Abschnitt 3.6) durch die folgende Gleichung beschrieben:

$$\begin{aligned}\underline{B}_{\mathrm{a}}(\alpha, t) &= \frac{B_p}{2\mathrm{j}} \mathrm{e}^{\mathrm{j}(\omega t + \varphi_{\mathrm{a}})}(\mathrm{e}^{\mathrm{j}p\alpha} - \mathrm{e}^{-\mathrm{j}p\alpha}) \\ &= \frac{B_p}{2} \mathrm{e}^{\mathrm{j}(\omega t + \varphi_{\mathrm{a}})}(\mathrm{j}\mathrm{e}^{-\mathrm{j}p\alpha} - \mathrm{j}\mathrm{e}^{\mathrm{j}p\alpha}) \\ &= \underline{B}_{\mathrm{a}+}(\alpha, t) + \underline{B}_{\mathrm{a}-}(\alpha, t)\end{aligned} \tag{2.4}$$

Die beiden Magnetfelder können als ein positiv (Index a+) und ein negativ (Index a−) umlaufendes magnetisches Drehfeld $\underline{B}_{\mathrm{a}+}(\alpha, t)$ bzw. $\underline{B}_{\mathrm{a}-}(\alpha, t)$ interpretiert werden:

$$\underline{B}_{\mathrm{a}+}(\alpha, t) = \frac{B_p}{2} \mathrm{e}^{\mathrm{j}(-p\alpha + \omega t + \varphi_{\mathrm{a}} + \pi/2)} \quad \text{und} \quad \underline{B}_{\mathrm{a}-}(\alpha, t) = -\frac{B_p}{2} \mathrm{e}^{\mathrm{j}(p\alpha + \omega t + \varphi_{\mathrm{a}} + \pi/2)} \tag{2.5}$$

mit den mechanischen Winkelgeschwindigkeiten bzw. Drehzahlen:

$$\Omega_{\mathrm{a}+} = \frac{\mathrm{d}\alpha}{\mathrm{d}t} = +\frac{\omega}{p} \quad \text{und} \quad \Omega_{\mathrm{a}-} = \frac{\mathrm{d}\alpha}{\mathrm{d}t} = -\frac{\omega}{p} \quad \text{bzw.} \quad n_{\mathrm{a}+} = +\frac{f}{p} \quad \text{und} \quad n_{\mathrm{a}-} = -\frac{f}{p} \tag{2.6}$$

Drehfelder stellen im Luftspalt fortschreitende sinusförmige Wellen dar. Die in Gl. (2.5) angegebenen Drehfelder stellen Grundwellendrehfelder dar. Ihre Wellenlänge entspricht der doppelten Polteilung. Darüberhinaus existieren mit analogen Überlegungen auch Oberwellendrehfelder, deren Wellenlängen ganzzahligen Bruchteilen der

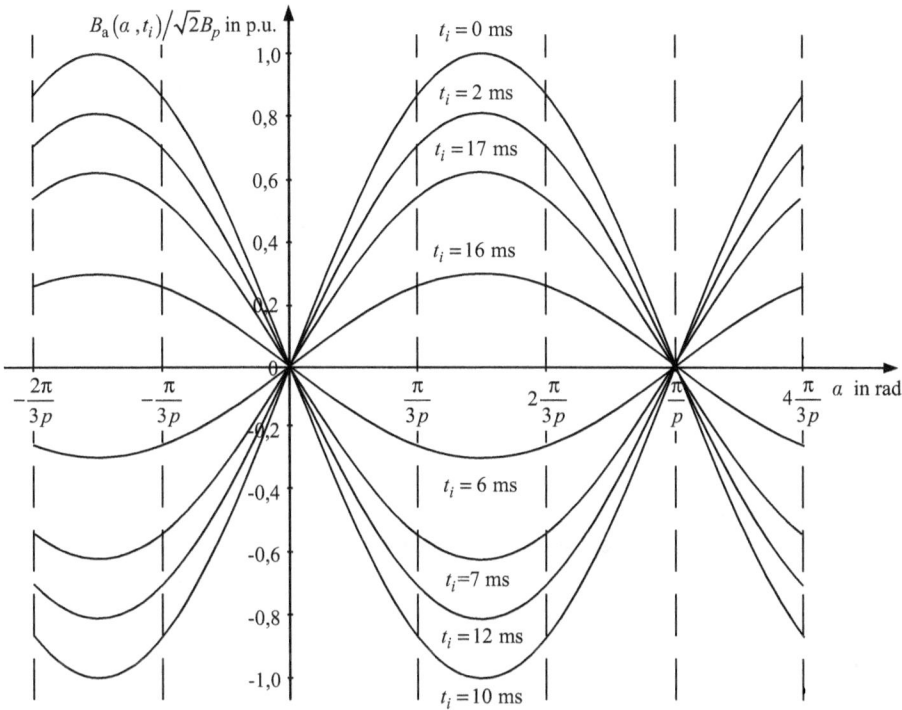

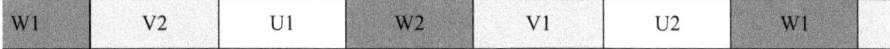

Abb. 2.6: Grundwelle des magnetischen Wechselfeldes des Strangs a (U1'–U2') einer Synchronmaschine ($\varphi_a = 0$)

doppelten Polteilung entsprechen [4], die aber hier vernachlässigt werden (siehe oben).

Entsprechende Überlegungen für die räumlich um zwei Drittel einer Polteilung verschobenen Wicklungen der Stränge b und c ergeben für das resultierende Magnetfeld im Luftspalt unter Beachtung der um $\mp 2\pi/3$ phasenverschobenen Ströme in diesen Strängen:

$$
\begin{aligned}
\underline{B}_{\text{ges}}(\alpha, t) &= \underline{B}_a(\alpha, t) + \underline{B}_b(\alpha, t) + \underline{B}_c(\alpha, t) \\
&= \underline{B}_{a+}(\alpha, t) + \underline{B}_{a-}(\alpha, t) + \underline{B}_{b+}(\alpha, t) + \underline{B}_{b-}(\alpha, t) + \underline{B}_{c+}(\alpha, t) + \underline{B}_{c-}(\alpha, t)
\end{aligned} \tag{2.7}
$$

bzw. nach Einsetzen der Beziehungen entsprechend bzw. analog zu Gl. (2.5):

$$
\begin{aligned}
\underline{B}_{\text{ges}}(\alpha, t) = {}& \frac{B_p}{2} e^{j(\omega t + \varphi_a + \pi/2)}(e^{-jp\alpha} - e^{jp\alpha}) \\
&+ \frac{B_p}{2} e^{j(\omega t + \varphi_a + \pi/2 - 2\pi/3)}(e^{-jp(\alpha - 2\pi/(3p))} - e^{jp(\alpha - 2\pi/(3p))}) \\
&+ \frac{B_p}{2} e^{j(\omega t + \varphi_a + \pi/2 + 2\pi/3)}(e^{-jp(\alpha + 2\pi/(3p))} - e^{jp(\alpha + 2\pi/(3p))})
\end{aligned} \tag{2.8}
$$

bzw.:

$$\underline{B}_{ges}(\alpha, t) = \frac{B_p}{2} e^{j(\omega t + \varphi_a + \pi/2)} [e^{-jp\alpha}(1 + 1 + 1) - e^{jp\alpha}(1 + e^{-j4\pi/3} + e^{j4\pi/3})]$$

$$= \frac{3}{2} B_p e^{j(\omega t + \varphi_a + \pi/2 - p\alpha)} \tag{2.9}$$

Die drei negativ umlaufenden Drehfelder addieren sich zu null, während sich die positiv rotierenden Drehfelder aufgrund ihrer gleichen Phasenlage zum resultierenden Ständerdrehfeld $\underline{B}_{ges}(\alpha, t)$ aufaddieren, das mit der Drehzahl $n_0 = f/p$ im Luftspalt rotiert. Im Zeitbereich ergibt sich durch Realteilbildung für die magnetische Induktion:

$$b_{ges}(\alpha, t) = \frac{3}{2} B_p \cos\left(-p\alpha + \omega t + \varphi_a + \frac{\pi}{2}\right)$$

$$= \frac{3}{2} B_p \cos\left(p\alpha - \omega t - \varphi_a - \frac{\pi}{2}\right) = \frac{3}{2} B_p \sin(p\alpha - \omega t - \varphi_a) \tag{2.10}$$

Dieses im Luftspalt als sinusförmige Welle mit der Geschwindigkeit $v_{a+} = R\Omega_{a+} = R\omega/p$ fortschreitende Drehfeld ist in Abbildung 2.7 für drei verschiedene Zeitpunkte dargestellt.

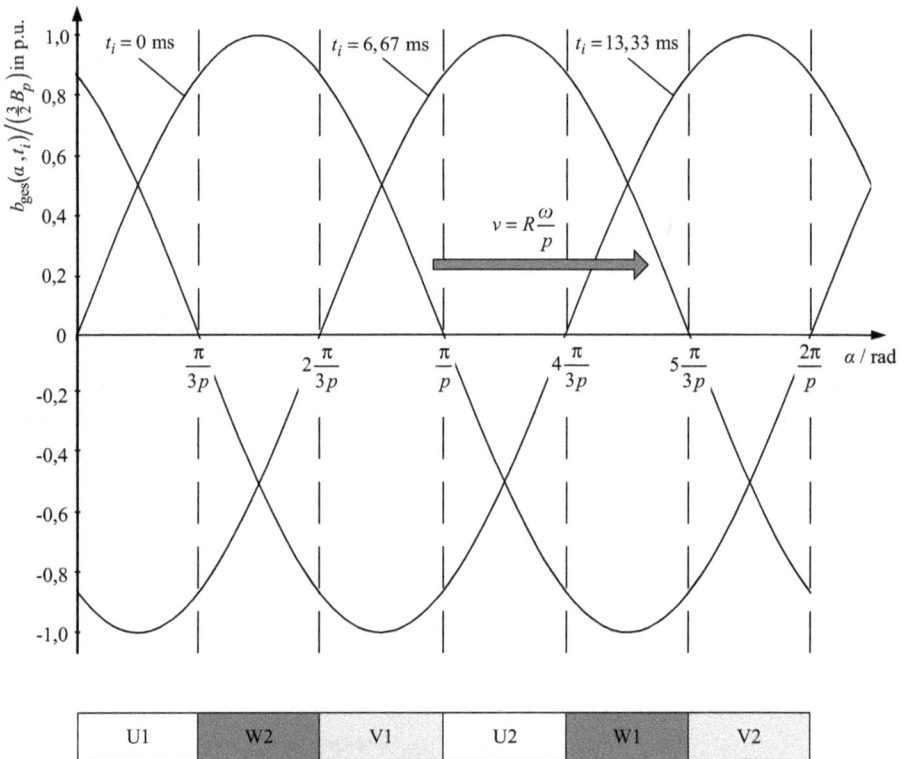

Abb. 2.7: Resultierendes Ständerdrehfeld $b_{ges}(\alpha, t)$ einer Synchronmaschine ($\varphi_a = 0$)

2.1.2 Läuferwicklung und Läuferdrehfeld

Der rotierende Teil der Synchronmaschine ist der Läufer, der im stationären, eingeschwungenen Betrieb synchron mit dem Ständerdrehfeld umläuft. Auf dem Läufer befindet sich die Erregung der Synchronmaschine (Innenpol(synchron)maschine). Diese kann zum einen elektrisch durch eine einphasige Gleichstromwicklung (siehe Abbildung 2.1), die sogenannte Erreger- oder Feldwicklung, erfolgen. Ihre Versorgung wird z. B. über auf der Läuferwelle sitzende Schleifringe und Bürsten bereitgestellt (siehe Abschnitt 2.10). Zum anderen kann die Erregung alternativ auch durch magnetische Werkstoffe, d. h. durch sogenannte Permanentmagnete, erfolgen. Beide Erregungsarten erzeugen magnetische Gleichfelder, die jeweils ein oder mehrere Polpaare ausbilden. Dabei entspricht die Zahl der Polpaare des Läufers der der Ständerwicklung. Das durch den Gleichstrom erzeugte magnetische Gleichfeld rotiert mit dem Läufer und bildet damit im Luftspalt ebenfalls ein Drehfeld. Das Gleichfeld tritt in den magnetischen Nordpolen aus dem Läufer in den Luftspalt ein, schließt sich über den Ständer und tritt in den magnetischen Südpolen wieder in den Läufer ein (siehe Abbildung 2.8).

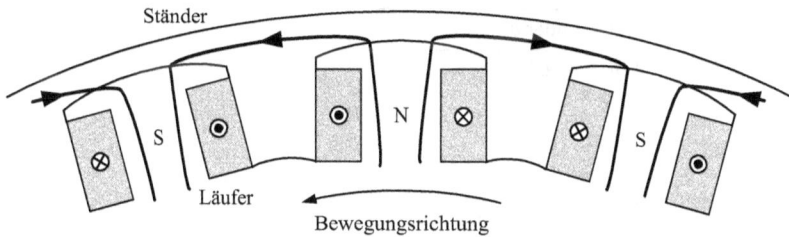

Abb. 2.8: Drehfeld durch Gleichstromerregung mit Polrad (Nordpol N und Südpol S)

Neben der Gleichstromwicklung befinden sich auf dem Läufer noch die sogenannten Dämpferwicklungen, die kurzgeschlossen sind und bei nicht stationären Vorgängen die Ausgleichsvorgänge in der Synchronmaschine dämpfen sollen. Im stationären eingeschwungenen Zustand spielen sie keine Rolle, und ihre Ströme sind gleich null.

Hinsichtlich der mechanischen Ausführung des Läufers sind bei Innenpolsynchronmaschinen zwei grundsätzlich verschiedene Ausführungsformen zu unterscheiden (siehe Tabelle 2.1). Dies sind der Turbo- oder Vollpolläufer und der Schenkelpolläufer.

Der Vollpolläufer (siehe Abbildung 2.9) stellt ein nahezu rundes Eisenpaket dar, in das die Erregerwicklung eingearbeitet ist. Das magnetische Verhalten des Läufers und der magnetische Rückschluss über den Luftspalt für den magnetischen Fluss sind nahezu unabhängig von der Winkelstellung des Läufers im Ständer. Durch die sehr kompakte Bauweise der Vollpolsynchronmaschinen können sehr hohe mechanische Drehzahlen ermöglicht werden. Vollpolläufer findet man in den thermischen Kraftwerken

Tab. 2.1: Unterschiedliche Bauarten von Synchronmaschinen (als Innenpolmaschinen)

Innenpolmaschinen	Vollpolsynchronmaschinen	Schenkelpolsynchronmaschinen
Läufer	Schnellläufer: Induktor/Rotor mit näherungsweise konstantem Luftspalt ohne ausgeprägte magnetische Vorzugsrichtungen	Langsamläufer: Polrad mit ausgeprägten magnetischen Vorzugsrichtungen durch ausgeprägte Pole und Pollücken
Polpaarzahl p	$p = 1$ oder $p = 2$	$p > 2$
synchrone Drehzahl	$n_0 = 3000 \frac{U}{min}$ oder $n_0 = 1500 \frac{U}{min}$	$n_0 = 1000 \ldots 75 \frac{U}{min}$
Länge l	$l_{max} \approx 9\,m$	$l \ll d$
Durchmesser d	$l \gg D$	$D_{max} \approx 20\,m$
maximale Bemessungsscheinleistung S_{rG}	Wenige W bis ca. 2000 MVA (im Grenzleistungsbereich) [5] höchste Leistungen für Generatorbetrieb kleine und mittlere Leistungen meist im Motorbetrieb.	
Erregung	Gleichstromerregung eingespeist über Erregereinrichtung (siehe Abschnitt 2.10) oder Permanenterregung (vornehmlich bei Synchronmotoren < 100 kW und Windenergieanlagen) [5]	

mit typischen Drehzahlen von 3000 U/min (Polpaarzahl $p = 1$) oder 1500 U/min (Polpaarzahl $p = 2$). Aufgrund der dann großen Fliehkräfte, die auf den Läufer und die Erregerwicklung wirken, können die Läufer nur mit kleinen Durchmessern D ausgeführt werden. Sie müssen deshalb sehr lang gebaut werden, um entsprechend große Bemessungsleistungen ermöglichen zu können (siehe Abschnitt 2.9).

Der Schenkelpolläufer (siehe Abbildung 2.10) weist gegenüber dem Vollpolläufer ausgeprägte Pole auf (vgl. Tabelle 2.1). Die Polpaarzahl p ist größer als zwei, so dass diese Generatoren vergleichsweise langsam rotieren (siehe Tabelle 2.2 und Gl. (2.1)). Aufgrund der ausgeprägten Pole sind der Luftspalt zwischen Ständer und Läufer und damit der magnetische Rückschluss über den Luftspalt abhängig von der Winkelstellung des Läufers im Ständer.

Abb. 2.9: Turboläufer einer 8-poligen ($p = 4$) Synchronmaschine ($S_r = 2415\,\text{kW}$, $U_r = 6\,\text{kV}$) in der Montage, Quelle: Lloyd Dynamowerke GmbH

Tab. 2.2: Zusammenhang Polpaarzahl p und synchrone Drehzahl n_0 (vgl. Gl. (2.1))

p	1	2	3	4	6	8	10	12	15	20	40
$n_0/\text{U}/\text{min}$	3000	1500	1000	750	500	375	300	250	200	150	75

Schenkelpolgeneratoren werden aufgrund ihrer geringeren synchronen Drehzahl in Laufwasserkraftwerken (Langsamläufer mit n_0 bis 125 U/ min), Pumpspeicherkraftwerken (Schnellläufer mit n_0 ab 250 U/ min) und auch in Windenergieanlagen eingesetzt, da auch die jeweils antreibende Turbine entsprechend langsam rotiert. Aufgrund der geringen Drehzahlen können größere Durchmesser D bei kürzeren Läu-

Abb. 2.10: Als Polrad ausgebildeter Schenkelpolläufer einer 22-poligen ($p = 11$) Synchronmaschine ($S_r = 6{,}2$ MW, $U_r = 6{,}6$ kV, $f = 60$ Hz) in der Montage, Quelle: Lloyd Dynamowerke GmbH

ferlängen l realisiert werden, was sich günstig auf die elektrischen Eigenschaften der Synchronmaschine auswirkt.

2.1.3 Wicklungsschema und Zweiachsentheorie

Das Ständer- und das Läuferdrehfeld überlagern sich zum resultierenden Drehfeld im Luftspalt. Aufgrund der magnetischen Ausrichtung der Nord- und Südpole des Ständer- und des Läuferdrehfelds rotieren beide Drehfelder und damit auch der Läufer im stationären Betrieb mit der gleichen Drehzahl. Sie bewegen sich synchron zueinander und geben der Maschine damit auch den Namen. Das aus der Überlagerung resultierende magnetische Drehfeld hängt dabei von der Belastung der Synchronmaschine ab. Im stationären Betrieb hat das magnetische Ständerstromdrehfeld in jedem Zeitpunkt dieselbe relative räumliche Lage zum Läuferdrehfeld und damit auch zum Läufer. In der unbelasteten Synchronmaschine ist die Phasenverschiebung zwischen den beiden Drehfeldern bei Vernachlässigung der Verluste gleich null. Im Generatorbetrieb eilt das Läuferdrehfeld dem Ständerdrehfeld um einen konstanten, belastungsabhängigen Winkel voraus, im Motorbetrieb entsprechend nach (siehe Abschnitt 2.6.2).

Die magnetischen Kopplungen zwischen den Ständer- und den Läuferwicklungen ändern sich mit der Winkellage des Läufers in Bezug auf die Ständerwicklungen. Es ergeben sich damit drehwinkelabhängige Induktivitäten zwischen den Ständer- und Läuferwicklungen, die die Berechnung der Synchronmaschine erschweren. Durch die Transformation des die Synchronmaschine beschreibenden Gleichungssystems in ein rotierendes Koordinatensystem kann eine Beschreibung mit konstanten Kopplungsreaktanzen erreicht werden (sogenannte Park-Transformation oder Zweiachsentheorie [6], [7]). Diese mathematisch einfacher zu behandelnde und anschaulichere Darstellungsform wird im Folgenden verwendet und anhand der Darstellung der Wicklungen im Ständer und Läufer in einem festen αβ0-Koordinatensystem und einem rotierenden dq0-Koordinatensystem in Abbildung 2.11 sowie anhand der Darstellung des Wicklungsschemas einer Synchronmaschine in Abbildung 2.12 erläutert.

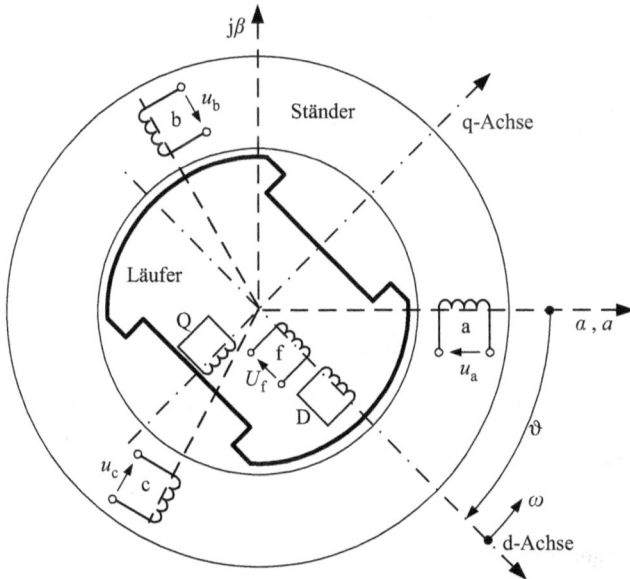

Abb. 2.11: Wicklungen im Ständer und Läufer einer Synchronmaschine und Darstellung eines festen αβ0-Koordinatensystems und eines rotierenden dq0-Koordinatensystems

Gemäß der Zweiachsentheorie (siehe auch [8] oder [4]) besitzt die Synchronmaschine nach einer solchen Transformation zwei rotierende Symmetrieachsen, die ebenfalls gedanklich synchron mit dem Läufer und damit mit den Drehfeldern umlaufen. Die sogenannte Längsachse (direct axis oder d-Achse) ist eine Achse längs zum magnetischen Erregergleichfeld und ist damit die magnetische Achse des Polrads, während die Querachse (quadrature axis oder q-Achse) quer zum Erregergleichfeld liegt und damit durch die Pollücken des Polrads verläuft (siehe Abbildung 2.11 und Abbildung 2.12). Sie eilt der d-Achse elektrisch immer um $\pi/2$ voraus. Die relative Position der d-Achse in Bezug auf die Wicklungsachse der im Raum feststehenden Wicklung a wird durch den Positionswinkel ϑ angegeben, der zum Zeitpunkt t_0 den Winkel ϑ_0 aufweist.

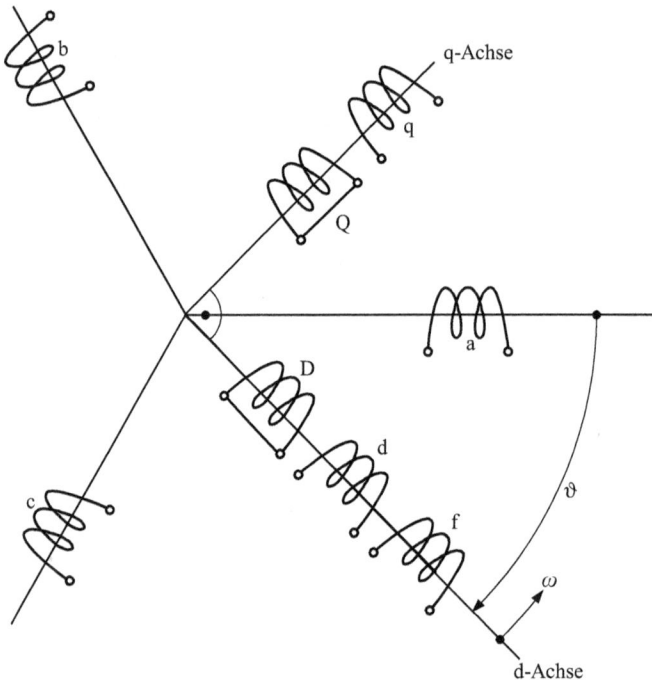

Abb. 2.12: Wicklungsschema einer Synchronmaschine (a, b und c Ständerwicklungen, d und q Ersatzständerwicklungen in der d- und q-Achse gemäß der Zweiachsentheorie, f Erregerwicklung, D und Q Dämpferlängs- und Dämpferquerachsenwicklung)

Stellt man sich die Wicklungen der Synchronmaschine räumlich vor (siehe Abbildung 2.12), so sind die Ständerwicklungen a, b und c räumlich fest verankert, wobei sie räumlich um den Winkel $2\pi/(3p)$ zueinander versetzt angeordnet sind. Wenn der Läufer im mathematisch positiven Sinn rotiert, werden die Ständerwicklungen in der Reihenfolge a, b und c durchlaufen. Mit Hilfe der Zweiachsentheorie [4] kann die Wirkung der drei Ständerwicklungen in ein mit dem Läufer umlaufendes Koordinatensystem (dq0-Koordinatensystem) umgerechnet werden und durch die zwei Ersatzwicklungen d und q nachgebildet werden. Die beiden Symmetrieachsen rotieren relativ zu den Achsen der Ständerwicklungen mit der elektrischen Winkelgeschwindigkeit ω. Der elektrische Winkel ϑ zwischen der Bezugsachse des Strangs a der Ständerwicklung und der d-Achse wächst mit jeder Umdrehung um 2π (siehe

Band 1, Abschnitt 10.1). Auf der d-Achse befindet sich die Erregergleichstromwicklung des Läufers. Die auf dem Läufer befindliche Dämpferwicklung kann hinsichtlich ihrer Wirkung auf die beiden Symmetrieachsen aufgeteilt werden und durch die zwei Ersatzdämpferwicklungen D und Q nachgebildet werden. Die Vorteile der Beschreibung der Synchronmaschine mit der Zweiachsentheorie sind, dass im stationären Betrieb die Ersatzgrößen im rotierenden Koordinatensystem zeitlich konstant sind, und die d- und q-Größen sich sehr gut für die Maschinenregelung eignen.

Die dq0-Komponenten können auch vereinfachend wie folgt interpretiert werden. Die Ständerströme erzeugen ein Ständerdrehfeld, das im eingeschwungenen Zustand synchron mit dem Läufer umläuft. In Bezug auf den rotierenden Läufer wirkt es wie ein stationäres Magnetfeld, das sinusförmig über dem Umfang vorhanden ist. Dieses sinusförmige Magnetfeld kann seinerseits wieder in zwei sinusförmige Wellen aufgeteilt werden (vgl. Additionstheoreme in Band 1, Abschnitt 3.6), deren Maxima in dem magnetischen Pol, d. h. über der d-Achse, und in der Pollücke, d. h. über der q-Achse, liegen. Die Ströme in der d- und der q-Achse können dann als Ströme durch synchron mit dem Rotor rotierende Spulen (d- und q-Wicklung) interpretiert werden, die gemeinsam das gleiche Magnetfeld wie die Ständerwicklungsströme erzeugen (vgl. Abbildung 2.12). Die zugehörigen Magnetkreise in der d- und der q-Achse schließen sich über die Pole bzw. die Pollücken und korrespondieren jeweils mit konstanten magnetischen Widerständen bzw. Induktivitäten. Durch die Umrechnung der Läufergrößen auf die Ständerwicklung mit Hilfe von fiktiven Übersetzungsverhältnissen [37] kann erreicht werden, dass sich jeweils gleiche Hauptinduktivitäten zwischen den Wicklungen in der d- und und denen in der q-Achse ergeben. Bei der Vollpolsynchronmaschine sind die magnetischen Widerstände in der d- und q-Achse und damit auch die Hauptinduktivitäten L_{hd} und L_{hq} in diesen Achsen dann näherungsweise gleich groß, während sie bei der Schenkelpolmaschine aufgrund der unterschiedlichen Luftspalte stark unterschiedlich sind ($L_{hd} > L_{hq}$, vgl. Tabelle 2.1). In den nachfolgend angegebenen Gleichungen sind, wenn nicht explizit anders angegeben, alle Läufergrößen auf die Ständerseite umgerechnet worden.

Die detaillierte Herleitung der die elektromagnetischen Kopplungen zwischen den Wicklungen beschreibenden Gleichungen (siehe z. B. [8]) führt auf ein gekoppeltes Algebro-Differentialgleichungssystem für die Ständerströme i_d, i_q und i_0 und die Läuferflussverkettungen ψ_f, ψ_D und ψ_Q (Erregerwicklung f, Dämpferwicklungen D und Q in der d- und q-Achse), die aus Darstellungsgründen durch die proportionalen Größen $k_f\psi_f$, $k_D\psi_D$ und $k_Q\psi_Q$ ersetzt worden sind. Das Algebro-Differentialgleichungssystem besteht aus der Ständerspannungsgleichung in dq0-Koordinaten:

$$\begin{bmatrix} L_d'' & & \\ & L_q'' & \\ & & L_0 \end{bmatrix} \begin{bmatrix} \dot{i}_d \\ \dot{i}_q \\ \dot{i}_0 \end{bmatrix} + \begin{bmatrix} R_a & -\omega L_q'' & \\ \omega L_d'' & R_a & \\ & & R_0 \end{bmatrix} \begin{bmatrix} i_d \\ i_q \\ i_0 \end{bmatrix} + \begin{bmatrix} u_d'' \\ u_q'' \\ 0 \end{bmatrix} = \begin{bmatrix} u_d \\ u_q \\ u_0 \end{bmatrix} \qquad (2.11)$$

mit den Spannungsquellen:

$$
\begin{bmatrix} u''_d \\ u''_q \\ 0 \end{bmatrix} = \begin{bmatrix} -\omega k_Q \psi_Q + k_f \dot{\psi}_f + k_D \dot{\psi}_D \\ \omega \left(k_f \psi_f + k_D \psi_D \right) + k_Q \dot{\psi}_Q \\ 0 \end{bmatrix} = \omega \begin{bmatrix} -k_Q \psi_Q \\ k_f \psi_f + k_D \psi_D \\ 0 \end{bmatrix} + \begin{bmatrix} k_f \dot{\psi}_f + k_D \dot{\psi}_D \\ k_Q \dot{\psi}_Q \\ 0 \end{bmatrix} \tag{2.12}
$$

und den Zustandsdifferentialgleichungen für die Läuferflussverkettungen:

$$
\begin{bmatrix} k_f \dot{\psi}_f \\ k_D \dot{\psi}_D \\ k_Q \dot{\psi}_Q \end{bmatrix} = \begin{bmatrix} -k_f^2 R_f & 0 & 0 \\ -k_D^2 R_D & 0 & 0 \\ 0 & -k_Q^2 R_Q & 0 \end{bmatrix} \begin{bmatrix} i_d \\ i_q \\ i_0 \end{bmatrix}
$$
$$
+ \begin{bmatrix} D_{ff} R_f & D_{FD} R_F & 0 \\ D_{DF} R_D & D_{DD} R_D & 0 \\ 0 & 0 & D_{QQ} R_Q \end{bmatrix} \begin{bmatrix} k_f \psi_f \\ k_D \psi_D \\ k_Q \psi_Q \end{bmatrix} + \begin{bmatrix} k_f u_f \\ 0 \\ 0 \end{bmatrix} \tag{2.13}
$$
$$
= - \begin{bmatrix} k_f R_f & 0 & 0 \\ 0 & k_D R_D & 0 \\ 0 & 0 & k_Q R_Q \end{bmatrix} \begin{bmatrix} i_f \\ i_D \\ i_Q \end{bmatrix} + \begin{bmatrix} k_f u_f \\ 0 \\ 0 \end{bmatrix}
$$

R_a, R_f, R_D und R_Q bezeichnen die ohmschen Widerstände der Ständerwicklung (Ankerwiderstand), der Erregerwicklung f und der Dämpferlängs- und Dämpferquerachsenwicklung D und Q. Die Faktoren D_{ff}, D_{fD}, D_{Df}, D_{DD} und D_{QQ} berechnen sich aus den Induktivitäten der Läuferwicklungen und stellen formal Kehrwerte von Induktivitäten dar, während die Faktoren k_f, k_D und k_Q dimensionslose Größen darstellen, die sich ebenfalls aus den Induktivitäten der Läuferwicklungen bestimmen lassen [8].

Die Zustandsdifferentialgleichungen für die Läuferflussverkettungen in Gl. (2.13) beschreiben zum einen ihre Kopplungen mit den Ständerströmen und zum anderen die Spannungsgleichung für jede Läuferwicklung mit dem Widerstand der jeweiligen Wicklung, dem Wicklungsstrom und der an der Erregerwicklung f anliegenden Erregergleichspannung u_f. Die Dämpferwicklungen sind kurzgeschlossen.

Die Läuferflussverkettungen berechnen sich aus den magnetischen Flüssen der in den Wicklungen fließenden Ströme. Die Wicklungen sind dabei über die gemeinsamen Hauptinduktivitäten in der d- und der q-Achse gekoppelt:

$$
\begin{bmatrix} \psi_f \\ \psi_D \\ \psi_Q \end{bmatrix} = \begin{bmatrix} L_{hd} & 0 & 0 \\ L_{hd} & 0 & 0 \\ 0 & L_{hq} & 0 \end{bmatrix} \begin{bmatrix} i_d \\ i_q \\ i_0 \end{bmatrix}
$$
$$
+ \begin{bmatrix} L_{hd} + L_{\sigma L} + L_{\sigma f} & L_{hd} + L_{\sigma L} & 0 \\ L_{hd} + L_{\sigma L} & L_{hd} + L_{\sigma L} + L_{\sigma D} & 0 \\ 0 & 0 & L_{hq} + L_{\sigma Q} \end{bmatrix} \begin{bmatrix} i_f \\ i_D \\ i_Q \end{bmatrix} \tag{2.14}
$$

Die subtransienten Induktivitäten L''_d und L''_q in Gl. (2.11) berechnen sich aus den Haupt- und Streuinduktivitäten der Ständer- und Läuferwicklungen [8]. Sie können besser interpretiert werden, wenn man sich die magnetischen Kopplungen zwischen den Wicklungen in den beiden Achsen verdeutlicht und die entsprechende Eingangsreaktanz an den Ständerklemmen bestimmt. Hierfür werden den einzelnen über die gemeinsamen Hauptinduktivitäten (Index h) L_{hd} bzw. L_{hq} gekoppelten Wicklungen Streuinduktivitäten (Index σ) zugeordnet (vgl. Band 1, Abschnitt 11.2) und für die Angabe einer Ersatzschaltung für jede Achse (siehe Abbildung 2.13) auf eine Spannungsebene (siehe oben) umgerechnet.

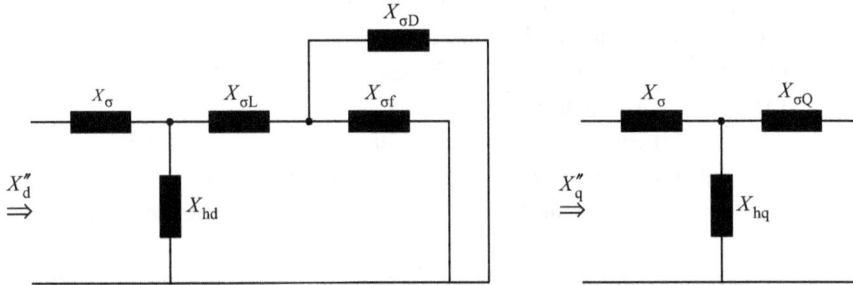

Abb. 2.13: Magnetische Kopplungsreaktanzen zwischen den Wicklungen in der d- (links) und der q-Achse (rechts), d und q Ersatzständerwicklungen in der d- und q-Achse gemäß der Zweiachsentheorie, f Erregerwicklung, D und Q Dämpferlängs- und Dämpferquerachsenwicklung

Des Weiteren ist in der Ersatzschaltung für die d-Achse noch die doppelt verkettete Streureaktanz berücksichtigt, die die alleinige Kopplung zwischen den beiden Läuferwicklungen f und D nachbildet und damit keine Komponente für den Hauptfluss in der d-Achse enthält. Die Erregerwicklung f ist für die Bestimmung der Eingangsimpedanz als über die Spannungsquelle kurzgeschlossen zu betrachten. Die Dämpferlängsachsenwicklungen ist sowieso kurzgeschlossen, so dass sich für die Eingangsreaktanz in der d-Achse ergibt:

$$X_d'' = X_\sigma + X_{hd}\|(X_{\sigma L} + X_{\sigma f}\|X_{\sigma D}) = X_\sigma + \frac{X_{hd}(X_{\sigma L}(X_{\sigma D} + X_{\sigma f}) + X_{\sigma D}X_{\sigma f})}{(X_{hd} + X_{\sigma L})(X_{\sigma D} + X_{\sigma f}) + X_{\sigma D}X_{\sigma f}}$$

$$= X_{hd} + X_\sigma - \frac{\overbrace{X_{\sigma D}X_{hd}}^{k_f} + \overbrace{X_{\sigma f}X_{hd}}^{k_D}}{(X_{hd} + X_{\sigma L})(X_{\sigma D} + X_{\sigma f}) + X_{\sigma D}X_{\sigma f}}X_{hd} = X_d - (k_f + k_D)X_{hd} \ .$$

(2.15)

Entsprechend erhält man für die Eingangsreaktanz der q-Achse:

$$X_q'' = X_\sigma + X_{hq}\|X_{\sigma Q} = X_\sigma + \frac{X_{\sigma Q}}{X_{hq} + X_{\sigma Q}}X_{hq}$$

$$= X_{hq} + X_\sigma - \frac{X_{hq}}{X_{hq} + X_{\sigma Q}}X_{hq} = X_q - k_Q X_{hq}$$

(2.16)

Die Proportionalitätsgrößen wie auch alle anderen Größen (mit Ausnahme der elektrischen Winkelgeschwindigkeit ω) in den Gln. (2.11) bis (2.13) sind bei Vernachlässigung von Sättigungserscheinungen konstant und berechnen sich direkt aus den Maschinendaten. Die algebraischen Gleichungen für die Spannungsquellen in Gl. (2.12) sind für die im Folgenden dargestellte Angabe von Ersatzschaltungen eingeführt worden.

Nach Einsetzen von Gl. (2.12) in Gl. (2.11) erkennt man, dass die im Ständer induzierten Spannungen zum einen Anteile aufweisen, die durch die zeitliche Änderungen von Strömen und Flussverkettungen entstehen, und zum anderen Anteile enthalten, die sich aus der Multiplikation von Strömen bzw. Flussverkettungen mit der elektrischen Winkelgeschwindigkeit ω ergeben.

Erstere entsprechen den auch in gekoppelten Spulen erwarteten gegenseitig induzierten Spannungen (siehe Band 1, Abschnitt 11.1). Sie werden im Folgenden als transformatorisch induzierte Spannungen bezeichnet und koppeln jeweils nur die Wicklungen in einer Achse, d.h. in der d-Achse die Wicklungen d, D und f und in der q-Achse die Wicklungen q und Q (siehe Abbildung 2.12). Dies ist auch in den Zustandsdifferentialgleichungen für die Läuferflussverkettungen in Gl. (2.13) deutlich zu erkennen. Es existiert keine magnetische Kopplung zwischen den Wicklungen in der d- und denen in der q-Achse.

Letztere entsprechen rotatorisch induzierten Spannungen, die aus der Induktionswirkung des rotierenden magnetischen Drehfelds in den Ständerwicklungen resultieren und deswegen proportional zur elektrischen Winkelgeschwindigkeit ω sind. Da eine induzierte Spannung um $\pi/2$ ihrer Ursache vorauseilt, ergibt sich hier eine Kopplung zwischen den Größen der d- und q-Achse. Da die q-Achse der d-Achse elektrisch um $\pi/2$ vorauseilt, ergibt sich ein positives Vorzeichen für die rotatorisch induzierten Spannungen, während sich für die in der d-Achse rotatorisch induzierten Spannungen ein negatives Vorzeichen einstellt. Von den beiden Anteilen sind die rotatorisch induzierten Spannungen dominierend. Im eingeschwungenen stationären Zustand sind die transformatorisch induzierten Spannungen gleich null, da die Ständerströme in dq0-Koordinaten konstant und die Läuferflussverkettungen ebenfalls konstant bzw. gleich null sind und damit die über die zeitlichen Änderungen („transformatorisch") induzierten Spannungen entfallen.

Die Nullsystemströme erzeugen aufgrund ihrer Gleichphasigkeit kein Drehfeld und gehen somit auch nicht in die Läuferflußverkettungsgleichungen ein. Sie sind im Ständergleichungssystem separat von den Gleichungen für die d- und die q-Achse zu behandeln.

2.2 Nichtstationäres Betriebsverhalten

Im nichtstationären Betrieb, wie er z. B. nach einer Störung wie einem 3-poligen Kurzschluss oder nach einer Schalthandlung auftritt, entstehen durch die sich anschließenden Ausgleichsvorgänge in den Ständerströmen sowohl Gleich- als auch höherfrequente Wechselanteile, die dem Grundschwingungsanteil überlagert sind.

Im Verlauf von Ausgleichsvorgängen klingen die Gleich- und nicht grundfrequenten Anteile auf null und der Grundschwingungsanteil infolge der Wechselwirkungen mit den Läuferwicklungen auf einen neuen (oder alten) stationären Betriebszustand mit den entsprechenden Grundschwingungsgrößen ab. Die Gleichanteile in den Ständerströmen klingen mit der Gleichstromzeitkonstanten T_g und die Grundschwingungswechselanteile mit der subtransienten und der transienten Zeitkonstanten T_d'', T_q'', T_d' und T_q' in der d- und der q-Achse ab. Typische Werte für diese Zeitkonstanten sind in Abschnitt 2.9 angegeben. Sie belegen insbesondere die deutlich kleineren Werte für die subtransienten Zeitkonstanten im Vergleich zu denen der transienten Zeitkonstanten.

Die Gleichglieder in den Ständerströmen bilden kein Drehfeld und erzeugen über die Drehbewegung des Rotors in den Läuferwicklungen Wechselströme. Diese Wechselströme wirken ihrerseits auf den Ständer in Form von Gleichströmen und Anteilen mit der doppelten Frequenz zurück.

Die grundfrequenten Wechselanteile der Ständerströme korrespondieren über die Drehbewegung mit Gleichanteilen in den Läuferwicklungen. Ebenso erzeugen die Gleichstromanteile in den Läuferwicklungen grundfrequente Wechselströme in den Ständerwicklungen und verändern über diese Rückwirkung die Größe der grundfrequenten Wechselströme in den Ständerwicklungen, wodurch z. B. bei einem Kurzschluss abklingende grundfrequente Wechselanteile entstehen (siehe Band 3, Abschnitt 2.1).

Die Ständerstromanteile mit der doppelten Frequenz erzeugen über den selben Mechanismus wiederum Stromanteile mit höheren Frequenzen, die aber in der Regel vernachlässigt werden können. Diese Annahme gilt auch für alle anderen höherfrequenten Komponenten. Für eine detaillierte und ausführliche Darstellung wird auf die Literatur (z. B. [4]) verwiesen.

Im Augenblick einer Störung verändern sich zunächst die Ströme in den über die Magnetkreise gekoppelten Ständer- und Läuferwicklungen so, dass die Ständer- und Läuferflussverkettungen entsprechend der Lenz'schen Regel konstant bleiben. Nachfolgend klingen die Flußverkettungen und mit ihnen die Ständer- und Läuferströme mit unterschiedlichen Zeitkonstanten ab. Bei den Ständerströmen sind drei charakteristische Zeitbereiche und Zustände während eines Ausgleichsvorgangs zu unterscheiden. Dies sind der subtransiente, der transiente und der stationäre Zustand. Der subtransiente Zeitbereich klingt mit einer sehr kleinen Zeitkonstante innerhalb von wenigen 10 ms ab, während der transiente Zustand mit größeren Zeitkonstanten im Bereich von etwa 1 s auf den stationären Zustand abklingt (siehe Tabelle 2.4 in Abschnitt 2.9).

2.3 Quasistationäres Modell

Für die Analyse der in den folgenden Kapiteln behandelten stationären und quasistationären Vorgänge kann man sich auf die Grundschwingungsanteile in den Ständerströmen, die durch die Gleichstromanteile in den Ständerströmen in der d- und q-Achse und das Nullsystem in den dq0-Koordinaten nachgebildet werden, beschränken. Der abklingende Gleichanteil und die sonstigen freien höherfrequenten Anteile in den Ständerströmen können für diese Fragestellungen aufgrund ihres geringen Einflusses auf das träge Läuferverhalten vernachlässigt werden bzw. wird der Gleichanteil ggf. nachträglich berücksichtigt. Mit diesen Näherungen werden auch die Wechselanteile und insbesondere der Grundschwingungswechselanteil in den Läuferströmen vernachlässigt. Des Weiteren wird eine konstante Drehzahl und damit $\omega \approx \omega_0$ vorausgesetzt, womit auch die transformatorisch induzierten Spannungsbeiträge in der Spannungsgleichung in den Gln. (2.11) und (2.12) vernachlässigt werden können. Damit entfallen im Ständerspannungsgleichungssystem die zeitlichen Ableitungen der Ständerflussverkettungen, und die Ständerströme ändern im Moment einer Zustandsänderung schlagartig verzögerungsfrei, d. h. trägheitsfrei, ihre Werte auf den neuen stationären bzw. quasistationären Wert (siehe auch Gl. (2.19)). Mit diesen Annahmen und Näherungen wird die Darstellung der Ständergrößen durch ruhende Zeitzeigergleichungen (siehe Band 1, Abschnitt 3.2) möglich, die im Gegensatz zu den vollständigen Differentialgleichungen eine einfache und übersichtliche Berechnung ermöglichen.

Für die Herleitung des Zusammenhangs zwischen den Größen in der d- und q-Achse und den Zeigergrößen im stationären und quasistationären Betrieb sollen die folgenden Überlegungen im Zusammenhang mit Abbildung 2.14 dienen.

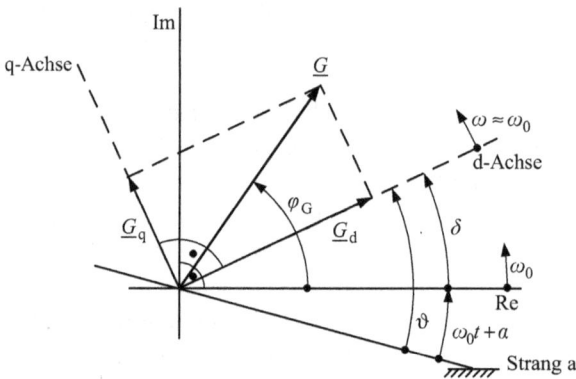

Abb. 2.14: Zusammenhang dq-Komponenten und ruhende Zeitzeiger im stationären und quasistationären Zustand

In einem quasistationären Betrieb werden sich langsame Winkeländerungen bei einer angenommenen näherungsweisen konstanten Winkelgeschwindigkeit $\omega \approx \omega_0$ einstellen. Gegenüber der feststehenden Achse des Strangs a der Ständerwicklung weisen die d-Komponenten der Ströme und Spannungen den mit der Rotation des Läufers stetig wachsenden Winkel ϑ auf. Entsprechend eilen die q-Komponenten dieser Größen um nochmals $\pi/2$ vor. Mit Blick auf die Zeigerdarstellung, in der die umlaufenden

Zeitzeiger mit konstanter Winkelgeschwindigkeit ω_0 umlaufen bzw. die ruhenden Zeiger ihren Phasenwinkel gegenüber dem mit der konstanten Winkelgeschwindigkeit ω_0 rotierenden Koordinatensystem aufweisen (siehe Abbildung 2.14) lässt sich der gesuchte Zusammenhang zwischen den d- und q-Komponenten g_d und g_q und den Zeigergrößen $\underline{G}$ allgemein formulieren:

$$
\begin{aligned}
\underline{G} = Ge^{j\varphi_G} = \underline{G}_d + \underline{G}_q &= (G_d + jG_q)e^{j\delta} \\
= Ge^{j(\delta + \arctan(G_q/G_d))} &= (G_d + jG_q)e^{j(\vartheta - \omega_0 t - \alpha)}
\end{aligned}
\tag{2.17}
$$

mit den Effektivwerten, die sich aus den d- und q-Komponenten berechnen:

$$
G_d = \frac{g_d}{\sqrt{2}} \quad , \quad G_q = \frac{g_q}{\sqrt{2}} \quad \text{und} \quad G = \sqrt{G_d^2 + G_q^2}
\tag{2.18}
$$

Ausgehend von den Gln. (2.11) und (2.12) und der Berücksichtigung der quasistationären Annahmen erhält man zunächst:

$$
\begin{bmatrix} R_a & -\omega L_q'' & \\ \omega L_d'' & R_a & \\ & & R_0 \end{bmatrix} \begin{bmatrix} i_d \\ i_q \\ i_0 \end{bmatrix} + \begin{bmatrix} u_d'' \\ u_q'' \\ 0 \end{bmatrix} = \begin{bmatrix} u_d \\ u_q \\ u_0 \end{bmatrix}
\tag{2.19}
$$

mit den Spannungsquellen:

$$
\begin{bmatrix} u_d'' \\ u_q'' \\ 0 \end{bmatrix} = \omega \begin{bmatrix} -k_Q \psi_Q \\ k_f \psi_f + k_D \psi_D \\ 0 \end{bmatrix}
\tag{2.20}
$$

Es gilt dann für das quasistationäre Modell der Synchronmaschine in einer Darstellung mit ruhenden Zeigern:

$$
\begin{aligned}
\underline{U} = Ue^{j\varphi_U} = (U_d + jU_q)e^{j\delta} &= \left(R_a + j\omega_0 L_d''\right)\underline{I} + j\omega_0\left(L_q'' - L_d''\right)\underline{I}_q + \underline{U}'' \\
&= \left(R_a + j\omega_0 L_q''\right)\underline{I} - j\omega_0\left(L_q'' - L_d''\right)\underline{I}_d + \underline{U}''
\end{aligned}
\tag{2.21}
$$

mit dem Zeiger der Quellenspannung:

$$
\underline{U}'' = \left(U_d'' + jU_q''\right)e^{j\delta''} = \omega_0\left(k_f\psi_f + k_D\psi_D + jk_Q\psi_Q\right)e^{j\delta''}\frac{1}{\sqrt{2}}
\tag{2.22}
$$

und den folgenden Stromzeigern:

$$
\underline{I} = Ie^{j\varphi_I} = \underline{I}_d + \underline{I}_q = (I_d + jI_q)e^{j\delta_I}
\tag{2.23}
$$

Damit ergeben sich für die Analyse von quasistationären Zuständen Spannungsquellenersatzschaltungen (siehe Abbildung 2.15), deren Spannungsquellen $\underline{U}''$ von den Werten der Läuferflussverkettungen entsprechend Gl. (2.22) abhängig sind.

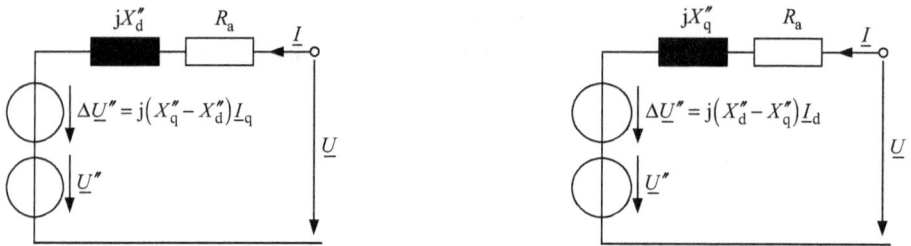

Abb. 2.15: Gleichwertige quasistationäre Spannungsquellenersatzschaltungen der Synchronmaschine

2.4 Ersatzschaltungen für die Symmetrischen Komponenten

Für die Untersuchung von symmetrischen und unsymmetrischen stationären und quasistationären Zuständen, wie z. B. bei der Kurzschlussstromberechnung (siehe Band 3, Kapitel 2 und 3), oder für die Analyse der statischen (siehe Band 3, Abschnitt 5.3) und der transienten Stabilität (siehe Band 3, Abschnitt 5.4) werden Ersatzschaltungen verwendet, die Berechnungen zu Beginn einer Störung ermöglichen oder die über einen längeren, für die jeweilige Untersuchung relevanten Zeitraum konstante Parameter aufweisen. Damit werden einfachere Berechnungen ohne die Mitführung der Differentialgleichungen in Gl. (2.13) und die Aktualisierung der Quellenspannungen in Gl. (2.12) ermöglicht, die allerdings entsprechende Einschränkungen hinsichtlich der Genauigkeit und der Gültigkeitszeiträume aufweisen. Man unterscheidet drei Generatorersatzschaltungen für das Mitsystem der Symmetrischen Komponenten (siehe Band 1, Abschnitt 20.4), die jeweils aus einer inneren Spannungsquelle und einer wirksamen Innenimpedanz bestehen und alleine nur für symmetrische Systemzustände verwendet werden können. Dies sind:

- die Ersatzschaltung für den subtransienten Zustand, die für Untersuchungen von quasistationären Zuständen in einem Zeitraum bis zu maximal 100 ms nach der Störung verwendet wird (siehe Abschnitt 2.4.1.1),
- die Ersatzschaltung für den transienten Zustand, die für Untersuchungen von quasistationären Zuständen in einem Zeitraum bis zu maximal 1 s nach der Störung verwendet wird (siehe Abschnitt 2.4.1.2),
- die Ersatzschaltung für den stationären Zustand, die für Untersuchungen von stationären eingeschwungenen Zuständen verwendet wird (siehe Abschnitt 2.4.1.3).

Für die Untersuchungen von unsymmetrischen stationären und quasistationären Zuständen sind zusätzlich noch die Gegen- und die Nullsystemersatzschaltung zu berücksichtigen, die jeweils passive Ersatzschaltungen mit einer Innenimpedanz darstellen. Für das Nullsystem spielt dabei die Sternpunkterdung eine entscheidende Rolle. Üblicherweise sind die Sternpunkte von Drehfeldmaschinen, d. h. von Synchron- und Asynchronmaschinen, nicht geerdet, so dass die Nullsystemersatzschaltung eine unendlich große Torimpedanz enthält und damit nicht berücksichtigt werden muss. Tabelle 2.3 gibt eine Übersicht über die Parameter dieser Ersatzschaltungen, die im Folgenden mit Angabe der weiteren notwendigen Annahmen hergeleitet werden.

Tab. 2.3: Quellenspannungen, Mit-, Gegen- und Nullsystemimpedanzen der Ersatzschaltungen von Synchronmaschinen mit konstanten Spannungsquellen

Komponentensystem	stationäre Zustände	transiente Zustände	subtransiente Zustände
Mitsystem	$\underline{Z}_1 = R_a + jX_d$	$\underline{Z}_1 = \underline{Z}_1' = R_a + jX_d'$	$\underline{Z}_1 = \underline{Z}_1'' = R_a + jX_d''$
	$\underline{U}_p = U_p(I_f)e^{j\delta_p}$	$\underline{U}' = U'(0)e^{j\delta'}$	$\underline{U}'' = U''(0)e^{j\delta''}$
	$\Delta\underline{U} = j(X_q - X_d)\underline{I}_q$	$\Delta\underline{U}' = j\left(X_q' - X_d'\right)\underline{I}_q$	$\Delta\underline{U}'' = j\left(X_q'' - X_d''\right)\underline{I}_q$
Gegensystem	$\underline{Z}_2 = R_a + \frac{1}{4}\left(k_f^2 R_f + k_D^2 R_D + k_Q^2 R_Q\right) + \frac{1}{2}j\left(X_d'' + X_q''\right)$		
Nullsystem	$\underline{Z}_0 = R_a + 3R_{ME} + j(X_{0G} + 3X_{ME})$		

Die nachfolgenden Ausführungen beziehen sich zunächst nur auf die Vollpolsynchronmaschine. Die notwendigen und bereits in Tabelle 2.3 angegebenen Erweiterungen für die Schenkelpolsynchronmaschine werden anschließend beschrieben und sind analog zu Abbildung 2.15 durch eine zusätzliche Spannungsquelle $\Delta\underline{U}''$, $\Delta\underline{U}'$ bzw. $\Delta\underline{U}$ umzusetzen.

2.4.1 Ersatzschaltungen für das Mitsystem

2.4.1.1 Ersatzschaltung mit konstanter subtransienter Spannung

Für die Herleitung der Ersatzschaltung für den subtransienten Zustand der Synchronmaschine wird angenommen, dass die Läuferflussverkettungen sich entsprechend der Lenz'schen Regel beim Übergang vom stationären Ausgangszustand vor der Störung (Index 0^-), die sich zum Zeitpunkt $t_0 = 0$ ereignen soll, bis unmittelbar nach der Störung (Index 0^+) nicht ändern und konstant bleiben. Es ist damit nur für den Moment der Störung exakt gültig und wird mit einem größer werdenden zeitlichen Abstand von der Störung immer ungenauer.

Für die Untersuchung der Vorgänge nach Störungseintritt wird die für quasistationäre Untersuchungen hergeleitete Ersatzschaltung in Abbildung 2.15 mit $X_d'' = X_q''$ übernommen und die genannten Näherungen berücksichtigt. Die sich ergebende Ersatzschaltung in Abbildung 2.16 wird durch die folgende Gleichung beschrieben:

$$\underline{U}_1 = \underline{U}'' + \left(R_a + jX_d''\right)\underline{I}_1 = \underline{U}'' + \underline{Z}_1''\underline{I}_1 \tag{2.24}$$

Aufgrund der während des Übergangs konstant angenommenen Flussverkettungen ist es möglich, aus den Klemmenströmen und- spannungen unmittelbar vor der Störung den Wert für die subtransiente Spannung $\underline{U}''$ analog zu Gl. (2.21) zu bestimmen. Die subtransiente Spannung $\underline{U}''$ ändert bei diesem Übergang entsprechend

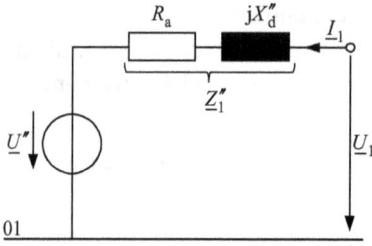

Abb. 2.16: Mitsystem-Ersatzschaltung der Vollpolsynchronmaschine ($X_d'' = X_q''$) für den subtransienten Zeitbereich

Gl. (2.22) ebenfalls nicht ihren Wert:

$$
\begin{aligned}
\underline{U}'' &= \omega_0(k_f\psi_f(0^+) + k_D\psi_D(0^+) + jk_Q\psi_Q(0^+))e^{j\delta''(0^+)} \\
&= \omega_0(k_f\psi_f(0^-) + k_D\psi_D(0^-) + jk_Q\psi_Q(0^-))e^{j\delta''(0^-)} \\
&= \underline{U}(0^-) - \left(R_a + jX_d''\right)\underline{I}(0^-)
\end{aligned}
\tag{2.25}
$$

Ihre Bestimmung ist in dem Zeigerbild in Abbildung 2.17 graphisch dargestellt.

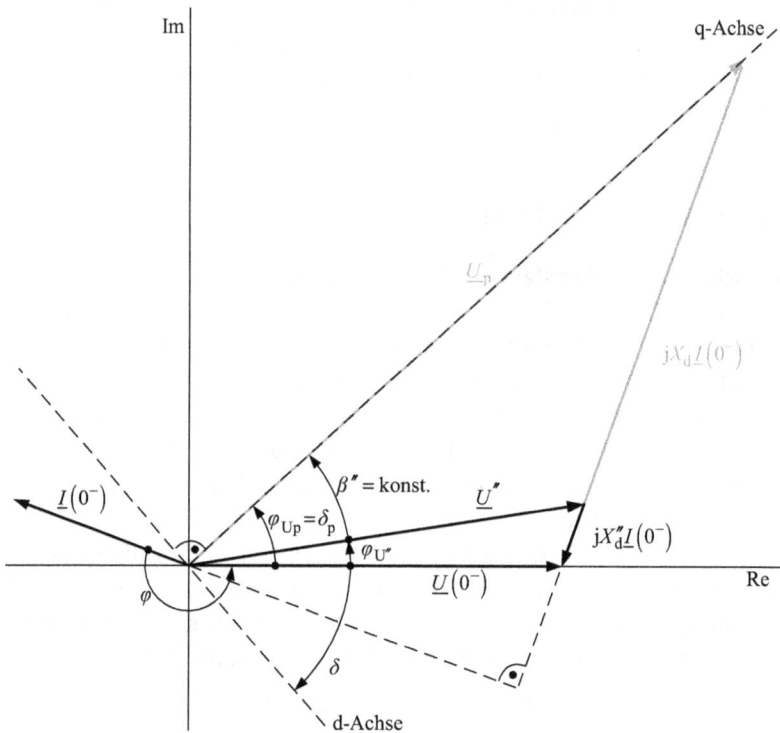

Abb. 2.17: Zeigerbild für die Bestimmung der subtransienten Spannung aus den Werten für die Klemmenspannung und den Klemmenstrom unmittelbar vor der Störung

Für die subtransiente Spannung $\underline{U}''$ gilt mit dem Strom $\underline{I}(0^-)$ und der Spannung $\underline{U}(0^-)$ vor der Störung:

$$\underline{U}'' = U'' e^{j\delta''} = \left(U_d'' + jU_q''\right) e^{j\delta''} = \underline{U}(0^-) - \left(R_a + jX_d''\right)\underline{I}(0^-) \tag{2.26}$$

Für den Betrag der subtransienten Spannung erhält man mit dem Wirk- $I_w(0^-)$ und dem Blindstrom $I_b(0^-)$:

$$U'' = \sqrt{\left(U(0^-) + X_d'' I_b(0^-)\right)^2 + \left(-X_d'' I_w(0^-)\right)^2} \approx U(0^-) + X_d'' I_b(0^-) \tag{2.27}$$

und für den subtransienten Polradwinkel zwischen der subtransienten Spannung und der Klemmenspannung:

$$\delta'' = \arctan\left(\frac{-X_d'' I_w(0^-)}{U(0^-) + X_d'' I_b(0^-)}\right) \tag{2.28}$$

Die beiden Komponenten der subtransienten Spannung in der d- und der q-Achse sind aufgrund der als konstant angenommenen Läuferflussverkettungen (siehe Gl. (2.25)) ebenfalls jeweils konstant. Damit ist auch der Winkel β'' zwischen der subtransienten Spannungen und der q-Achse, in der die Polradspannung (siehe Abschnitt 2.4.1.3) liegt, konstant. Die subtransiente Spannung ist somit ebenfalls läuferfest.

Für die Nachbildung der Schenkelpolsynchronmaschine ist bei Verwendung der subtransienten Längsreaktanz X_d'' in der Ersatzschaltung eine zusätzliche Spannungsquelle $\Delta\underline{U}''$ mit dem in Tabelle 2.3 angegebenen Wert in Reihe zur subtransienten Spannung $\underline{U}''$ zu schalten.

Die subtransiente Längsreaktanz X_d'' (siehe Abbildung 2.13) berechnet sich aus der bezogenen subtransienten Reaktanz x_d'' und den Bemessungsgrößen der Synchronmaschine (siehe Band 1, Abschnitt 19.5 und Abschnitt 2.9):

$$X_d'' = X_d - (k_f + k_D)X_{hd} = x_d'' \frac{U_{rG}}{\sqrt{3}I_{rG}} = x_d'' \frac{U_{rG}^2}{S_{rG}} \tag{2.29}$$

Entsprechend berechnet sich auch die subtransiente Querreaktanz X_q'' (siehe Abbildung 2.13):

$$X_q'' = X_q - k_Q X_{hq} = x_q'' \frac{U_{rG}}{\sqrt{3}I_{rG}} = x_q'' \frac{U_{rG}^2}{S_{rG}} \tag{2.30}$$

Diese Ersatzschaltung ist nur die ersten Millisekunden unmittelbar nach einer Störung gültig und sollte maximal bis in einen Zeitbereich von deutlich < 100 ms verwendet werden.

2.4.1.2 Ersatzschaltung mit konstanter transienter Spannung

Der transiente Zustand schließt sich unmittelbar an den subtransienten Zustand an. Man nimmt an, dass die am schnellsten abklingenden Ausgleichsvorgänge in der Dämpferlängsachsenwicklung abgeklungen sind, während die Flussverkettungen der beiden anderen Läuferwicklungen noch als konstant angesehen werden und sich beim Übergang vom stationären Ausgangszustand vor der Störung bis unmittelbar nach der Störung noch nicht geändert haben. Durch die Vernachlässigung der Dämpferlängsachsenwicklung wird insbesondere das schnelle subtransiente Verhalten der Synchronmaschine gezielt ausgeblendet, das einen zu vernachlässigbar kleinen Einfluss auf das Bewegungsverhalten der Synchronmaschine hat und damit z. B. für Untersuchungen der transienten Stabilität (siehe Band 3, Abschnitt 5.4) vernachlässigt werden kann. Für die Untersuchung der Vorgänge nach Störungseintritt gilt wieder eine Spannungsquellenersatzschaltung entsprechend Abbildung 2.18 (hier ohne Herleitung, siehe hierfür z. B. [8]), die durch die folgende Gleichung beschrieben wird ($X'_d = X'_q$):

$$\underline{U}_1 = \underline{U}' + \left(R_a + jX'_d\right)\underline{I}_1 = \underline{U}' + \underline{Z}'_1\underline{I}_1 \tag{2.31}$$

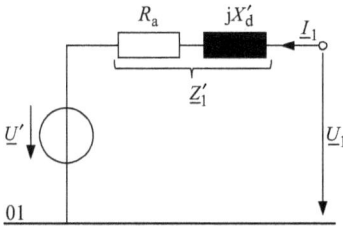

Abb. 2.18: Mitsystem-Ersatzschaltung der Vollpolsynchronmaschine ($X'_d = X'_q$) für den transienten Zeitbereich

Aufgrund der wieder als konstant angenommenen Läuferflussverkettungen der Erreger- und Dämpferquerachsenwicklungen ist es jetzt wieder möglich, aus den Klemmenströmen und Klemmenspannungen unmittelbar vor der Störung den Wert für die transiente Spannung zu bestimmen. Die transiente Spannung $\underline{U}'$ ändert bei diesem Übergang ebenfalls nicht ihren Wert:

$$\begin{aligned}
\underline{U}' &= \omega_0(k_f\psi_f(0^+) + jk_Q\psi_Q(0^+))e^{j\delta'(0^+)} \\
&= \omega_0(k_f\psi_f(0^-) + jk_Q\psi_Q(0^-))e^{j\delta'(0^-)} = \underline{U}(0^-) - \left(R_a + jX'_d\right)\underline{I}(0^-)
\end{aligned} \tag{2.32}$$

Ihre Bestimmung ist in dem Zeigerbild in Abbildung 2.19 dargestellt.

Für die transiente Spannung $\underline{U}'$ gilt mit dem Strom $\underline{I}(0^-)$ und der Spannung $\underline{U}(0^-)$ vor der Störung:

$$\underline{U}' = U'e^{j\delta'} = \left(U'_d + jU'_q\right)e^{j\delta'} = \underline{U}(0^-) - \left(R_a + jX'_d\right)\underline{I}(0^-) \tag{2.33}$$

Für den Betrag der transienten Spannung erhält man mit dem Wirk- $I_w(0^-)$ und dem Blindstrom $I_b(0^-)$:

$$U' = \sqrt{\left(U + X'_d I_b(0^-)\right)^2 + \left(-X'_d I_w(0^-)\right)^2} \approx U + X'_d I_b(0^-) \tag{2.34}$$

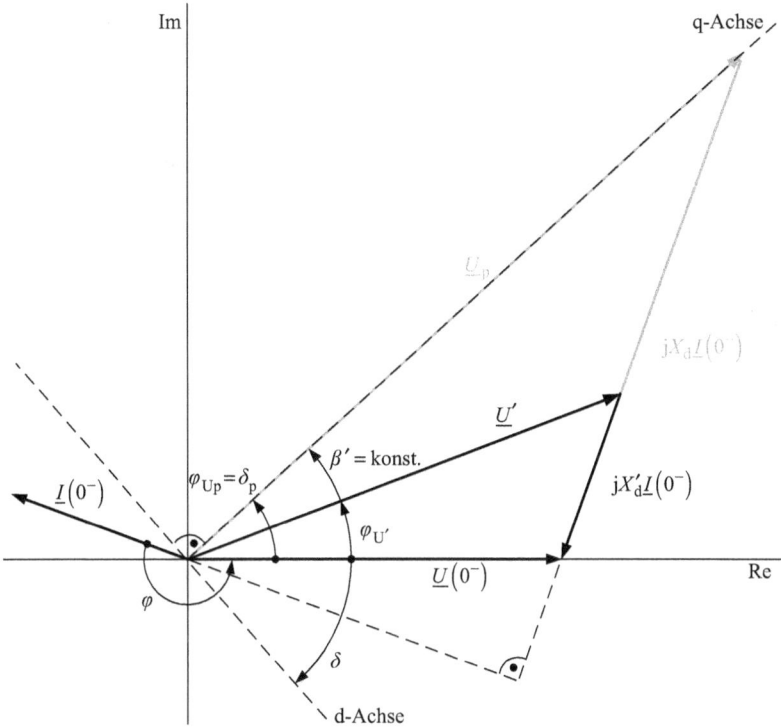

Abb. 2.19: Zeigerbild für die Bestimmung der transienten Spannung aus den Werten für die Klemmenspannung und den Klemmenstrom unmittelbar vor der Störung

und für den transienten Polradwinkel zwischen der transienten Spannung und der Klemmenspannung:

$$\delta' = \arctan\left(\frac{-X'_d I_w(0^-)}{U(0^-) + X'_d I_b(0^-)}\right) \tag{2.35}$$

Die beiden Komponenten in der d- und der q-Achse der transienten Spannung sind aufgrund der als konstant angenommenen Läuferflussverkettungen jeweils konstant. Damit ist auch der Winkel β' zwischen der transienten Spannung und der q-Achse, in der die Polradspannung (siehe Abschnitt 2.4.1.3) liegt, konstant. Die transiente Spannung ist somit ebenfalls läuferfest.

Für die Nachbildung der Schenkelpolsynchronmaschine ist bei Verwendung der transienten Längsreaktanz X'_d in der Ersatzschaltung eine zusätzliche Spannungsquelle $\Delta\underline{U}'$ mit dem in Tabelle 2.3 angegebenen Wert in Reihe zur transienten Spannung $\underline{U}'$ zu schalten.

Die wirksame Reaktanz X'_d in der Ersatzschaltung hat sich durch die Vernachlässigung der Dämpferlängsachsenwicklung verändert. Die Herleitung führt auf einen gegenüber der subtransienten Reaktanz X''_d vergrößerten Wert [8]. Die transienten Reaktanzen können besser interpretiert werden, wenn man sich wieder die magnetischen

Kopplungen zwischen den Wicklungen verdeutlich und die entsprechende Eingangs-reaktanz an den Ständerklemmen bestimmt. In der Ersatzschaltung in Abbildung 2.20 sind die Läuferwicklungen für diese Berechnungen auf den Ständer umgerechnet wor-den (siehe Abschnitt 2.1.3), so dass sich eine Ersatzschaltung für jede Achse ergibt, die eine gemeinsame Hauptreaktanz (Index h) und für jede noch beteiligte Wicklung entsprechende Streureaktanzen (Index σ) enthält (vgl. mit Abbildung 2.13 für die sub-transienten Reaktanzen).

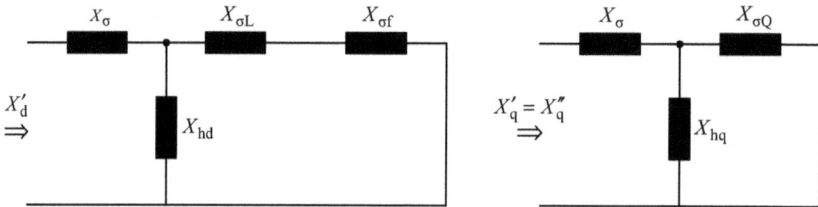

Abb. 2.20: Magnetische Kopplungsreaktanzen zwischen den Wicklungen in der d- (links) und der q-Achse (rechts) im transienten Betriebszustand, d und q Ersatzständerwicklungen in der d- und q-Achse gemäß der Zweiachsentheorie, f Erregerwicklung, Q Dämpferquerachsenwicklung

Man erhält für die Eingangsreaktanz der d-Achse:

$$X'_d = X_\sigma + X_{hd} \| (X_{\sigma L} + X_{\sigma f}) = X_\sigma + \frac{X_{hd}(X_{\sigma L} + X_{\sigma f})}{X_{hd} + X_{\sigma L} + X_{\sigma f}}$$

$$= X_{hd} + X_\sigma - \frac{\overbrace{\frac{X_{hd}}{X_{hd} + X_{\sigma L} + X_{\sigma f}}}^{k'_f}} \, X_{hd} \quad (2.36)$$

$$= X_d - k'_f X_{hd} = X''_d + \frac{X_{\sigma f} k_D}{X_{hd} + X_{\sigma L} + X_{\sigma f}} X_{hd}$$

Aufgrund der identischen Ersatzschaltungen entspricht die Eingangsreaktanz der q-Achse für den transienten Zustand der für den subtransienten Zustand (siehe Ab-bildung 2.20 rechts und vgl. Abbildung 2.13 rechts):

$$X'_q = X''_q = X_\sigma + X_{hq} \| X_{\sigma Q} = X_\sigma + \frac{X_{\sigma Q}}{X_{hq} + X_{\sigma Q}} X_{hq} = X_q - k_Q X_{hq} \quad (2.37)$$

Die transiente Reaktanz X'_d berechnet sich aus der bezogenen transienten Reaktanz x'_d und den Bemessungsgrößen der Synchronmaschine (siehe Band 1, Abschnitt 19.5 und Abschnitt 2.9):

$$X'_d = X_d - k'_F X_{hd} = x'_d \frac{U_{rG}}{\sqrt{3} I_{rG}} = x'_d \frac{U^2_{rG}}{S_{rG}} \quad (2.38)$$

Diese Ersatzschaltung ist bis zu maximal 1 s nach einer Störung gültig.

2.4.1.3 Ersatzschaltung mit konstanter Polradspannung

Im stationären Zustand sind die Erregerspannung u_f und der Erregerstrom i_f konstant sowie die Dämpferströme i_D und i_Q gleich null. Entsprechend Gl. (2.13) sind dann die Flussverkettungen der Läuferwicklungen konstant. Die Differentialgleichungen mutieren zu rein algebraischen Zusammenhängen. Die Quellenspannung ist nur noch abhängig vom Erregerstrom. Dies wird deutlich, wenn man zunächst mit Gl. (2.13) und Gl. (2.14) einen direkten Zusammenhang zwischen den konstanten Werten der Läuferflussverkettungen, den konstanten Ständerströmen und der Erregergleichspannung herstellt:

$$
\begin{bmatrix} \psi_f \\ \psi_D \\ \psi_Q \end{bmatrix} = \begin{bmatrix} L_{hd} & 0 & 0 \\ L_{hd} & 0 & 0 \\ 0 & L_{hq} & 0 \end{bmatrix} \begin{bmatrix} i_d \\ i_q \\ i_0 \end{bmatrix} + \begin{bmatrix} L_{hd} + L_{\sigma L} + L_{\sigma f} \\ L_{hd} + L_{\sigma L} \\ 0 \end{bmatrix} \frac{u_f}{R_f}
\tag{2.39}
$$

Für die Quellenspannungen ergibt sich dann ($\omega = \omega_0$):

$$
\begin{bmatrix} u_d'' \\ u_q'' \\ 0 \end{bmatrix} = \omega_0 \begin{bmatrix} -k_Q \psi_Q \\ k_f \psi_f + k_D \psi_D \\ 0 \end{bmatrix} = \omega_0 \begin{bmatrix} -k_Q L_{hq} i_q \\ (k_f + k_D) L_{hd} i_d \\ 0 \end{bmatrix}
$$
$$
+ \omega_0 \begin{bmatrix} 0 \\ k_F (L_{hd} + L_{\sigma L} + L_{\sigma f}) + k_D (L_{hd} + L_{\sigma L}) \\ 0 \end{bmatrix} \frac{u_f}{R_f}
\tag{2.40}
$$

bzw. nach teilweisem Ersetzen der Konstanten k_f und k_D mit Gl. (2.15):

$$
\begin{bmatrix} u_d'' \\ u_q'' \\ 0 \end{bmatrix} = \omega_0 \begin{bmatrix} -k_Q L_{hq} i_q \\ (k_f + k_D) L_{hd} i_d \\ 0 \end{bmatrix} + \omega_0 \begin{bmatrix} 0 \\ L_{hd} \\ 0 \end{bmatrix} \frac{u_f}{R_f}
\tag{2.41}
$$

Die Zusammenfassung zu Zeigergleichungen (vgl. Abschnitt 2.3) liefert dann erneut ein Gleichungssystem, das die Spannungsquellenersatzschaltung mit der Polradspannung $\underline{U}_P$ in Abbildung 2.21 beschreibt:

$$
\underline{U} = (R_a + jX_d)\underline{I} + j(X_q - X_d)\underline{I}_q + \underline{U}_P
$$
$$
= (R_a + jX_q)\underline{I} - j(X_q - X_d)\underline{I}_d + \underline{U}_P
\tag{2.42}
$$

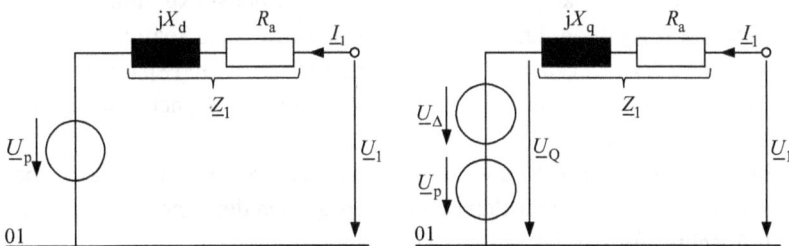

Abb. 2.21: Ersatzschaltung der Vollpolsynchronmaschine (links) und der Schenkelpolsynchronmaschine (rechts) für das Mitsystem im stationären Zustand

mit dem Zeitzeiger der vom Erregergleichstrom abhängigen Polradspannung:

$$\underline{U}_P = U_P e^{j\delta_P} = j\omega_0 L_{hd} \frac{1}{\sqrt{2}} i_f e^{j\vartheta_0} = j\omega_0 L_{hd} \underline{I}'_f$$

$$= j\omega_0 (k_f \psi_{f0} + k_D \psi_{D0} + jk_Q \psi_{Q0}) \frac{1}{\sqrt{2}} e^{j\delta_P} \tag{2.43}$$

und dem Zeitzeiger $\underline{I}'_f$ des auf die Ständerseite umgerechneten Erregergleichstromes i_f, der einem äquivalenten, fiktiv in den Ständerwicklungen fließenden dreiphasigen netzfrequenten Strom entspricht:

$$\underline{I}'_f = \frac{1}{\sqrt{2}} i_f e^{j\vartheta_0} \tag{2.44}$$

Die Polradspannung liegt fest in der q-Achse der Synchronmaschine (vgl. auch Gl. (2.40)) und lässt sich aus den im stationären Betrieb konstanten Läuferfluss-verkettungen bestimmen. Die von den Ständerströmen abhängigen Komponenten der Quellenspannungen in Gl. (2.40) sind mit den subtransienten Induktivitäten zu-sammengefasst worden. Die insgesamt wirksamen Induktivitäten sind die synchrone Längs- und Querreaktanz:

$$X_d = X''_d + (k_f + k_D) X_{hd} \quad \text{und} \quad X_q = X''_q + k_Q X_{hq} \tag{2.45}$$

Die Bestimmung der Polradspannungen für eine Vollpolsynchronmaschine ist in dem Zeigerbild in Abbildung 2.22 dargestellt.

Für die Polradspannung $\underline{U}_P$ gilt mit dem Klemmenstrom $\underline{I}$ und der Klemmenspan-nung $\underline{U}$:

$$\underline{U}_P = U_P e^{j\delta_P} = \underline{U} - (R_a + jX_d) \underline{I} \tag{2.46}$$

Für den Betrag der Polradspannung erhält man mit dem Wirk- I_w und dem Blindstrom I_b:

$$U_P = \sqrt{(U + X_d I_b)^2 + (-X_d I_w)^2} \approx U + X_d I_b \tag{2.47}$$

und für den Polradwinkel zwischen der Polradspannung und der Klemmenspannung:

$$\delta_P = \arctan\left(\frac{-X_d I_w}{U + X_d I_b}\right) \tag{2.48}$$

Für die Nachbildung der Schenkelpolsynchronmaschine ist bei Verwendung der syn-chronen Längsreaktanz X_d in der Ersatzschaltung eine zusätzliche Spannungsquelle $\Delta \underline{U}$ mit dem in Tabelle 2.3 angegebenen Wert in Reihe zur transienten Spannung $\underline{U}$ zu schalten. Die Konstruktion eines Zeigerbilds für die Schenkelpolsynchronmaschine ist in Abschnitt 2.6.4 beschrieben.

Die synchrone Längsreaktanz X_d und Querreaktanz X_q berechnen sich aus den be-zogenen Reaktanzen x_d und x_q sowie den Bemessungsgrößen der Synchronmaschine (siehe Band 1, Abschnitt 19.5 und Abschnitt 2.9):

$$X_d = x_d \frac{U_{rG}}{\sqrt{3} I_{rG}} = x_d \frac{U_{rG}^2}{S_{rG}} \quad \text{und} \quad X_q = x_q \frac{U_{rG}}{\sqrt{3} I_{rG}} = x_q \frac{U_{rG}^2}{S_{rG}} \tag{2.49}$$

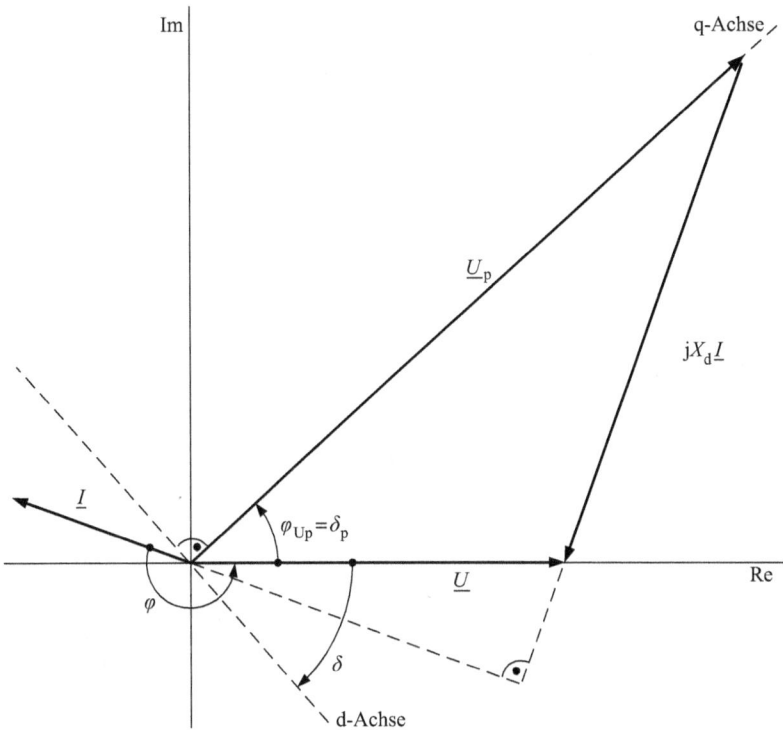

Abb. 2.22: Zeigerbild für die Bestimmung der Polradspannung einer Vollpolsynchronmaschine aus den Werten für die Klemmenspannung und den Klemmenstrom

Die Ersatzschaltung mit der konstanten Polradspannung ist für die Untersuchung von eingeschwungenen stationären Betriebszuständen gültig.

2.4.2 Ersatzschaltung für das Gegensystem

Liegt am Ständer ein Gegensystem an, so erzeugt dieses ein gegenüber dem mit der synchronen Winkelgeschwindigkeit rotierenden Läufer ein invers rotierendes Ständerdrehfeld. Die relative Drehzahldifferenz zwischen dem Ständer- und dem Läuferdrehfeld beträgt $2n_0$. In den Läuferwicklungen werden Ströme der doppelten Frequenz induziert, die ihrerseits auf den Ständer in Form einer Gegensystemspannung und einer Ständerspannungskomponente dreifacher Netzfrequenz zurückwirken. Die Läuferflussverkettungen ändern sich ebenfalls mit der doppelten Frequenz. Für die Angabe eines Grundschwingungsmodells werden die höherfrequenten Anteile sowie weitere nicht dominante Anteile in den Zustandsgleichungen für die Läuferwicklungen vernachlässigt[2]. Es wirken dann als Gegenimpedanz die subtransiente Reaktanz bzw. der Mittelwert der subtransienten Reaktanzen in der d- und der q-Achse sowie der Ankerwiderstand R_a mit einem zusätzlichen Widerstand ΔR. Es gilt [8]:

$$\underline{Z}_2 = R_a + \Delta R + j\frac{1}{2}\left(X''_d + X''_q\right) = R_a + \frac{1}{4}\left(k_f^2 R_f + k_D^2 R_D + k_Q^2 R_Q\right) + j\frac{1}{2}\left(X''_d + X''_q\right) \quad (2.50)$$

Die Ersatzschaltung für das Gegensystem in Abbildung 2.23 ist passiv.

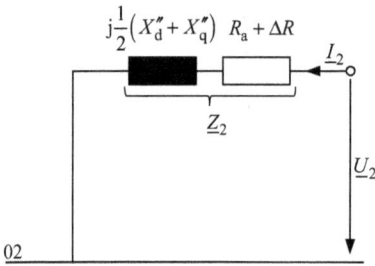

Abb. 2.23: Ersatzschaltung der Synchronmaschine für das Gegensystem

2.4.3 Ersatzschaltung für das Nullsystem

Die drei Ständerströme eines speisenden Nullsystems erzeugen kein Drehfeld sondern ein reines Wechselfeld, das sich als Streufeld ausbildet. Die Läuferwicklungen bleiben damit stromlos. Die Ersatzschaltung für das Nullsystem in Abbildung 2.24 ist damit ebenfalls passiv. Die Nullsystemimpedanz $\underline{Z}_0$ setzt sich aus dem Ankerwiderstand R_a und der Streureaktanz X_{0G} des Nullsystems sowie der dreifachen Sternpunkt-Erde-Impedanz $3\underline{Z}_{ME} = 3R_{ME} + j3X_{ME}$ (vgl. Band 1, Abschnitt 20.5) zusammen:

$$\underline{Z}_0 = \underline{Z}_{0G} + 3\underline{Z}_{ME} = R_a + jX_{0G} + 3R_{ME} + j3X_{ME} = R_a + 3R_{ME} + j\left(X_{0G} + 3X_{ME}\right) \quad (2.51)$$

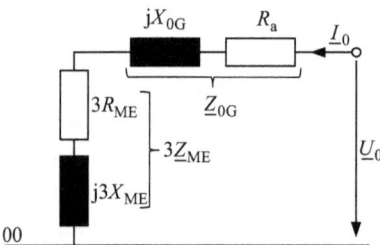

Abb. 2.24: Ersatzschaltung der Synchronmaschine für das Nullsystem

Typischerweise sind die Sternpunkte der Synchronmaschinen nicht geerdet ($\underline{Z}_{ME} \to \infty$), so dass das Nullsystem wegen $\underline{Z}_0 \to \infty$ vernachlässigt werden kann.

---

2 Für eine detaillierte Herleitung siehe [8].

2.5 Funktionsweise und stationäres Betriebsverhalten

2.5.1 Funktionsweise

Die Funktionsweise der Synchronmaschine und die Wirkung der Erregung wird zunächst am Beispiel einer leerlaufenden Vollpolsynchronmaschine erläutert. Durch die Erregerwicklung auf dem Läufer fließt der Erregergleichstrom I_f, der ein konstantes, mit dem Läufer umlaufendes Magnetfeld (Erregergleichfeld) erzeugt. Durch dieses umlaufende Erregergleichfeld werden in den Drehstromwicklungen im Ständer drei um $2\pi/3$ phasenverschobene Spannungen induziert. Die Höhe dieser in jedem Wicklungsstrang induzierten Spannung, die Leerlaufspannung oder auch Polradspannung $\underline{U}_p$, kann über die Höhe des Erregergleichstroms eingestellt werden (siehe Abbildung 2.25). Beim sogenannten Leerlauferregergleichstrom I_{f0} wird der Strangwert der Bemessungsspannung U_{rG} in den Ständerwicklungen induziert.

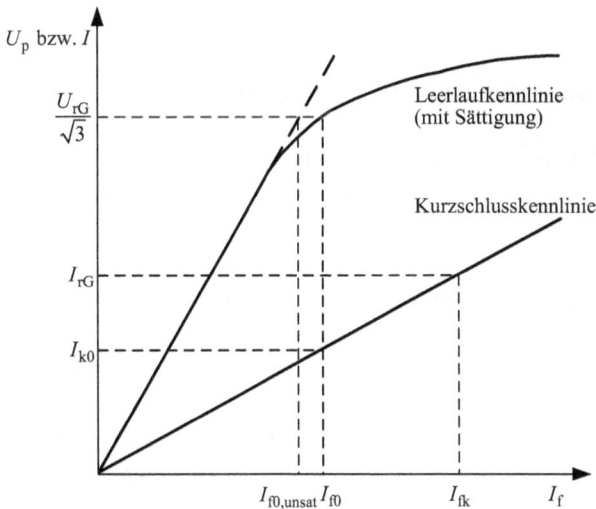

Abb. 2.25: Leerlaufkennlinie und Kurzschlusskennlinie (U_{rG} Bemessungsspannung des Generators)

Darüber hinaus hängt diese Spannung auch in Form einer nichtlinearen Funktion f von der Drehzahl n des Läufers und damit von der Drehzahl der Antriebsmaschine/ Turbine ab:

$$\underline{U}_p = \underline{f}(\omega, I_f) = \underline{f}(2\pi n, I_f) \qquad (2.52)$$

Die Frequenz der Polradspannung hängt alleine von der Drehzahl der Antriebsmaschine ab. Bei einer permanentmagneterregten Synchronmaschine ist die Polradspannung bei synchroner Drehzahl konstant und kann nicht mehr beeinflusst werden.

Der Erregergleichstrom im Läufer kann für den Aufbau einer Ersatzschaltung und eines mathematischen Modells auf die Ständerseite in einen äquivalenten, fiktiv in den Ständerwicklungen fließenden dreiphasigen netzfrequenten Strom $\underline{I}'_f$ umgerechnet werden, womit sich die induzierte Polradspannung $\underline{U}_p$ aus diesem Strom und der Hauptreaktanz X_{hd} in der d-Achse ergibt (vgl. Gl. (2.43)):

$$\underline{U}_p = jX_{hd}\underline{I}'_f \tag{2.53}$$

Die Polradspannung $\underline{U}_P$ liegt in der q-Achse und eilt dem Erregergleichfeld voraus (vgl. Abschnitt 2.4.1.3).

Um die Synchronmaschine mit dem Netz synchronisieren zu können, muss die Drehzahl so angepasst werden, dass die Frequenz der Polradspannung der Frequenz im Netz entspricht. Des Weiteren ist für die synchrone Orientierung des Ständerdrehfeldes zum Läuferdrehfeld die richtige Phasenfolge zu beachten, und die Polradspannung sollte hinsichtlich ihrer Amplitude und Phasenlage der Spannung an den Generatorklemmen entsprechen.

2.5.2 Stromquellenersatzschaltung für den stationären Zustand

Nach der Synchronisation fließen bei symmetrischer Belastung der Synchronmaschine in den Ständerwicklungen drei Ströme, die ein symmetrisches Ständerdrehstromsystem bilden. Sie bilden ihrerseits ebenfalls ein magnetisches Drehfeld, das sich dem magnetischen Drehfeld des Erregerstromes des Läufers überlagert (siehe Abschnitt 2.1.3). Man spricht von der sogenannten Ankerrückwirkung (siehe Abschnitt 2.5.4). Die Ankerrückwirkung wird durch das Produkt aus Ständerstrom $\underline{I}$ und Hauptfeldreaktanz jX_{hd} beschrieben. Des Weiteren entstehen durch die Ständerströme Spannungsabfälle über der Streureaktanz X_σ und dem Ankerwiderstand R_a. Dies alles wird durch die Spannungsquellenersatzschaltung der Synchronmaschine für den symmetrischen stationären Betriebszustand in Abbildung 2.26 nachgebildet (vgl. Abbildung 2.21).

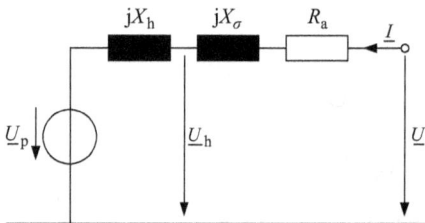

Abb. 2.26: Spannungsquellenersatzschaltung der Vollpolsynchronmaschine für den symmetrischen stationären Betriebszustand ($X_h = X_{hd}$)

Das resultierende Luftspaltdrehfeld ergibt sich aus der Überlagerung des Erregerstromdrehfelds mit dem Ständerdrehstromdrehfeld (Ankerrückwirkung). Entsprechend kann man sich auch die Überlagerung der beiden Ströme, Erreger- und Ankerstrom (Ständerstrom), zu einem Magnetisierungsstrom $\underline{I}_\mu$ vorstellen, der über die Hauptreaktanz $X_h = X_{hd}$ die Hauptfeldspannung $\underline{U}_h$ im Ständer induziert. Die Hauptreaktanz und die Streureaktanz können zur synchronen Längsreaktanz X_d (auch Synchronreaktanz) zusammengefasst werden:

$$X_d = X_{hd} + X_\sigma \tag{2.54}$$

Die Darstellung mit einer äquivalenten Stromquellenersatzschaltung macht die Überlagerung des umgerechneten Erregerstroms und des Ständerstroms zum resultierenden, die Hauptfeldspannung $\underline{U}_h$ induzierenden Magnetisierungsstrom $\underline{I}_\mu$ deutlicher (siehe Abbildung 2.27).

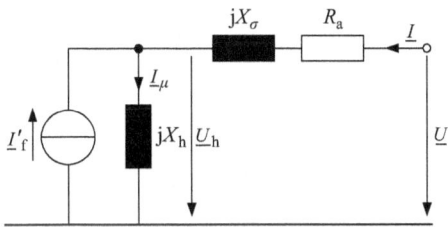

Abb. 2.27: Stromquellenersatzschaltung der Vollpolsynchronmaschine für den stationären Betriebszustand ($X_h = X_{hd}$)

2.5.3 Leerlauf und Polradspannung

Im Leerlauf liegt der Zeiger der vom Erregerdrehfeld (liegt in der d-Achse, siehe Abbildung 2.11) über die Hauptreaktanz $X_h \approx X_{hd}$ induzierten Polradspannung $\underline{U}_p$ fest in der q-Achse. Entsprechend der Ersatzschaltung in Abbildung 2.26 bzw. Abbildung 2.27 kann für den Leerlauf das Zeigerbild in Abbildung 2.28 konstruiert werden.

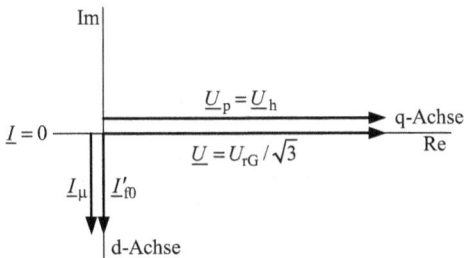

Abb. 2.28: Zeigerbild für den Leerlauf der Vollpolsynchronmaschine

2.5.4 Ankerrückwirkung

Je nach Art der Belastung der Synchronmaschine stellen sich unterschiedliche Phasenlagen zwischen dem Ständerstrom und der treibenden Polradspannung ein, womit durch die Ankerrückwirkung entweder das resultierende Drehfeld geschwächt oder vergrößert wird. Vernachlässigt man zunächst die Wirkleistungsverluste ($R_a = 0$), so stellt sich beispielsweise bei einer rein induktiven Belastung der Synchronmaschine eine Phasenverschiebung zwischen Ständerstrom und Polradspannung von $-\pi/2$ im VZS ein. D. h., dass der Ständerstrom vorauseilt und damit der Stromzeiger in der d-Achse liegt. Die Synchronmaschine gibt Blindleistung an das Netz ab. Das zugehörige Ankerrückwirkungsfeld liegt damit ebenfalls in der d-Achse in Gegenrichtung zum Erregerdrehfeld und schwächt damit das Erregerdrehfeld. Die durch das Ankerrückwirkungsfeld induzierte Spannung liegt in Gegenphase zur Polradspannung (siehe Abbildung 2.29). Der Erregergleichstrom für die Erzeugung einer entsprechend großen Polradspannung ist größer als der Leerlauferregergleichstrom. Man spricht von einem übererregten Betriebszustand.

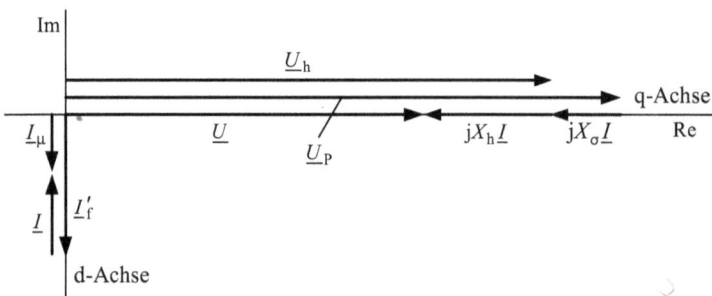

Abb. 2.29: Zeigerbild für den übererregten Zustand der Vollpolsynchronmaschine

Dementsprechend eilt bei einer kapazitiven Belastung der Strom $\underline{I}$ der Polradspannung $\underline{U}_P$ um $\pi/2$ nach, das Erregerdrehfeld wird verstärkt, und es wird eine Spannung in Phase zur Polradspannung durch die Ankerrückwirkung induziert (siehe Abbildung 2.30). Die Synchronmaschine nimmt Blindleistung auf. Der Errergergleichstrom $\underline{I}'_F$ ist kleiner als der Leerlauferregergleichstrom $\underline{I}'_{F0}$. Die Synchronmaschine befindet sich in einem untererregten Betriebszustand.

Für andere Belastungsfälle mit der Aufnahme (Synchronmotor) oder Abgabe (Synchrongenerator) von Wirkleistung liegt das Ankerrückwirkungsfeld nicht mehr in der d-Achse. Beide Drehfelder müssen dann geometrisch überlagert werden. Die durch das Ankerrückwirkungsfeld induzierte Spannung liegt dann auch nicht mehr in Phase oder Gegenphase zur Polradspannung (siehe Abschnitt 2.6).

Die größtmögliche Ankerrückwirkung stellt der dreipolige Kurzschluss dar. Der durch die Polradspannung getriebene dreipolige Kurzschlussstrom wird im stationären Zustand bei Vernachlässigung des Ankerwiderstands durch die Ankerreaktanz (synchrone Längsreaktanz) X_d begrenzt. Er ist damit ebenfalls vom Erregerstrom abhängig. Die Abhängigkeit des Kurzschlussstromes von dem Erregerstrom beschreibt die Kurzschlusskennlinie in Abbildung 2.25. Aufgrund der großen Ankerrückwirkung

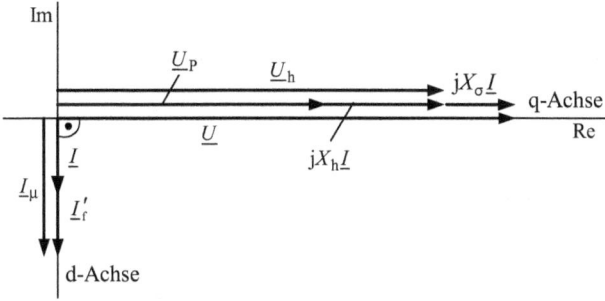

Abb. 2.30: Zeigerbild für den untererregten Zustand der Vollpolsynchronmaschine

ist das resultierende Hauptfeld klein. Es treten keine Sättigungserscheinungen auf, und die Kurzschlusskennlinie ist linear. Aus dem sogenannten Leerlauf-Kurzschluss-Verhältnis lässt sich die bezogene synchrone Längsreaktanz x_d wie folgt bestimmen (siehe Abbildung 2.25):

$$\frac{I_{f0}}{I_{fk}} = \frac{I'_{f0}}{I'_{fk}} = \frac{I_{k0}}{I_{rG}} = \frac{U_p(I_{f0})/X_d}{I_{rG}} = \frac{U_{rG}/(\sqrt{3}I_{rG})}{X_d} = \frac{1}{x_d} \tag{2.55}$$

Man kann noch zwischen dem gesättigten und dem ungesättigten Wert für die bezogene synchrone Längsreaktanz x_d entsprechend Gl. (2.55) und Abbildung 2.25 unterscheiden, je nachdem, welcher Wert für den Leerlauferregerstrom I_{f0} bzw. $I_{f0,\text{unsat}}$ verwendet wird.

Bei der Schenkelpolmaschine sind aufgrund der unterschiedlichen magnetischen Widerstände in der d- und q-Achse für die Bestimmung der Ankerrückwirkung deren Komponenten in der d- und q-Achse getrennt zu berechnen und mit dem Erregerdrehfeld zu überlagern. Insbesondere für die mathematische Behandlung dieser Überlagerung wird die Zweiachsentheorie benötigt. Es muss die Ankerrückwirkung jetzt getrennt für die d- und q-Achse mit den entsprechenden Stromanteilen des Ständerstromes in der d- und q-Achse berechnet werden. Die Hauptfeldspannung ergibt sich dann zu:

$$\underline{U}_h = \underline{U}_p + jX_d\underline{I}_d + jX_q\underline{I}_q \quad \text{mit} \quad \underline{I} = \underline{I}_d + \underline{I}_q \tag{2.56}$$

Aus rechentechnischen Gründen und für die Konstruktion von Zeigerbildern wird die Ankerrückwirkung in einen Anteil in Phase mit der Polradspannung, dieser Anteil liegt in der q-Achse, und einen dazu senkrechten Anteil in der d-Achse, wie nachfolgend beschrieben, aufgeteilt und in einer Ersatzschaltung als zusätzliche Spannungsquelle $\Delta\underline{U}$ dargestellt, die noch mit der Polradspannung zu der Spannungsquelle $\underline{U}_Q$ zusammengefasst werden kann:

$$\underline{U}_h = \underline{U}_p + \overbrace{jX_d\underline{I}_d + jX_q\underline{I}_q}^{\text{Ankerrückwirkung}} = \underline{U}_p + jX_d\underline{I}_d \overbrace{-jX_q\underline{I}_d + jX_q\underline{I}_d}^{\text{Erweiterung}} + jX_q\underline{I}_q \tag{2.57}$$

$$= \underline{U}_p + j(X_d - X_q)\underline{I}_d + jX_q\underline{I} = \underline{U}_p + \Delta\underline{U} + jX_q\underline{I} = \underline{U}_Q + jX_q\underline{I}$$

Berücksichtigt man wieder den Spannungsabfall über dem Ankerwiderstand R_a und der Ankerstreureaktanz X_σ, so ergibt sich die Ersatzschaltung der Schenkelpolsynchronmaschine in Abbildung 2.31 mit $X_q = X_{hq} + X_\sigma$.

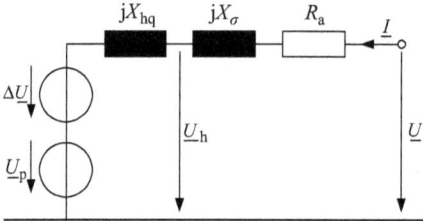

Abb. 2.31: Spannungsquellenersatzschaltung der Schenkelpolsynchronmaschine für den symmetrischen stationären Betriebszustand

Die Synchrongeneratoren wirken netzbildend, d. h., dass sie innerhalb ihrer betrieblichen und Auslegungsgrenzen in der Lage sind, Wirk- und Blindleistung bei einer bestimmten Spannung an einem Netzknoten frei einstellen zu können, und damit Wirk- und/oder Blindleistung bereitstellen bzw. aufnehmen zu können.

2.6 Stationäres Betriebsverhalten und Zeigerbilder

Das stationäre Betriebsverhalten soll ausgehend von einer an einem starren symmetrischen Netz mit der Spannung $\underline{U}_1 = \underline{U} = U_{rG}/\sqrt{3}$ leerlaufenden Vollpolsynchronmaschine erläutert werden (vgl. Abbildung 2.21). Die Synchronmaschine ist damit so eingestellt, dass der Erregerstrom eine Leerlaufspannung $U_{rG}/\sqrt{3}$, die der Bemessungsspannung des Generators entspricht, an seinen Klemmen erzeugt. Der Erregerstrom entspricht dann dem Leerlauferregergleichstrom $\underline{I}_{f0}$ und der Magnetisierungsstrom $\underline{I}_\mu$ dem auf die Ständerseite umgerechneten Erregerstrom $\underline{I}'_{f0}$. Der Klemmenstrom ist gleich null. Bei Vernachlässigung aller Verluste (Reibung, Eisenverluste, Stromwärmeverluste) wird mit der über die Welle mit der Synchronmaschine gekoppelten Turbine/Antriebsmaschine zunächst keine mechanische Leistung ausgetauscht.

2.6.1 Blindleistungsregelung

Durch die Veränderung des Erregergleichstroms wird ausgehend vom Leerlauferregergleichstrom $\underline{I}_{f0}$ die Blindleistungsabgabe bzw. -aufnahme eingestellt. Wird der Erregerstrom erhöht, steigt die Polradspannung an. Durch die entstehende Spannungsdifferenz zwischen Polrad- und Klemmenspannung fließt bei konstanter Netzspannung ein kapazitiver Blindstrom (siehe Abbildung 2.29), und es entsteht ein Spannungsabfall über der synchronen Längsreaktanz X_d. Der Synchrongenerator gibt induktive Blindleistung an das Netz ab. Da die Polradspannung größer als die Bemessungsspannung ist, spricht man von einem übererregten Betrieb. Die Erregung wird auch über den Erregergrad ε beschrieben. Er ist über das Verhältnis der Beträge von Polradspannung U_P zu Netzspannung U_N definiert. Die Netzspannung $\underline{U}_N$ entspricht hier der Klemmenspannung $\underline{U}$ der Synchronmaschine:

$$\varepsilon = \frac{U_P(I_f)}{U_N} \tag{2.58}$$

Ist die Synchronmaschine, z. B. über einen Blocktransformator und Leitungen, an ein Netz mit einer Netzinnenimpedanz angeschlossen, so entstehen über diesen Elementen zusätzliche Spannungsabfälle gegenüber der konstanten inneren Netzspannung (siehe Abschnitt 4.1). Entsprechend kann der Erregergrad in Gl. (2.58) dann auch auf die innere Netzspannung bezogen werden (siehe Abschnitt 2.7.4).

Von einem untererregten Betrieb spricht man, wenn durch die Senkung des Erregerstromes die Polradspannung abnimmt, und die Polradspannung kleiner als die Netzspannung wird (siehe Abbildung 2.30). In diesem Betriebszustand fließt aufgrund des Spannungsabfalls über der synchronen Reaktanz X_d (siehe Abbildung 2.28) ein induktiver Strom. Der Synchrongenerator verhält sich wie eine Drosselspule und nimmt (induktive) Blindleistung aus dem Netz auf.

In den beiden beschriebenen Fällen sind die Zeiger der Polradspannung und der Netzspannung in Phase, und es wird keine Wirkleistung auf- oder abgenommen, sondern nur (induktive) Blindleistung abgegeben bzw. aufgenommen. Man spricht von einem sogenannten Phasenschieberbetrieb.

Durch die Kopplung mit einem Spannungsregler (siehe Abschnitt 2.10) kann eine Spannungsregelung an den Generatorklemmen oder an den oberspannungsseitigen Klemmen des Blocktransformators oder auch an einem anderen Netzknoten, an dem die Spannung gemessen wird, vorgenommen werden.

2.6.2 Wirkleistungsregelung

Die Synchronmaschine geht in den Generatorbetrieb über, wenn ihr über die von der Turbine oder Antriebsmaschine angetriebene Welle mechanische Leistung zugeführt wird. Nimmt man hier zunächst wieder an, dass die Erregung der Synchronmaschine der Leerlauferregung entspricht und eine konstante Klemmenspannung anliegt, so wird ein Generatorstrom fließen, der zu einem Spannungsabfall über der synchronen Reaktanz führt. Dieser Spannungsabfall führt zu einer Phasenverschiebung zwischen der Polradspannung und der festen Netzspannung. Im Generatorbetrieb eilt nun die Polradspannung um diesen Winkel, dem Polradwinkel δ_P, der Netzspannung voraus (siehe Abbildung 2.32). Im Leerlaufbetrieb ist (bei Vernachlässigung der Verluste der Synchronmaschine) der Polradwinkel gleich null (vgl. Abbildung 2.28). Mit steigender Antriebsleistung der Turbine steigt zunächst der Polradwinkel an (siehe hierzu auch Abschnitt 2.7.5 und Band 3, Kapitel 5 zur Stabilität).

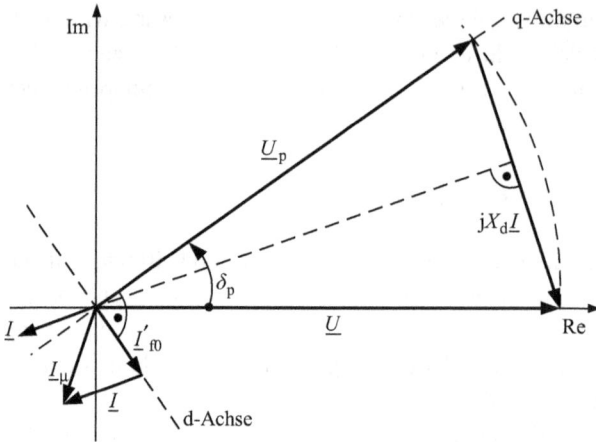

Abb. 2.32: Zeigerbild einer untererregten (hier Leerlauferregung) Vollpolsynchronmaschine im Generatorbetrieb

Wird die Synchronmaschine dagegen mechanisch belastet (Motorbetrieb), nimmt die Synchronmaschine aus dem Netz elektrische Leistung auf, und die Polradspannung eilt der Netzspannung um den Polradwinkel δ_P nach (siehe Abbildung 2.33). Mit steigender Belastung der Synchronmaschine wird der Polradwinkel größer.

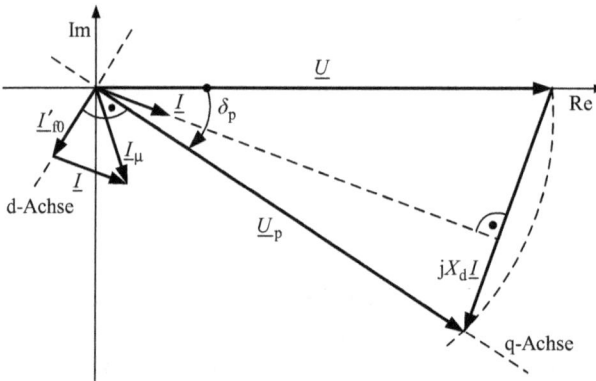

Abb. 2.33: Zeigerbild einer untererregten (hier Leerlauferregung) Vollpolsynchronmaschine im Motorbetrieb

In der klassischen Literatur wird die Auswirkung einer mechanischen Last und die dadurch verursachte Veränderung des Polradwinkels δ_P durch eine fiktive Federverbindung verdeutlicht. Die Feder in Abbildung 2.34 symbolisiert mit ihrer Federkraft das Maschinendrehmoment (positiv im Generator- und negativ im Motorbetrieb), das dem Lastdrehmoment (positiv im Generator- und negativ im Motorbetrieb) entgegenwirkt und ein Momentengleichgewicht mit einem konstanten Polradwinkel δ_P erzeugt. Im Motorbetrieb „zieht" die Feder das Polrad mit der Polradspannung mit, während im Generatorbetrieb die Feder das „Weglaufen" des angetriebenen Polrads verhindert.

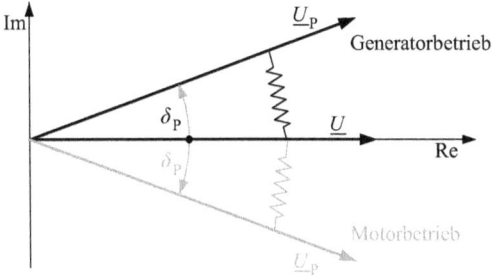

Abb. 2.34: Federmodell zur Beschreibung der Wirkleistungsregelung bei einer Vollpolsynchronmaschine

2.6.3 Zeigerbild der Vollpolsynchronmaschine

Für die übererregte Vollpolsynchronmaschine im Generatorbetrieb ergibt sich auf Basis der Ersatzschaltung der Vollpolmaschine in Abbildung 2.26 das Zeigerbild in Abbildung 2.35. Dieser Betriebszustand stellt die übliche Betriebsweise einer Synchronmaschine dar.

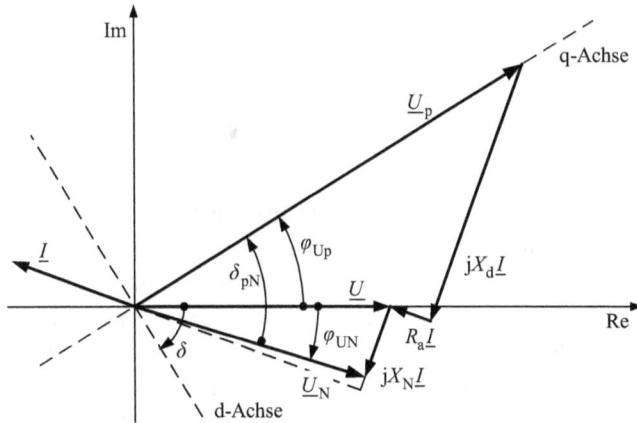

Abb. 2.35: Zeigerbild einer übererregten Vollpolsynchronmaschine im Generatorbetrieb

Die Konstruktion erfolgt ausgehend von der Klemmenspannung $\underline{U}$ und dem Klemmenstrom $\underline{I}$ der Synchronmaschine. Mit dem Strom $\underline{I}$ lassen sich die Spannungsabfälle über dem Ankerwiderstand R_a und der synchronen Längsreaktanz jX_d konstruieren. Entsprechend dem Maschensatz lässt sich damit und mit der Klemmenspannung $\underline{U}$

die Polradspannung $\underline{U}_\mathrm{P}$ bestimmen, die ihrerseits eindeutig die Lage der q-Achse und damit auch die Lage der d-Achse definiert. Analog lässt sich mit der Netzreaktanz jX_N auch die innere Netzspannung $\underline{U}_\mathrm{N}$ bestimmen.

2.6.4 Zeigerbild der Schenkelpolsynchronmaschine

Für die übererregte Schenkelpolmaschine im Generatorbetrieb ergibt sich auf Basis der Ersatzschaltung in Abbildung 2.31 das Zeigerbild in Abbildung 2.36.

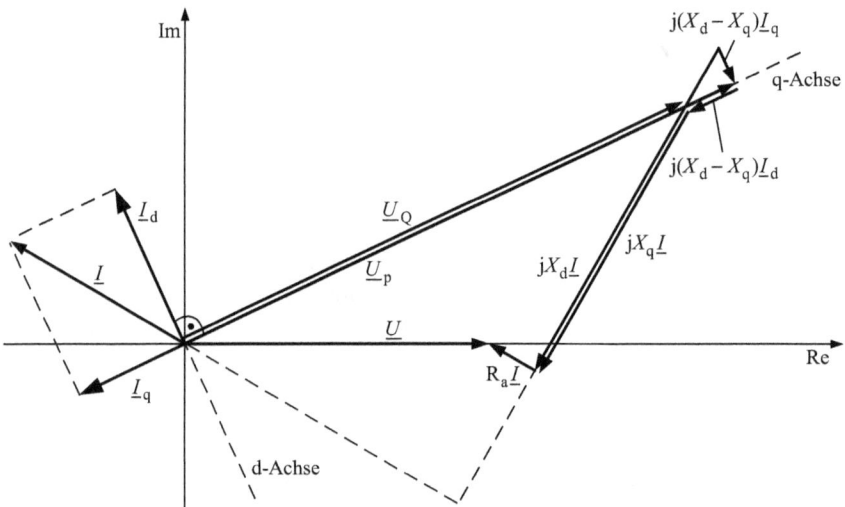

Abb. 2.36: Zeigerbild der übererregten Schenkelpolsynchronmaschine im Generatorbetrieb

Die Konstruktion des Zeigerbildes erfolgt ebenfalls wieder ausgehend von den beiden Klemmengrößen $\underline{U}$ und $\underline{I}$ der Synchronmaschine. Mit dem Klemmenstrom können die Spannungsabfälle über dem Ankerwiderstand R_a, der Reaktanz der Querachse jX_q und der Netzinnenreaktanz jX_N und damit die Spannungen $\underline{U}_\mathrm{Q}$ und $\underline{U}_\mathrm{N}$ konstruiert werden. Mit Kenntnis der Lage der Spannung $\underline{U}_\mathrm{Q}$ liegen die q- und die d-Achse fest, womit die d- und die q-Komponenten $\underline{I}_\mathrm{d}$ und $\underline{I}_\mathrm{q}$ des Klemmenstromes $\underline{I}$ bestimmt werden können. Mit diesen Stromkomponenten lassen sich die Spannungen j$(X_\mathrm{d} - X_\mathrm{q})\underline{I}_\mathrm{d}$ und j$(X_\mathrm{d} - X_\mathrm{q})\underline{I}_\mathrm{q}$ sowie anschließend die Polradspannung $\underline{U}_\mathrm{P}$ angeben.

2.7 Leistung und Drehmoment

Für den Sonderfall eines stationären Betriebs einer Drehfeldmaschine können Aussagen zum Leistungsfluss in der Drehfeldmaschine und daraus aufbauend auch für den

Leistungsfluss in der Synchron- und in der Asynchronmaschine (siehe Abschnitt 3.5) getroffen werden. Es handelt sich dann um konstante mittlere Leistungen. Die im Mittel in den Wicklungen gespeicherten magnetischen Energien sind konstant. Aus diesem stationären Energieumsatz kann die mittlere mechanische Leistung und damit das mittlere Drehmoment bestimmt werden.

2.7.1 Leistungsfluss in einer Drehfeldmaschine

Im Motorbetrieb wird ein Teil der von der Drehfeldmaschine an ihren Ständerklemmen aufgenommenen elektrischen Wirkleistung $P = P_S$ in der Ständerwicklung in Stromwärmeverluste P_{CuS} sowie im Ständerblechpaket in Eisenverluste P_{FeS} umgesetzt (siehe Abbildung 2.37[3]). Die Stromwärmeverluste und die Eisenverluste geben die Gesamtverluste P_{VS} im Ständer an. Die verbleibende Wirkleistung ist die sogenannte Luftspaltleistung P_δ. Sie wird transformatorisch im Luftspalt über das Drehfeld vom Ständer auf den Läufer übertragen. Sie wird deshalb auch als Drehfeldleistung bezeichnet. Der Läuferwicklung kann zusätzlich über seine Läuferklemmen eine elektrische Wirkleistung P_L zugeführt werden. Von dieser gesamten Leistung $P_\delta + P_L$ werden Anteile in der Läuferwicklung in Stromwärmeverluste P_{CuL} und im Läufereisenpaket in Eisenverluste P_{FeL} sowie in Reibungsverluste P_{Reib} umgesetzt. Die dann verbleibende Leistung wird an der Welle als mechanische Leistung P_{mech} abgegeben. Für viele

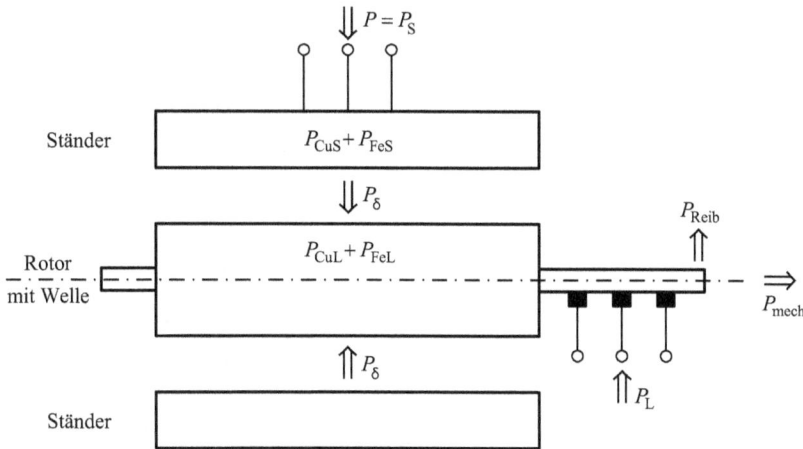

Abb. 2.37: Prinzipieller Leistungsfluss in einer Drehfeldmaschine

---

3 Die Bezugspfeile in Abbildung 2.37 geben die Bezugsrichtung der Leistungen an, auf die sich die Vorzeichen der Leistungen beziehen. Ein positives bzw. ein negatives Vorzeichen kennzeichnet im Verbraucherzählpfeilsystem (siehe Band 1, Abschnitt 5.1) die Aufnahme bzw. die Abgabe einer Leistung.

Untersuchungen können insbesondere die Verlustleistungen P_{FeS}, P_{FeL} und P_{Reib} aufgrund ihrer geringen Größenordnung vernachlässigt werden. Es gilt:

$$P_S = P_{VS} + P_\delta = P_{CuS} + P_{FeS} + P_\delta \approx P_{CuS} + P_\delta \tag{2.59}$$

und:

$$P_\delta + P_L = P_{VL} + P_{Reib} + P_{mech} = P_{CuL} + P_{FeL} + P_{Reib} + P_{mech} \approx P_{CuL} + P_{mech} \tag{2.60}$$

Unter Berücksichtigung dieser Vernachlässigungen wird der Leistungsfluss im Läufer auch über das Gesetz über die Aufspaltung der Luftspaltleistung beschrieben [4], und die Läuferverluste und die mechanische Leistung können mit Hilfe des Schlupfes s und der Luftspaltleistung P_δ ausgedrückt werden:

$$P_\delta + P_L \approx P_{CuL} + P_{mech} = sP_\delta + (1 - s)P_\delta \tag{2.61}$$

mit dem Schlupf s, der die relative Drehzahldifferenz des Läufers zur synchronen Drehzahl n_0 beschreibt:

$$s = \frac{\Delta n}{n_0} = \frac{n_0 - n}{n_0} = \frac{\Omega_0 - \Omega}{\Omega_0} = \frac{\omega_0 - \omega}{\omega_0} \tag{2.62}$$

Im Generatorbetrieb existieren die selben Verlustmechanismen, es können die selben Vernachlässigungen getroffen werden, es ergeben sich aber mit den hier gewählten Bezugsrichtungen für die Leistungen negative Leistungswerte für die mechanische Leistung, die Luftspaltleistung und die Ständerklemmenleistung.

2.7.2 Drehmoment und Wirkungsgrad einer Drehfeldmaschine

Allgemein ergibt sich das Drehmoment M an der Welle einer Drehfeldmaschine bei Vernachlässigung der Reibungs- und Eisenverluste aus der mechanischen Leistung P_{mech} und der mechanischen Winkelgeschwindigkeit Ω bzw. der Drehzahl n zu (vgl. Band 1, Abschnitt 10.2):

$$P_{mech} = \Omega M = \frac{\omega}{p}M = 2\pi n M = (1 - s)P_\delta = \frac{n}{n_0}P_\delta \tag{2.63}$$

und damit:

$$M = \frac{P_{mech}}{2\pi n} = \frac{(1 - s)P_\delta}{2\pi n} = \frac{P_\delta}{2\pi n_0} \tag{2.64}$$

Der Wirkungsgrad einer Drehfeldmaschine im Motorbetrieb lässt sich mit Gl. (2.65) oben berechnen:

$$\eta_{Mot} = \frac{P_{mech}}{P} = \frac{P_{mech}}{P_S} \quad \text{(Motorbetrieb)} \quad \text{bzw.}$$

$$\eta_{Gen} = \frac{P}{P_{mech}} = \frac{P_S}{P_{mech}} \quad \text{(Generatorbetrieb)} \tag{2.65}$$

Im Generatorbetrieb wird der Drehfeldmaschine über die Welle die mechanische Leistung P_{mech} zugeführt. Die an das Netz abgegebene Wirkleistung $P = P_S$ ergibt sich aus dieser Leistung nach Abzug der oben genannten Verlustleistungskomponenten (siehe Abbildung 2.37 rechts). Der Wirkungsgrad ist entsprechend Gl. (2.65) unten definiert.

2.7.3 Leistungsfluss, Wirkungsgrad und Drehmoment einer Synchronmaschine

Bei einer Synchronmaschine ist der Schlupf s gemäß Gl. (2.62) gleich null. In der Läuferwicklung fließt ein Gleichstrom, und die Läuferverluste werden durch die Gleichspannungsquelle der Erregerwicklung gedeckt:

$$P_L = P_{CuL} \tag{2.66}$$

Die mechanische Leistung an der Welle einer Synchronmaschine entspricht damit bei Vernachlässigung der Reibung der Luftspaltleistung:

$$P_\delta = P_{mech} = P_S - P_{CuS} = P - P_{CuS} \tag{2.67}$$

Zwischen der mechanischen Leistung P_{mech} und der elektrischen Leistung P besteht der Zusammenhang über den Wirkungsgrad η der Energieumwandlung in einer Drehfeldmaschine entsprechend Gl. (2.65).

Die elektrische Leistung P berechnet sich aus der Spannung $\underline{U}$ und dem Strom $\underline{I}$ sowie der Phasenverschiebung φ zwischen Spannung und Strom an den Klemmen der Synchronmaschine zu:

$$P = P_S = \mathrm{Re}\{3\underline{U}\,\underline{I}^*\} = 3UI\cos\varphi \tag{2.68}$$

Im Generatorbetrieb ist die Wirkleistung im Verbraucherzählpfeilsystem (VZS) negativ (siehe Band 1, Abschnitt 5.4).

Für die Berechnung des mechanischen Drehmoments M kann in der Regel der Ständerwiderstand aufgrund seiner geringen Größe vernachlässigt werden. Es gilt:

$$M = \frac{P_{mech}}{2\pi n_0} = \frac{P_\delta}{2\pi n_0} = \frac{P_S - P_{CuS}}{2\pi n_0} \approx \frac{P_S}{2\pi n_0} \tag{2.69}$$

2.7.4 Vom Synchrongenerator an das Netz abgegebene Leistung

Für die Berechnung der von einem Generator über einen Transformator und eine Leitung an ein Netz mit endlicher Kurzschlussleistung abgegebene Leistung wird die vereinfachte Ersatzschaltung für den stationären Zustand in Abbildung 2.38 verwendet (siehe für die Betriebsmittelmodellierung auch Kapitel 5 für den Transformator, Kapitel 6 für die Leitung und Kapitel 4 für das Netz).

Die innere Spannung des Ersatznetzes $\underline{U}_N$ ist nach Betrag und Phase konstant, wobei ihr Zeiger als Bezugszeiger in die reelle Achse gelegt wird und damit ihr Spannungswinkel 0 beträgt. Damit entspricht der Polradwinkel δ_P auch der Phasendifferenz zwischen der Polradspannung $\underline{U}_P$ und der Bezugsspannung $\underline{U}_N$. Die von der Synchronmaschine über den Transformator und die Leitung am inneren Netzknoten abgegebene Leistung entspricht der vom Netz aufgenommenen Scheinleistung $\underline{S}_N$. Es gilt:

$$\underline{S}_N = 3\underline{U}_N\underline{I}_N^* = P_N + jQ_N = 3\underline{U}_N\left(-\underline{I}_G^*\right) \tag{2.70}$$

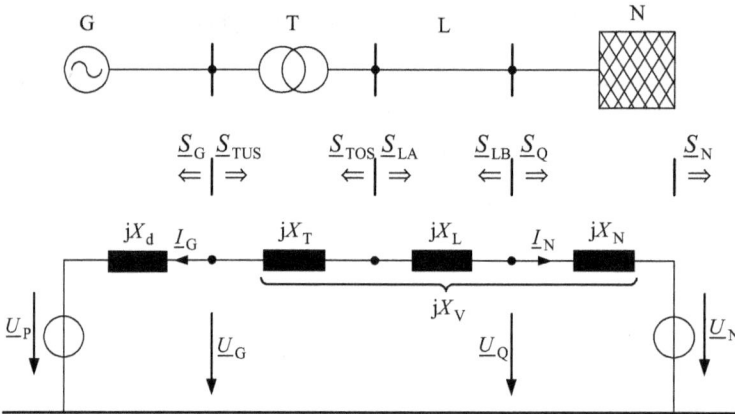

Abb. 2.38: Ersatzschaltung für die Berechnung der von einem Synchrongenerator über einen Blocktransformator und eine Leitung an ein Netz abgegebenen Leistung

Der Generatorstrom $\underline{I}_G$ bzw. der Netzstrom $\underline{I}_N$ lassen sich mit Hilfe der Anwendung des Maschensatzes auf die Ersatzschaltung in Abbildung 2.38 bestimmen:

$$\underline{I}_N = -\underline{I}_G = \frac{\underline{U}_p - \underline{U}_N}{j(X_d + X_T + X_L + X_N)} = \frac{U_p \cdot e^{j\delta_{pN}} - U_N}{j(X_d + \underbrace{X_T + X_L + X_N}_{X_V})} = \frac{U_p \cdot e^{j\delta_{pN}} - U_N}{j(X_d + X_V)} \quad (2.71)$$

Damit ergibt sich für die vom Netz aufgenommene Scheinleistung:

$$\underline{S}_N = 3U_N \frac{U_p \cdot e^{-j\delta_{pN}} - U_N}{-j(X_d + X_V)} = j\frac{3U_N^2}{X_d + X_V}(\varepsilon e^{-j\delta_{pN}} - 1) = jQ_c(\varepsilon e^{-j\delta_{pN}} - 1) = P_N + jQ_N \quad (2.72)$$

mit dem auf die innere Netzspannung bezogenen resultierenden Erregergrad ε (vgl. Abschnitt 2.6.1):

$$\varepsilon = \frac{U_p}{U_N} \quad (2.73)$$

und der Winkeldifferenz zwischen der Polradspannung $\underline{U}_P$ und der inneren Netzspannung $\underline{U}_N$, die als resultierender Polradwinkel δ_{pN} bezeichnet wird (vgl. Zeigerbild in Abbildung 2.35):

$$\delta_{pN} = \angle(\underline{U}_p, \underline{U}_N) \quad (2.74)$$

2.7.5 Wirkleistung-Winkel-Kennlinie

Die vom Synchrongenerator abgegebene und vom Netz aufgenommene Wirkleistung P_N ergibt sich aus dem Realteil von Gl. (2.72) zu:

$$P_N = 3\frac{U_p U_N}{X_d + X_V} \sin\delta_{pN} = 3\frac{\varepsilon U_N^2}{X_d + X_V} \sin\delta_{pN} = \varepsilon\, Q_C \sin\delta_{pN} = P_{max} \sin\delta_{pN} \quad (2.75)$$

mit dem Maximum der Wirkleistungsabgabe durch den Synchrongenerator:

$$P_{\max} = \varepsilon Q_C = 3\frac{U_p U_N}{X_d + X_V} = 3\frac{\varepsilon U_N^2}{X_d + X_V} \qquad (2.76)$$

Diese Leistung wird auch als Kippleistung bezeichnet. Bei einer Vergrößerung der antreibenden Turbinenleistung über diesen Wert geht die Synchronmaschine in den asynchronen Betrieb über, sie „kippt" (siehe Band 3, Kapitel 5) und muss vom Netz genommen werden, da im asynchronen Betrieb hohe Ausgleichsströme in der Synchronmaschine fließen, die zu unzulässigen Erwärmungen führen. Dies sind insbesondere schlupffrequente Ströme in den Läuferwicklungen und die nicht mehr sinusförmigen Ströme in den Ständerwicklungen (vgl. Abschnitt 2.2).

Auf Basis dieser Beziehung lässt sich die Wirkleistung-Winkel-Kennlinie einer Synchronmaschine bei Betrieb an einem Netz über eine Vorreaktanz X_V in Abbildung 2.39 erstellen. Die Wirkleistung P bzw. die Kippleistung $P_{\max}$ sind direkt proportional zum Erregergrad ε.

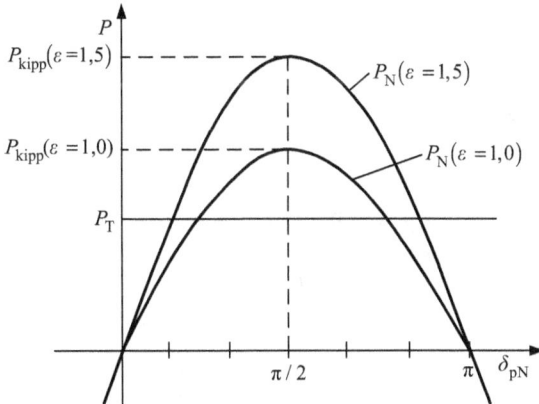

Abb. 2.39: Wirkleistung-Winkel-Kennlinien einer Vollpolsynchronmaschine für unterschiedliche Erregergrade ε

Aus der Wirkleistung-Winkel-Kennlinie kann man den Arbeitspunkt einer Synchronmaschine unter Vernachlässigung der Verluste in der Synchronmaschine ablesen, indem man die als konstant angenommene, von der Turbine bereitgestellte Leistung P_T als waagerechte, vom resultierenden Polradwinkel δ_{PN} unabhängige Kennlinie einzeichnet und die Schnittpunkte mit der Leistungs-Winkel-Kennlinie des Synchrongenerators bestimmt (siehe Leistungsgleichung in Gl. (2.67)). Es ergeben sich für den Generatorbetrieb zwei mögliche stationäre Arbeitspunkte. Der Polradwinkel ist dabei durch die Winkelstabilität der Synchronmaschine (siehe Band 3, Kapitel 5) begrenzt. Für Polradwinkel $> \pi/2$ (Generatorbetrieb) bzw. $< -\pi/2$ (Motorbetrieb) wird die Synchronmaschine instabil, d. h., dass sich kein stabiler Arbeitspunkt einstellen kann (siehe hierzu die detaillierten Ausführungen in Band 3, Abschnitt 5.3). Wird eine Synchronmaschine über die Stabilitätsgrenze hinaus belastet, so fällt sie „außer Tritt" oder „kippt" (siehe oben). Die Maschine kann im Generatorbetrieb die über die Welle bereitgestellte mechanische Leistung nicht mehr als elektrische Leistung an das Netz abgeben und wird dann über die synchrone Drehzahl n_0 hinaus beschleunigt. Bereits vorher wird sie bei großen Polradwinkeln anfangen unruhig zu laufen. In der Praxis wird man Synchronmaschinen nicht stärker als bis zu Polradwinkeln von ca. 60° bis 70° belasten. Damit hat man noch eine Stabilitätsreserve zur Verfügung, die auch für in Störfällen auftretende dynamische Vorgänge genutzt werden kann. Im Motorbetrieb kann bei einer Steigerung der mechanischen Leistung bis zum Kipppunkt und darüber hinaus die Synchronmaschine nicht mehr die notwendige elektrische Leistung erhalten, wird beim Überschreiten des Kipppunkts abgebremst und verliert den Synchronismus mit dem Netz.

Durch die Erhöhung des Erregerstromes und damit durch die Vergrößerung der Polradspannung (bzw. des Erregergrads ε) kann der Arbeitspunkt in Richtung kleinerer resultierender Polradwinkel δ_{pN} und damit in den Bereich mit einer höherer Stabilität verschoben werden (vgl. Schnittpunkte der Turbinenkennlinie in Abbildung 2.39 mit $P_N(\varepsilon = 1{,}0)$ und $P_N(\varepsilon = 1{,}5)$).

Bei einem Synchrongenerator mit Permanenterregung ist eine solche Einstellung des Arbeitspunktes nicht möglich. Die Polradspannung $\underline{U}_p$ ist konstant (unter der Voraussetzung einer konstanten Drehzahl, vgl. Abbildung 2.25) bzw. steigt bzw. nimmt ab bei einer entsprechenden Änderung der Drehzahl der Synchronmaschine. Damit entfällt des Weiteren die Möglichkeit, sich aktiv an der Spannungsregelung durch Blindleistungsbereitstellung zu beteiligen. Der Leistungsfaktor ist nicht einstellbar. Er ergibt sich aus der Lastcharakteristik.

2.7.6 Blindleistung-Winkel-Kennlinie

Analog zur Wirkleistung ergibt sich die vom Netz aufgenommene Blindleistung Q_N aus dem Imaginärteil von Gl. (2.72):

$$
\begin{aligned}
Q_N &= 3\frac{U_p U_N}{X_d + X_V}\cos\delta_{pN} - 3\frac{U_N^2}{X_d + X_V} \\
&= 3\frac{U_N^2}{X_d + X_V}(\varepsilon\cos\delta_{pN} - 1) = Q_C(\varepsilon\cos\delta_{pN} - 1)
\end{aligned}
\tag{2.77}
$$

Die Blindleistung Q_C bezeichnet den Betrag der von einem unerregten Generator ($\varepsilon = 0$) über die Vorreaktanz X_V maximal aufnehmbaren (induktiven) Blindleistung. Sie ist eine der beiden Grenzen der Blindleistungsstellmöglichkeiten einer Synchronmaschine und entspricht der maximal vom Netz an die Synchronmaschine, Transformator und Leitung abgebbaren Blindleistung:

$$Q_{Nmin} = -Q_C = -3\frac{U_N^2}{X_d + X_V} \tag{2.78}$$

Die andere Blindleistungsgrenze, die der maximal an das Netz abgebbaren (induktiven) Blindleistung entspricht, ergibt sich mit dem maximal möglichen Erregergrad ε_{max}.

$$Q_{Nmax} = Q_C(\varepsilon_{max} - 1) = 3\frac{U_N^2}{X_d + X_V}(\varepsilon_{max} - 1) \tag{2.79}$$

Damit lässt sich analog zur Wirkleistung-Winkel-Kennlinie die Blindleistung-Winkel-Kennlinie der Synchronmaschine bei Betrieb an einem Netz mit der inneren Netzspannung $\underline{U}_N$ über eine Vorreaktanz X_V in Abbildung 2.40 angeben:

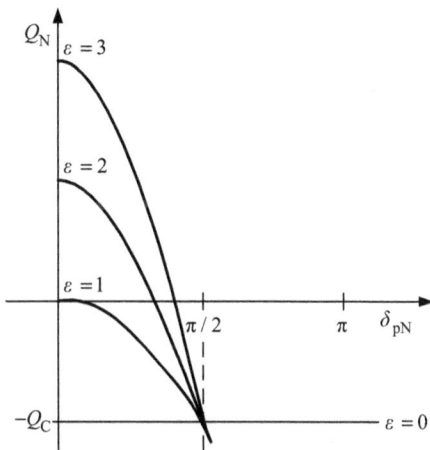

Abb. 2.40: Blindleistung-Winkel-Kennlinie einer Vollpolsynchronmaschine

Man erkennt, dass in Abhängigkeit vom resultierenden Polradwinkel die Abgabe von (induktiver) Blindleistung an das Netz nur für resultierende Erregergrade $\varepsilon \geq 1$ möglich ist.

2.7.7 Leistungsdiagramm

Auf Basis von Gl. (2.72) lässt sich das Leistungsdiagramm der Synchronmaschine konstruieren. Dabei wird die komplexe, von der Synchronmaschine an das Netz abgegebene Leistung $\underline{S}_N$ in zwei Operatoren in der komplexen Ebene aufgeteilt. Der erste Operator beschreibt die maximale von der Synchronmaschine aufgenommene (bzw. vom Netz abgegebene) Blindleistung und der zweite Operator eine belastungsabhängige (vom resultierenden Polradwinkel δ_{PN} abhängige) und von der Erregung (vom Erregergrad ε) abhängige Leistungskomponente.

$$\underline{S}_N = P_N + jQ_N = -jQ_c + j\varepsilon Q_c e^{-j\delta_{pN}} \tag{2.80}$$

Die Addition dieser beiden Operatoren in Abbildung 2.41 ergibt die vom Generator über die Vorreaktanz X_V abgegebene Scheinleistung bzw. die vom Netz aufgenommene Scheinleistung $\underline{S}_N$.

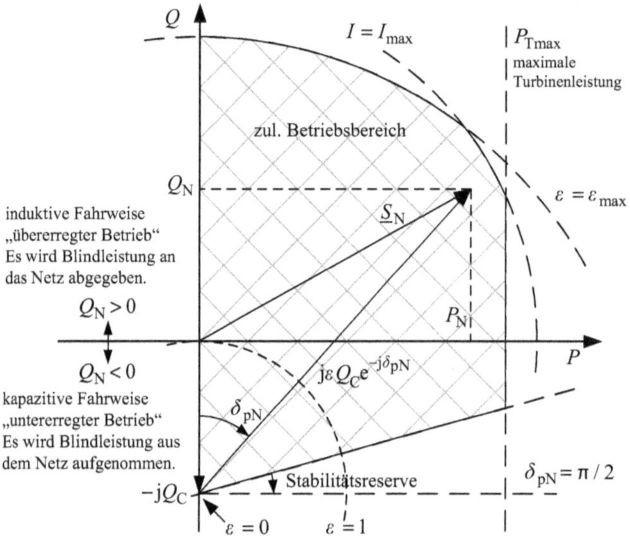

Abb. 2.41: Leistungsdiagramm der Vollpolsynchronmaschine

Diese Scheinleistung muss in einem zulässigen Betriebsfenster liegen. Es existieren mehrere Grenzen, die dieses Betriebsfenster einschränken. Dies sind:

- der maximal zulässige Erregerstrom I_f, der bei Vernachlässigung der Sättigung (siehe Abschnitt 2.5.1) proportional zur Polradspannung und damit zum Erregergrad ε ist. Der Erregergrad ε hat nur Einfluss auf den „zweiten" Operator der Scheinleistung und stellt somit eine Grenze dar, die durch einen Kreis mit dem Radius $\varepsilon_{max} Q_C$ um den Punkt für den Erregergrad $\varepsilon = 0$ beschrieben wird.
- der maximal zulässige Ständerstrom I_{Gmax}, der aus thermischen Gründen nicht überschritten werden darf. Bei Annahme einer konstanten Spannung U_N ist dieser Strom proportional zur Scheinleistung S_N und kann in Abbildung 2.41 als Kreis um den Koordinatenursprung berücksichtigt werden.
- die maximalen und minimalen Turbinenleistungen P_{Tmax} und P_{Tmin} (in Abbildung 2.41 gleich null), die die maximale bzw. minimale Leistungsabgabe der Synchronmaschine beschreiben. Sie stellen senkrechte Kennlinien in einem Leistungsdiagramm (P-Q-Diagramm) dar.

– der maximal zulässige Winkel δ_{PN} zwischen Netz- und Polradspannung. Aus Sicht der statischen Stabilität (siehe Band 3, Abschnitt 5.3) muss der resultierende Polradwinkel $\delta_{PN} < \pi/2$ sein. Bei einer weiteren Vergrößerung der Turbinenleistung P_T über den sogenannten Kipppunkt hinaus, „kippt" die Synchronmaschine (siehe Abschnitt 2.7.5) in den asynchronen Betrieb und ist nicht mehr stabil. Die Synchronmaschine beginnt allerdings bereits vor Erreichen der Stabilitätsgrenze bei Annäherung an diese unruhig zu laufen. Es wird u. a. auch deshalb ein Sicherheitsabstand von 20° bis 30° eingehalten.

2.8 Bewegungsgleichung

In Folge einer Belastungsänderung oder einer Störung stellt sich nicht mehr wie im stationären Betrieb (siehe Abschnitt 2.7) ein konstanter mittlerer Leistungsfluss in der Synchronmaschine ein, sondern der Läufer wird aufgrund eines Drehmomenten- bzw. Leistungsungleichgewichts positiv oder negativ beschleunigt. Insbesondere fließen in den im stationären Betrieb stromlosen Dämpferwicklungen Ausgleichsströme mit Gleich- und Wechselstromanteilen (siehe Abschnitt 2.2), die zusammen mit den Flussverkettungen ein zusätzliches Dämpfungsdrehmoment erzeugen.

Der Läufer einer Drehfeldmaschine und die über eine Welle mit dem Läufer verbundene Turbine oder Antriebsmaschine stellen eine rotierende Masse mit einem Massenträgheitsmoment J dar, an die mehrere antreibende und bremsende Momente angreifen (siehe Abbildung 2.42).

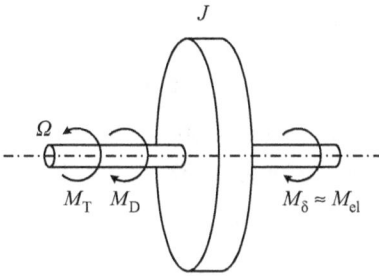

Abb. 2.42: Zu einer Ersatzmasse zusammengefasster Triebstrang einer Synchronmaschine mit dem Massenträgheitsmoment J mit dem angreifenden Turbinenmoment M_T, Dämpfungs- M_D und dem Luftspaltmoment bzw. dem elektrischen Moment M_{el} sowie der mechanischen Winkelgeschwindigkeit Ω

Die Bewegung dieser Anordnung wird durch den Drehimpulssatz (siehe Band 1, Abschnitt 10.2) beschrieben. Die Momente können noch mit dem allgemeinen Zusammenhang zwischen Leistung und Moment $P = M\Omega$ (vgl. Gl. (2.63)) durch die Leistungen ersetzt werden. Ferner können während des Betriebs der Synchronmaschine nur geringe Drehzahlabweichungen von der synchronen Drehzahl und damit

$\Omega \approx \Omega_0 = 2\pi n_0$ näherungsweise angenommen werden:

$$J\dot{\Omega} = M_T - M_\delta - M_D = \frac{P_T - P_\delta - P_D}{\Omega} = \frac{P_T - (P_{el} - P_{CuS}) - P_D}{\Omega}$$

$$\approx \frac{P_T - P_{el} - P_D}{\Omega_0} = \frac{S_r \Omega_0}{\Omega_0^2} \cdot \frac{P_T - P_{el} - P_D}{S_r} \tag{2.81}$$

Auf der rechten Seite in Gl. (2.81) stehen:

- die Turbinenleistung P_T, die im Generatorbetrieb die Antriebsleistung des Läufers darstellt,
- die Luftspaltleistung P_δ (siehe Abschnitt 2.7.3), die in der Regel aufgrund der geringen Größe des Ständerwiderstands durch die Ständerklemmenleistung $P \approx P_S$ abgeschätzt werden kann (vgl. Abschnitt 2.7.3). Beide Leistungen sind im Generatorbetrieb der Synchronmaschine negativ. Zur Beseitigung dieses negativen Vorzeichens kann die Ständerklemmenleistung durch die an den Klemmen an das Netz abgegebene elektrische Leistung $P_{el} = -P$ ersetzt werden. Sie stellt die vom Netz aufgenommene Leistung dar, die ihrerseits der Drehfeldmaschine im Generatorbetrieb entzogen wird und damit als bremsende Leistung zu werten ist.
- die im nicht stationären Betrieb zusätzlich auftretende dämpfende Leistung P_D, die durch bei Polradwinkeländerungen δ in der Dämpferwicklung fließende Ströme entsteht. Weicht bei einer Synchronmaschine aufgrund einer Störung die Rotordrehzahl und damit die Winkelgeschwindigkeit von der synchronen Drehzahl ab, werden in den Dämpferwicklungen der Synchronmaschine Ströme induziert, die im Zusammenwirken mit den Flussverkettungen ein Dämpfungsdrehmoment erzeugen. In erster Näherung kann die Dämpfungsleistung mit Hilfe der Dämpfungskonstanten D_M und der zur Drehzahlabweichung proportionalen Differenz der elektrischen Winkelgeschwindigkeiten ω zur elektrischen Winkelgeschwindigkeit ω_0 im Synchronismus ausgedrückt werden:

$$P_D = D_M \cdot \Delta\dot{\delta} = D_M \cdot \Delta\omega = D_M(\omega - \omega_0) \tag{2.82}$$

ω bezeichnet die elektrische Winkelgeschwindigkeit. Sie hängt mit der mechanischen Winkelgeschwindigkeit Ω und der mechanischen Drehzahl n des Läufers über die Polpaarzahl p zusammen (siehe Band 1, Abschnitt 10.1):

$$\Omega = \frac{\omega}{p} = \frac{2\pi \cdot n}{p} \tag{2.83}$$

Im eingeschwungenen stationären synchronen Betrieb besteht ein Gleichgewicht aus Turbinenleistung P_T und an das Netz abgegebener elektrischer Leistung P_{el}. Die Dämpfungsleistung ist dann gleich null. Die Winkelbeschleunigung $\dot{\Omega} = d\Omega/dt$ ist gleich null, und die Synchronmaschine weist eine konstante Drehzahl $n = n_0$ und damit eine konstante mechanische Winkelgeschwindigkeit $\Omega = \Omega_0$ auf. Bei einem positiven oder negativen Leistungs- bzw. Momentenungleichgewicht erfährt die Synchronmaschine eine positive bzw. negative Winkelbeschleunigung $\dot{\Omega}$.

Mit der Annahme, dass sich die mechanische Winkelgeschwindigkeit Ω nur geringfügig gegenüber der synchronen mechanischen Winkelgeschwindigkeit Ω_0 bei Störungen des Momentengleichgewichts verändert, kann Gl. (2.81) nach Erweiterung um die Bemessungsscheinleistung der Synchronmaschine S_{rG} und Einführung der elektrischen Winkelgeschwindigkeit ω wie folgt angegeben werden:

$$\dot{\omega} = k_M(P_T - P_{el} - P_D) = k_M(P_T - P_{el}) - d_M \cdot \Delta\omega \tag{2.84}$$

mit:

$$k_M = \frac{\omega_0}{T_M \cdot S_{rG}} \quad \text{und} \quad d_M = D_M \cdot k_M \tag{2.85}$$

und der elektromechanischen Zeitkonstanten T_M (Zahlenwertbereich siehe Tabelle 2.4) bzw. der früher verwendeten Trägheitskonstanten H. Beide Konstanten werden in Sekunden angegeben und berechnen sich aus der Bemessungsscheinleistung des Generators S_{rG} und der elektrischen Winkelgeschwindigkeit im Synchronismus ω_0, wobei insbesondere die Trägheitskonstante H dem Verhältnis der bei synchroner Drehzahl in der rotierenden Masse gespeicherten Rotationsenergie W_{0J} zur Bemessungsscheinleistung S_{rG} entspricht:

$$T_M = \frac{J \cdot \Omega_0^2}{S_{rG}} = \frac{2\frac{1}{2}J \cdot \Omega_0^2}{S_{rG}} = \frac{2W_{J0}}{S_{rG}} = 2H \tag{2.86}$$

Neben der Winkelgeschwindigkeit ist für die Beschreibung des Bewegungsverhaltens der Synchronmaschine als zweite Koordinate eine Ortskoordinate erforderlich. Hierfür wird die Winkelkoordinate δ gewählt. Damit kann eine relative Bewegung des Polrads in Bezug zu einem mit der elektrischen Winkelgeschwindigkeit ω_0 rotierenden Koordinatensystem beschrieben werden (siehe Abbildung 2.43 und vgl. mit Abbildung 2.11, Abbildung 2.12 und Abbildung 2.14 sowie mit Band 1, Abschnitt 10.1).

Zunächst kann die Bewegung des Polrads in Bezug auf ein räumlich festes Koordinatensystem, wie z. B. der Achse der Ständerwicklung des Strangs a, mit Hilfe des Winkels ϑ beschrieben werden. Dabei wird die Position des Polrads durch die Position

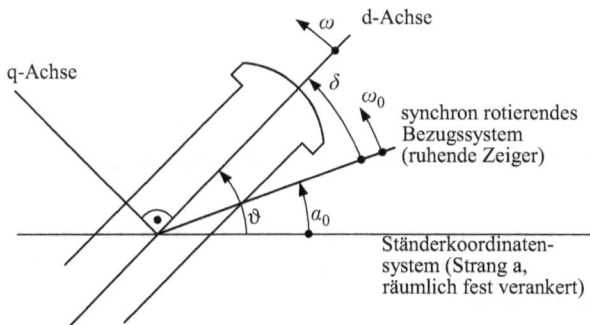

Abb. 2.43: Koordinaten für die Beschreibung der Drehbewegung des Rotors

der d-Achse beschrieben. Es gilt dann:

$$\dot{\vartheta} = \omega \qquad (2.87)$$

Für das mit der synchronen Winkelgeschwindigkeit ω_0 rotierende Koordinatensystem gilt in Bezug auf die räumlich feste Achse der Ständerwicklung des Strangs a, dass der Winkel gleichförmig größer wird:

$$\alpha = \omega_0 t + \alpha_0 \qquad (2.88)$$

Dabei bezeichnet α_0 den Anfangswinkel zum Zeitpunkt $t = 0$. Damit und mit der Einführung des Winkels δ kann die Bewegung des Polrads ebenfalls beschrieben werden:

$$\vartheta = \alpha + \delta = \omega_0 t + \alpha_0 + \delta \qquad (2.89)$$

Das Einsetzen von Gl. (2.89) in Gl. (2.87) liefert die zweite erforderliche Bewegungsgleichung für die Ortskoordinaten:

$$\dot{\delta} = \omega - \omega_0 = \Delta\omega \qquad (2.90)$$

Beide Bewegungsgleichungen können zu einem Zustandsdifferentialgleichungssystem oder auch zu einem Differentialgleichungssystem zweiter Ordnung zusammengefasst werden:

$$\begin{bmatrix} \dot{\omega} \\ \dot{\delta} \end{bmatrix} = \begin{bmatrix} k_M (P_T - P_{el}) \\ 0 \end{bmatrix} + \begin{bmatrix} -d_M \\ 1 \end{bmatrix} \Delta\omega \quad \text{oder}$$

$$\ddot{\delta} = \dot{\omega} = \Delta\dot{\omega} = k_M (P_T - P_{el}) - d_M \cdot \Delta\omega \qquad (2.91)$$

In Bezug auf die in den Abschnitten 2.4.1.3 und 2.7.5 eingeführten Polradwinkel δ_P und resultierenden Polradwinkel δ_{PN}, die in Bezug auf den konstanten Winkel der Generatorklemmenspannung $\underline{U}$ bzw. der inneren Netzspannung $\underline{U}_N$ angegeben werden, können aus Abbildung 2.22 und Abbildung 2.35 die folgenden Winkelbeziehungen abgelesen werden:

$$\delta_P = \varphi_{UP} - \varphi_U = \delta + \frac{\pi}{2} - \varphi_U \quad \text{bzw.} \quad \delta_{PN} = \varphi_{UP} - \varphi_{UN} = \delta + \frac{\pi}{2} - \varphi_{UN} \qquad (2.92)$$

Damit entsprechen die Änderungen der durch den Winkel δ angegebenen Bewegung des Polrads den Änderungen des Polradwinkels δ_P bzw. resultierenden Polradwinkels δ_{PN}:

$$\dot{\delta} = \dot{\delta}_P = \dot{\delta}_{PN} \quad \text{bzw.} \quad \ddot{\delta} = \ddot{\delta}_P = \ddot{\delta}_{PN} \qquad (2.93)$$

2.9 Blockgröße und Bemessungsgrößen von Turbogeneratoren

Die Bemessungsscheinleistung einer Synchronmaschine berechnet sich allgemein [11] aus der Ausnutzungsziffer c, dem aktiven Läufervolumen V und der Drehzahl $n = n_0$, die der synchronen Drehzahl n_0 entspricht:

$$S_r = \underbrace{k\xi aB'}_{c} \underbrace{\frac{Dl^2 n}{V}}_{} \qquad (2.94)$$

Das aktive Läufervolumen V ergibt sich aus der Läuferlänge l und dem Läuferdurchmesser D. Die Ausnutzungsziffer (Esson'sche Zahl) c berechnet sich aus konstanten Faktoren, die in der Konstanten k zusammengefasst sind, dem resultierender Wicklungsfaktor ξ, dem Ankerstrombelag a und dem Induktionsbelag B'. Sie beschreibt damit die elektromagnetische Ausnutzung der Maschine.

In Tabelle 2.4 sind einige typische Wertebereiche für die Parameter von Synchronmaschinen zusammengestellt. Die Angaben wurden der Literatur [9] entnommen und aggregiert.

Tab. 2.4: Typische Wertebereiche für die Parameter von Synchrongeneratoren [9]

Merkmal	Vollpolsynchronmaschine	Schenkelpolsynchronmaschine
S_r in MVA	$5 \ldots 1530$	$9 \ldots 615$
U_r in kV	$10{,}5 \ldots 31{,}5$	$6{,}0 \ldots 21{,}0$
$\cos \varphi_r$	$0{,}8 \ldots 0{,}9$	$0{,}8 \ldots 0{,}9$
r_a in p. u.	$0{,}0014 \ldots 0{,}084$	$0{,}00154 \ldots 0{,}006$
x_d in p. u.	$1{,}2 \ldots 3{,}0$	$0{,}5 \ldots 1{,}4$
x'_d in p. u.	$0{,}13 \ldots 0{,}35$	$0{,}20 \ldots 0{,}45$
x''_d in p. u.	$0{,}09 \ldots 0{,}22$	$0{,}12 \ldots 0{,}45$
x_q in p. u.	$(0{,}9 \ldots 1{,}0)x_d$	$0{,}4 \ldots 0{,}95$
x'_q in p. u.	$\approx x'_d$	$\approx x_q$
x''_q in p. u.	$(1{,}0 \ldots 1{,}1)x''_d$	$(1{,}0 \ldots 1{,}2)x''_d$
x_2 in p. u.	$\approx x''_d$	$\approx x''_d$
x_0 in p. u.	$0{,}01 \ldots 0{,}1$	$0{,}03 \ldots 0{,}2$
T'_d in s	$0{,}50 \ldots 1{,}8$	$0{,}70 \ldots 2{,}5$
T''_d in s	$0{,}02 \ldots 0{,}1$	$0{,}02 \ldots 0{,}08$
T'_q in s		$0{,}11 \ldots 0{,}40$
T''_q in s	$\approx T''_d$	$\approx T''_d$
T_g in s	$0{,}05 \ldots 0{,}4$	$0{,}1 \ldots 0{,}5$
T_M in s	$5 \ldots 16$	$4 \ldots 10$

2.10 Erregersysteme von Synchronmaschinen

Erregersysteme von Synchrongeneratoren werden zur Spannungshaltung und Regelung der Klemmenspannungen von Synchronmaschinen oder von Spannungen an vorgelagerten Knoten durch die Bereitstellung bzw. Aufnahme von Blindleistung sowohl im stationären Betrieb als auch während dynamischer Ausgleichsvorgänge eingesetzt. Die den Erregerwicklungen bereitgestellten Leistungen entsprechen bei großen Synchronmaschinen mit Bemessungsscheinleistungen von mehr als 100 MVA ungefähr 0,5 % der Bemessungsscheinleistung, wobei dann Erregergleichströme von mehr als 10 kA fließen. Bei kleinen Bemessungsscheinleistungen steigt dieser Prozentwert an und kann im Leistungsbereich von einigen 100 kVA 3 % bis 5 % betragen [12].

Der verallgemeinerte und vereinfachte Aufbau und die prinzipielle Anbindung eines Erregersystems an einen Synchrongenerator ist in Abbildung 2.44 dargestellt. Das Erregersystem besteht aus dem Erreger und dem Spannungsregler und enthält in der Regel noch einen Messwandler und eine Pendeldämpfungseinrichtung (engl. Power System Stabilizer (PSS)). Aufgrund der Vielfalt der Erregersysteme sind nicht alle Varianten von Informationsflüssen zwischen den dargestellten Elementen aufgeführt. Ebenso fehlen Angaben zu Begrenzungen von bestimmten Signalen und Schutzeinrichtungen. Für weitere Details wird z. B. auf [13] verwiesen.

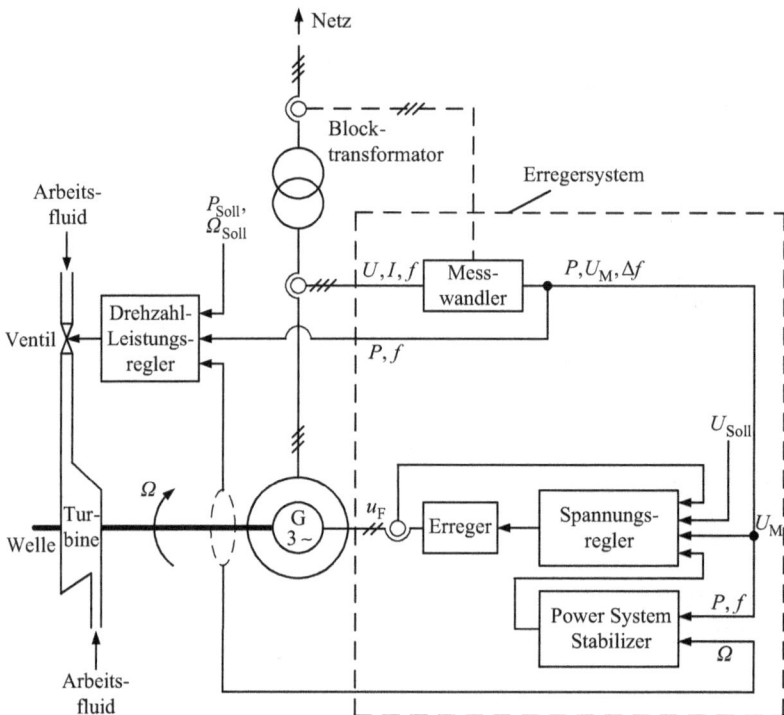

Abb. 2.44: Verallgemeinerte und vereinfachte Darstellung für ein Erregersystem und dessen Anbindung an eine Synchronmaschine

Der Messwandler hat die Aufgabe, dem Spannungsregler den aktuellen gemessenen Wert U_M der zu regelnden Generatorklemmenspannung U zur Verfügung zu stellen bzw. bei abgesetzten Messungen, z. B. bei Messungen hinter dem Blocktransformator auf der Netzseite, diese Werte um den Spannungsabfall über den Blocktransformator mit Hilfe des ebenfalls gemessenen Stromes zu korrigieren. Dieser Spannungswert U_M wird zusammen mit der ebenfalls gemessenen Frequenzabweichung Δf sowie der mit der Spannungs- und Strommessung bestimmten Wirkleistung P an den Spannungsregler bzw. die Pendeldämpfungseinrichtung weitergegeben.

Der Spannungsregler hat die Aufgabe auf Basis der Differenz aus gemessener Generatorklemmenspannung und ihrem Sollwert U_{Soll} und der rückgeführten Erregerspannung u_F sowie weiterer Eingangssignale, wie z. B. aus der Pendeldämpfungseinrichtung, ein Ausgangssignal für die Regelung des Erregers zu erzeugen. Dabei sind die Parameter so zu wählen, dass das Erregersystem stabil ist und seiner Regelungsaufgabe unter Erfüllung der gewählten Gütekriterien nachkommen kann.

Die Pendeldämpfungseinrichtung hat die Aufgabe, die bei Wirkleistungssprüngen angeregten Polradwinkelschwingungen von Synchronmaschinen zu dämpfen. Dafür wird auf Basis der gemessenen Eingangsgrößen Generatordrehzahl n (oder mechanische Winkelgeschwindigkeit Ω) und Generatorwirkleistung P sowie ggf. auch der Netzfrequenz ein Zusatzsignal generiert, das dem Spannungsregler übergeben wird und z. B. zum Spannungssollwert addiert wird.

Der Erreger selbst erzeugt in Abhängigkeit von dem vom Spannungsregler bereitgestellten Signal eine Erregergleichspannung für die Erregerwicklung der Synchronmaschine. Die heute eingesetzten Erregersysteme basieren im Wesentlichen auf Halbleiterbauelementen. Man unterscheidet insbesondere die folgenden drei Varianten:

1. Statische Erregung mit einem Thyristorgleichrichter (siehe Abbildung 2.45)
Die Erregergleichspannung wird durch einen netzgeführten Thyristorgleichrichter GR über Schleifringe dem Synchrongenerator bereitgestellt. Der Thyristorgleichrichter wird über einen Transformator direkt von den Generatorklemmen mit einem Drehspannungssystem gespeist. Alternativ kann er auch aus dem Eigenbedarfsnetz oder einem Fremdnetz versorgt werden.

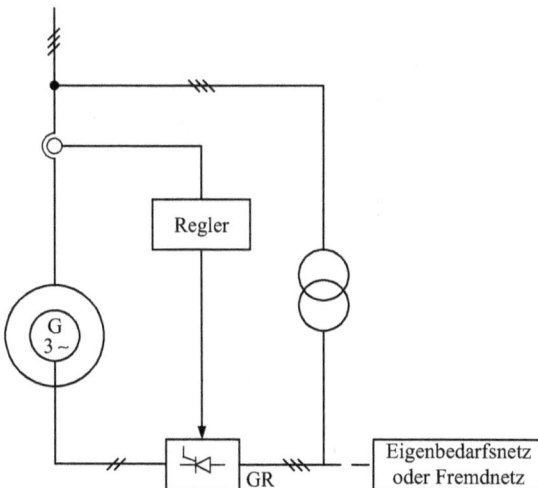

Abb. 2.45: Statisches Erregersystem mit einem Thyristorgleichrichter GR mit direkter Speisung von den Generatorklemmen oder alternativ aus dem Eigenbedarfsnetz oder aus einem Fremdnetz

2. Innenpoldrehstromerregergenerator mit Dioden- oder Thyristorgleichrichter (siehe Abbildung 2.46 bis Abbildung 2.48)

Die Erregergleichspannung wird dem Synchrongenerator entweder durch einen netzgeführten gesteuerten Thyristorgleichrichter oder über einen ungesteuerten Diodengleichrichter GR über Schleifringe bereitgestellt. Das dafür erforderliche gleichzurichtende Drehspannungssystem wird durch einen über die Welle direkt mit dem Generator gekuppelten Innenpol-Drehstromerregersynchrongenerator G1 dem Gleichrichter bereitgestellt.

Im Fall des gesteuerten Thyristorgleichrichters GR (in Abbildung 2.46 und in Abbildung 2.47) wird dem Drehstromerregergenerator G1 eine Erregerspannung durch den ungesteuerten Diodengleichrichter GR1 bereitgestellt. Das Drehspannungssystem für den Diodengleichrichter GR1 kann entweder über die Ausgangsspannung des Drehstromerregergenerators (siehe Abbildung 2.46) oder über eine Hilfserregermaschine mit Permanenterregung (siehe Abbildung 2.47) erzeugt werden.

Im Fall des ungesteuerten Diodengleichrichters GR (siehe Abbildung 2.48) wird die Regelung durch den gesteuerten Thyristorgleichrichters GR1 des Drehstromerregergenerators übernommen. Damit kann das den Gleichrichter GR versorgende Drehspannungssystem geregelt werden und damit die Erregung des Synchrongenerators eingestellt werden.

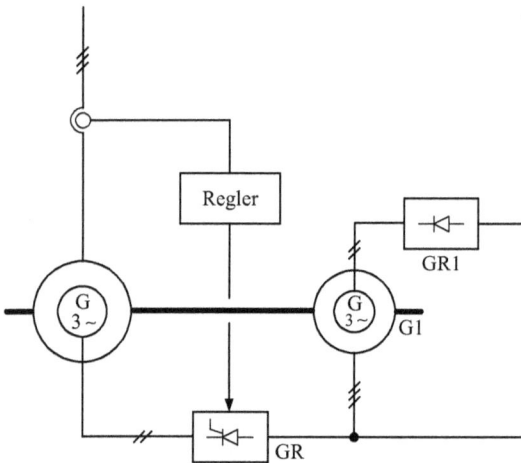

Abb. 2.46: Erregersystem mit Innenpoldrehstromerregergenerator G1 mit gesteuertem Thyristorgleichrichter GR, Bereitstellung der Erregerspannung für den Drehstromerregergenerator mit einem ungesteuerten Diodengleichrichter GR1

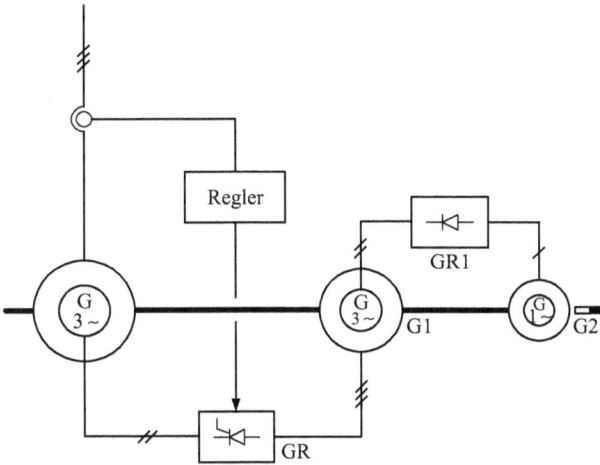

Abb. 2.47: Erregersystem mit Innenpoldrehstromerregergenerator G1 mit gesteuertem Thyristorgleichrichter GR, Bereitstellung der Erregerspannung für den Drehstromerregergenerator mit einer direkt mit dem Generator gekuppelten einphasigen Hilfserregermaschine G2 mit Permanenterregung

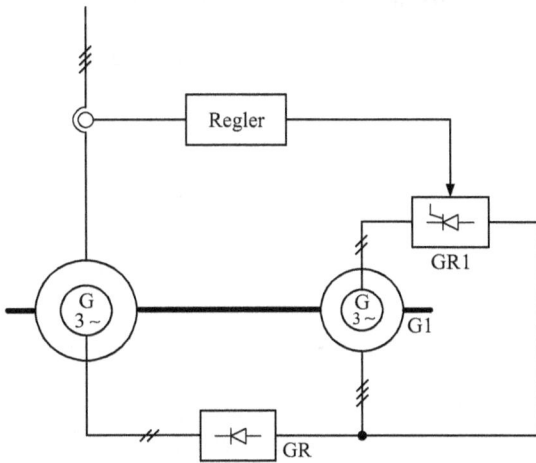

Abb. 2.48: Erregersystem mit Innenpoldrehstromerregergenerator G1 mit einem ungesteuerten Diodengleichrichter GR, Bereitstellung der Erregerspannung für den Drehstromerregergenerator mit einem gesteuerten Thyristorgleichrichter GR1

3. Außenpoldrehstromerregergenerator mit rotierendem Diodengleichrichter (siehe Abbildung 2.49)

Die Erregergleichspannung wird durch einen mitrotierenden Diodengleichrichter GR schleifringlos dem Synchrongenerator bereitgestellt. Das Drehspannungssystem wird dem Diodengleichrichter GR1 durch einen direkt mit dem Generator gekuppelten und damit ebenfalls mitrotierenden Außenpoldrehstromerregergenerator G1 zur Verfügung gestellt. Die Gleichspannung für die Erregung des Außenpoldrehstromerregergenerators kann über eine Hilfserregermaschine G2 mit Permanenterregung erzeugt werden. Alternativ kann diese Gleichspannung auch durch die Gleichrichtung der über einen Transformator bereitgestellten Generatorklemmenspannung mit dem gesteuerten Gleichrichter GR1 erzeugt werden.

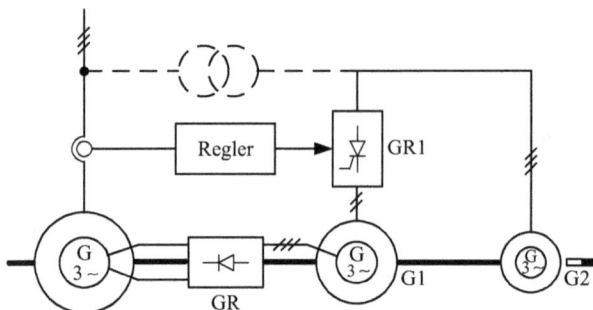

Abb. 2.49: Schleifringloses Erregersystem mit rotierendem ungesteuertem Diodengleichrichter GR, Bereitstellung der Erregergleichspannung für den Außenpoldrehstromerregergenerator G1 mit einem gesteuerten Thyristorgleichrichter GR1, der durch eine Hilfserregermaschine G2 mit Permanenterregung oder alternativ über einen Transformator mit einem Drehspannungssystem versorgt wird

Die klassische Erregung über Gleichstromerregermaschinen (direkt angekuppelte Gleichstromhaupt- mit Hilfserregermaschine, siehe Abbildung 2.50) wurde nur für Synchronmaschinen mit kleineren Bemessungsscheinleistungen verwendet und wird in neuen Anlagen nicht mehr eingesetzt.

Daneben existieren auch Erregungen mit Dauermagneten (Permanenterregung), die durch Materialien auf Basis seltener Erden hergestellt werden. Sie finden u. a. in Windenergieanlagen Anwendung.

Die am häufigsten eingesetzten Erregersysteme sind die statische Erregung mit einem Thyristorgleichrichter (siehe Abbildung 2.45) und die Erregung mit einem Innenpoldrehstromerregergenerator mit Thyristorgleichrichter (siehe Abbildung 2.46 und Abbildung 2.47), während das schleifringlose Erregersystem mit Außenpoldrehstromerregergeneratoren (siehe Abbildung 2.49) im Wesentlichen für Kraftwerke mit großen Einheitenleistungen eingesetzt wird.

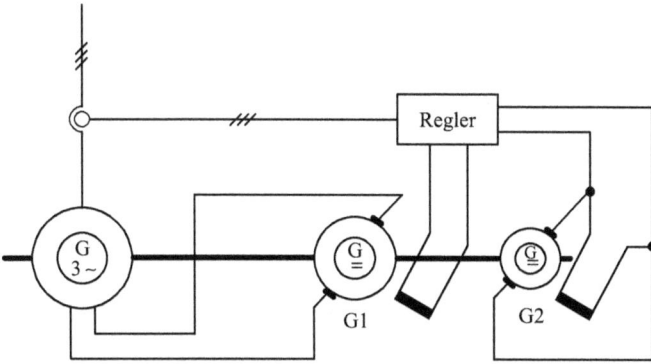

Abb. 2.50: Erregersystem mit direkt angekuppelter Gleichstromhaupterregermaschine G1 und Gleichstromhilfserregermaschine G2

3 Asynchronmaschinen

Drehstrom-Asynchronmaschinen (auch Induktionsmaschinen) sind ebenfalls, wie die Synchronmaschinen, Drehfeldmaschinen. Sie werden in der Regel als Asynchronmotoren mit Kurzschlussläufer mit Leistungen bis in den MW-Bereich eingesetzt. Für eine Drehzahlstellung werden sie üblicherweise mit Frequenzumrichtern betrieben.

3.1 Aufbau und Betriebsweise

Asynchronmaschinen bestehen wie Synchronmaschinen aus einem Ständer und einem im Ständer rotierenden Läufer (Rotor). Im Gegensatz zu den Synchronmaschinen verfügen sie im Läufer über keine Gleichstrom-Erregerwicklung. Der Läufer einer Asynchronmaschine kann als Kurzschlussläufer oder als Schleifringläufer ausgeführt werden. Bei Schleifringläufern werden über Schleifringe entweder Widerstände zur Drehzahlstellung in der Regel im Stern angeschlossen, oder es wird ein Drehstromsystem mit einer variablen Frequenz über einen Umrichter in die Läuferdrehstromwicklung eingespeist (doppelt gespeiste Asynchronmaschine).

3.1.1 Kurzschlussläufer

Ein Kurzschlussläufer entsteht gedanklich aus den drei an den Enden kurzgeschlossenen Kupfer- oder Aluminiumwicklungen des Läufers, die an den beiden Stirnseiten des Läufers leitend miteinander verbunden, d. h. kurzgeschlossen, werden. Praktisch wird das mit Hilfe von Kurzschlussringen durchgeführt. Das dabei entstehende Gerüst ähnelt dem eines Käfigs (siehe Abbildung 3.1), woher auch die alternative Bezeichnung Käfigläufer stammt. Praktisch werden die Läuferwicklungen durch massive Stäbe ausgeführt.

Abb. 3.1: Kurzschlussläufer (Käfigläufer) einer 6-poligen ($p = 3$) Asynchronmaschine ($S_r = 1250\,\text{kW}$, $U_r = 6,3\,\text{kV}$, $s_r = 0,003$) in der Montage, Quelle: Lloyd Dynamowerke GmbH

https://doi.org/10.1515/9783110548600-003

Die Asynchronmaschine mit Kurzschlussläufer ist vom Aufbau her die denkbar einfachste elektrische Maschine, wodurch sie sehr robust und günstig in der Herstellung ist. Allerdings besteht kein Zugang zur Läuferwicklung, wodurch keine Stelleingriffe bzgl. der Drehzahl der Asynchronmaschine möglich sind.

3.1.2 Schleifringläufer

Beim Schleifringläufer sind die drei Läuferwicklungen im Stern geschaltet. Die Enden sind über Schleifringe, die sich auf der Läuferwelle befinden, und Kohlebürsten nach außen geführt (siehe Abbildung 3.2 und Abbildung 3.3), womit eine Beeinflussung der Läufergrößen, z. B. über variable Widerstände R_V oder eingeprägte Spannungen, möglich ist. Insbesondere ist damit eine Drehzahlstellung in bestimmten Grenzen möglich [10].

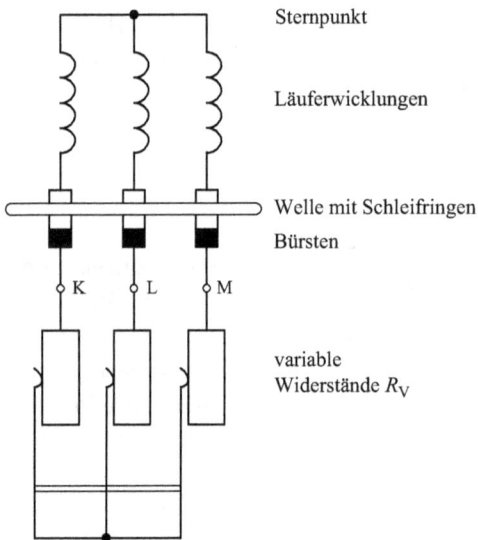

Abb. 3.2: Schleifringläufer mit variablen Widerständen R_V [10]

Abb. 3.3: Schleifringläufer einer 8-poligen ($p = 4$) Asynchronmaschine ($S_r = 2500\,\text{kW}$, $U_r = 6,6\,\text{kV}$, $s_r = 0,008$) in der Montage, Quelle: Lloyd Dynamowerke GmbH

3.2 Wirkungsprinzip und Betriebsweise

Das Wirkungsprinzip der Asynchronmaschine beruht auf dem Induktionsprinzip (siehe Band 1, Abschnitt 11.1) und der Kraftwirkung auf stromdurchflossene Leiter (siehe Band 1, Abschnitt 11.3). Das umlaufende Ständerdrehfeld (siehe Abschnitt 2.1.1) induziert in Abhängigkeit von der Läuferdrehzahl in jedem Leiter des Läufers eine Spannung, die ihrerseits einen Stromfluss in den kurzgeschlossenen Läuferwicklungen zur Folge hat. Auf die in dem umlaufenden Magnetfeld liegenden stromdurchflossenen Leiter des Läufers wirkt dann eine Kraft F, die zum anliegenden Magnetfeld und dem Strom proportional ist. Die Richtung der Kraft ergibt sich aus der rechtsschraubigen Zuordnung von Strom-, Magnetfeld- und Kraftrichtung (siehe Band 1, Abschnitt 11.3). Dieser Kraft ist jeder der Leiter im Läufer ausgesetzt. In der Summe üben sie ein auf den Läufer wirkendes Drehmoment aus, das den Läufer in Bewegung setzt und den Läufer dem umlaufenden Drehfeld nachfolgen lässt. Der Strom kann nur solange fließen, wie eine Spannung im Läufer induziert wird. Eine Spannung kann aber nur dann induziert werden, solange eine Drehzahldifferenz zwischen dem umlaufenden Ständerdrehfeld und dem Läufer vorhanden ist. Laufen das Ständerdrehfeld und der Läufer synchron um, wird keine Spannung induziert, es fließt kein Strom, und es tritt kein Drehmoment auf. Berücksichtigt man noch unvermeidbare Reibungsverluste, so wird deutlich, dass eine Asynchronmaschine den Synchronpunkt ohne ein zugeführtes Antriebsmoment nicht erreichen kann. Läufer und Ständerdrehfeld laufen damit nicht synchron (mit gleicher Drehzahl) sondern asynchron um, woher auch die Bezeichnung Asynchronmaschine herrührt.

Die Drehzahl wird typischerweise nicht direkt angegeben sondern über den Schlupf s beschrieben, der sich aus der synchronen Drehzahl n_0 entsprechend Gl. (3.1) und der Drehzahl n berechnet.

$$s = \frac{n_0 - n}{n_0} \tag{3.1}$$

Der Schlupf s beschreibt die relative Drehzahldifferenz zur synchronen Drehzahl n_0 (siehe Gl. (2.1)). Er ist im Stillstand ($n = 0\,\text{U/min}$) gleich eins und im synchronen Lauf ($n = n_0$) gleich null.

Die höchste Drehzahldifferenz tritt im Stillstand des Läufers auf. Es wird dann auch die höchste Spannung im Läufer induziert, die als Stillstandsspannung U_{L0}, bezeichnet wird. Mit steigender Drehzahl nimmt die induzierte Spannung ab. Sie ist damit von der Drehzahl n bzw. vom Schlupf s abhängig (siehe Abbildung 3.4):

$$U_L = U_{L0} \cdot s \tag{3.2}$$

Ebenso ist die Frequenz f_L der im Läufer induzierten Spannung U_L von der Drehzahldifferenz zwischen Drehfeld und Läuferdrehzahl abhängig. Es gilt mit der Netzfrequenz $f = f_N$, die gleich der Frequenz des Drehfeldes ist:

$$f_L = f - n \cdot p = f_N - n \cdot p = s \cdot f_N \tag{3.3}$$

Es wird somit im Läufer eine schlupffrequente Spannung induziert, die zu schlupffrequenten Strömen in den Läuferwicklungen führt. Im Stillstand ist die Frequenz der im Läufer induzierten Spannung gleich der Netzfrequenz, während sie im Synchronbetrieb gleich null sein würde (siehe Abbildung 3.4).

Der Betriebsbereich unterhalb des Synchronpunkts wird als untersynchron und der oberhalb als übersynchron bezeichnet. Der untersynchrone Betrieb entspricht

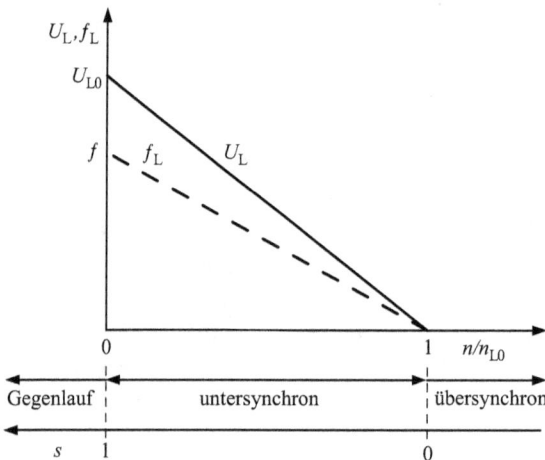

Abb. 3.4: Läuferspannung U_L und Frequenz f_L der Läuferströme und Spannung in Abhängigkeit von der Drehzahl n und dem Schlupf s

dem Motorbetrieb, während der übersynchrone Lauf dem Generatorbetrieb zu zuordnen ist. Tabelle 3.1 gibt eine Übersicht über die Drehzahlbereiche der Asynchronmaschine.

Tab. 3.1: Drehzahlbereiche der Asynchronmaschine

Drehzahlbereich	Schlupf	Laufeigenschaft des Läufers	Einsatzgebiet
$n = 0$	$s = 1$	Stillstand	Transformator
$0 \leq n \leq n_0$	$0 \leq s \leq 1$	untersynchroner Lauf	Motorbetrieb
$n = n_0$	$s = 0$	synchroner Lauf	–
$n > n_0$	$s < 0$	übersynchroner Lauf	Generatorbetrieb

Für einen Generatorbetrieb müssen Asynchronmaschinen mit Kurzschluss- oder Schleifringläufer übersynchron betrieben werden. Lediglich doppelt gespeiste Asynchrongeneratoren können je nach Umrichtertyp und Betrieb des Umrichters auch im untersynchronen Betrieb als Generatoren, wie z. B. in Windenergieanlagen, eingesetzt werden.

3.3 Ersatzschaltungen für die Symmetrischen Komponenten

Analog zur Synchronmaschine (siehe Abschnitt 2.4) werden für die Untersuchung von symmetrischen und unsymmetrischen stationären und quasistationären Zuständen Ersatzschaltungen verwendet, die Berechnungen zu Beginn einer Störung ermöglichen oder die über einen längeren, für die jeweilige Untersuchung relevanten Zeitraum näherungsweise konstante Parameter aufweisen. Man unterscheidet zwei Asynchronmaschinenersatzschaltungen für das Mitsystem der Symmetrischen Komponenten (siehe Band 1, Abschnitt 20.4), die alleine nur für symmetrische Systemzustände verwendet werden können. Dies sind:
– die Ersatzschaltung für den transienten Zustand, die für Untersuchungen von quasistationären Zuständen in einem Zeitraum von wenigen Perioden nach der Störung verwendet wird (siehe Abschnitt 3.3.1.2) und
– die Ersatzschaltung für den stationären Zustand mit einer schlupfabhängigen Impedanz, die für Untersuchungen von stationären eingeschwungenen Zuständen verwendet wird (siehe Abschnitt 3.3.1.3).

Für die Untersuchungen von unsymmetrischen stationären und quasistationären Zuständen sind zusätzlich noch die Gegen- und die Nullsystemersatzschaltung zu berücksichtigen, die jeweils passive Ersatzschaltungen mit einer Innenimpedanz darstellen. Für das Nullsystem spielt dabei die Sternpunkterdung eine entscheidende Rolle. Üblicherweise sind die Sternpunkte von Drehfeldmaschinen, d. h. von Synchron- und Asynchronmaschinen, nicht geerdet, so dass die Nullsystemersatzschaltung eine unendlich große Torimpedanz enthält und damit nicht berücksichtigt werden muss. Tabelle 3.2 gibt eine Übersicht über die Parameter dieser Ersatzschaltungen, die im Folgenden mit Angabe der weiteren notwendigen Annahmen hergeleitet werden.

Tab. 3.2: Quellenspannungen, Mit-, Gegen- und Nullsystemimpedanzen der Ersatzschaltungen von Asynchronmaschinen mit konstanten Spannungsquellen

	stationäre Zustände	transiente und subtransiente Zustände
Mitsystem	$\underline{Z}_1 = \underline{Z}_M(s) \approx R_S + \dfrac{R'_L}{s} + jX_k$	$\underline{Z}_1 = \underline{Z}'_M = R_S + jX'_M = R_S + jX_k$ $\underline{U}'_M = U'(0)e^{j\delta'}$
Gegensystem	$\underline{Z}_2 = R_S + \dfrac{R'_L}{2-s} + jX'_k$	
Nullsystem	$\underline{Z}_0 = R_S + R'_L + 3R_{ME} + jX_{0k} + j3X_{ME}$	

3.3.1 Ersatzschaltungen für das Mitsystem

3.3.1.1 Subtransienter Betrieb

Die subtransienten Anteile der Ausgleichsvorgänge in Asynchronmaschinen sind bereits in der ersten Halbperiode nach ca. $T'' \approx 2 \dots 5$ ms abgeklungen [15], und liefern damit z. B. auch keinen Beitrag zum Stoßkurzschlussstrom (siehe Band 3, Abschnitt 2.3.2) bei Kurzschlussereignissen. Damit sind die subtransienten Vorgänge in den Asynchronmaschinen praktisch ohne Bedeutung und werden deshalb üblicherweise vernachlässigt. Es wird dann auch in diesem Zeitbereich mit der Ersatzschaltung für den transienten Betrieb gerechnet.

3.3.1.2 Ersatzschaltung mit konstanter transienter Spannung

Die transienten Vorgänge in Asynchronmaschinen klingen schnell innerhalb weniger Perioden ähnlich wie die subtransienten Vorgänge in Synchronmaschinen ab. Sie liefern damit auch keinen Beitrag zum Dauerkurzschlussstrom. Für den Zeitraum in dem die transienten Vorgänge ablaufen kann eine konstante Drehzahl und ein konstanter magnetischer Fluss in der Asynchronmaschine näherungsweise angenommen werden. Asynchronmaschinen können deshalb für diesen Zeitraum für symmetrische Zustände im Mitsystem durch die Spannungsquellenersatzschaltung in Abbildung 3.5 nachgebildet werden.

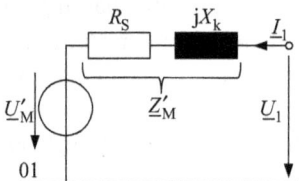

Abb. 3.5: Transiente Ersatzschaltung einer Asynchronmaschine mit Kurzschlussläufer

Die Spannungsquelle $\underline{U}'_M$ ist aufgrund der konstanten magnetischen Flüsse und der Trägheit der Asynchronmaschine hinsichtlich ihres Betrags konstant und wird aus den Klemmengrößen der Asynchronmaschine unmittelbar vor der Störung $U_1(0^-)$ und $I_1(0^-)$ analog zum Vorgehen für die Synchronmaschine (siehe Abschnitt 2.4.1.2) bestimmt:

$$\underline{U}'_M = \underline{U}_1(0^-) - (R_S + jX_k)\underline{I}_1(0^-) \tag{3.4}$$

Die Innenimpedanz der transienten Ersatzschaltung berechnet sich aus:

$$\underline{Z}'_M = R_S + jX_k = R_S + j\left(X_{\sigma S} + X'_{\sigma L}\right) \tag{3.5}$$

3.3.1.3 Ersatzschaltung mit schlupfabhängiger Impedanz

Das stationäre Betriebsverhalten der Asynchronmaschine kann mit Hilfe der ausführlichen Ersatzschaltung für das Mitsystem in Abbildung 3.6 beschrieben werden [5], [4]. Auf der Läuferseite (Index L) sind die drei genannten möglichen Ausführungsformen des Läufers der Asynchronmaschinen dargestellt.

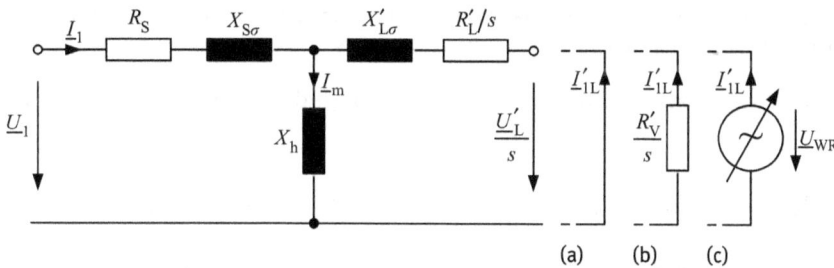

Abb. 3.6: Ersatzschaltung der Asynchronmaschine für den stationären Zustand, a) Kurzschlussläufer (kurzgeschlossener Läuferkreis), b) Schleifringläufer mit Vorwiderstand R_V und c) durch Wechselrichter eingeprägte Spannung im Läuferkreis (doppelt gespeiste Asynchronmaschine)

$\underline{U}_1$ und $\underline{I}_1$ bezeichnen die Ständerklemmengrößen der Asynchronmaschine. Die gestrichenen Größen kennzeichnen die auf die Ständerseite umgerechneten Läufergrößen. R_S und R'_L bezeichnen den Ständer- und den Läuferstrangwiderstand, $X_{\sigma S}$ und $X'_{\sigma L}$ die Ständer- bzw. Läuferstreureaktanz und X_h die Hauptreaktanz, die die Ständer- und die Läuferwicklungen magnetisch koppelt und die durch den Magnetisierungsstrom $\underline{I}_m$ durchflossen wird. Der Läuferwiderstand ist schlupfabhängig. Für die Ersatzschaltung gilt:

$$\underline{U}_1 = (R_S + jX_{\sigma S})\,\underline{I}_1 + jX_h\left(\underline{I}_1 + \underline{I}'_L\right) \tag{3.6}$$

und

$$\underline{U}'_L = jsX_h\left(\underline{I}_1 + \underline{I}'_L\right) + \left(R'_L + jsX'_{\sigma L}\right)\underline{I}'_L \tag{3.7}$$

Die Spannung $\underline{U}'_L$ im Läuferkreis ist für die Ausführung der Asynchronmaschine mit einem Kurzschlussläufer gleich null. Für die Ausführung mit einem Schleifringläufer entspricht sie:

$$\underline{U}'_L = -R'_V \underline{I}'_L \tag{3.8}$$

Für Asynchronmaschinen mit mittleren und großen Leistungen kann der Ständerwiderstand R_S aufgrund seiner geringen Größe vernachlässigt werden. Ebenso sind aufgrund ihrer sehr großen Werte die Hauptinduktivität X_h sowie ein ggf. vorhandener paralleler Eisenverlustwiderstand R_{Fe} vernachlässigbar. Diese Vereinfachungen führen auf die vereinfachte Ersatzschaltung der Asynchronmaschine in Abbildung 3.7, die im Folgenden für die Asynchronmaschine mit Kurzschlussläufer verwendet wird.

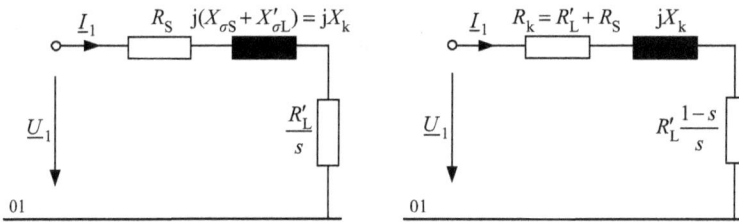

Abb. 3.7: Vereinfachte Mitsystemersatzschaltung der Asynchronmaschine mit Kurzschlussläufer ohne (links) und mit (rechts) Aufteilung des Läuferwiderstandes

Die vereinfachte Ersatzschaltung wird durch die folgende Spannungsgleichung beschrieben:

$$\underline{U}_1 = R_S + \frac{R'_L}{s} + j\left(X_{\sigma S} + X'_{\sigma L}\right)\underline{I}_1 = R_S + \left(\frac{R'_L}{s} + jX_k\right)\underline{I}_1 = \underline{Z}_M(s)\underline{I}_1 = \underline{Z}_{1M}(s)\underline{I}_1 \tag{3.9}$$

Die Aufteilung des Läuferwiderstands in Abbildung 3.7 rechts beschreibt die Aufteilung der auf den Läufer übertragenen Wirkleistung in die in dem Läuferwiderstand R'_L umgesetzten stromabhängigen Läuferverluste und in die mechanisch nutzbare Wirkleistung, die in dem Widerstand $R'_L \frac{1-s}{s}$ umgesetzt wird (siehe Abschnitt 3.5).

3.3.2 Ersatzschaltung für das Gegensystem

Bei Speisung der Asynchronmaschine mit einem Gegensystem rotiert das zugehörige Ständerdrehfeld im Gegendrehsinn zur Rotation des Läufers. Der zugehörige Schlupf s_2 berechnet sich zu:

$$s_2 = \frac{-n_0 - n}{-n_0} = \frac{-2n_0 + n_0 - n}{-n_0} = 2 - s \approx 2 \tag{3.10}$$

Näherungsweise wird damit im Läufer eine Spannung doppelter Frequenz induziert.

Die Ersatzschaltung für das Gegensystem in Abbildung 3.8 ist passiv und entspricht dem des Mitsystems mit der Ausnahme, dass anstatt des Schlupfes s der Schlupf des Gegensystems s_2 verwendet wird.

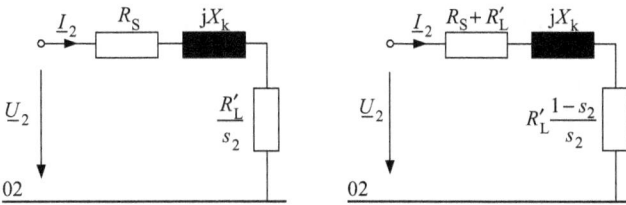

Abb. 3.8: Vereinfachte Gegensystemersatzschaltung einer Asynchronmaschine mit Kurzschlussläufer ohne (links) und mit (rechts) Aufteilung des Läuferwiderstandes

Die Spannungsgleichung und die Innenimpedanz der Ersatzschaltung des Gegensystems lauten:

$$
\begin{aligned}
\underline{U}_2 &= \left(R_S + \frac{R_L'}{s_2} + jX_k \right) \underline{I}_2 = \left(R_S + R_L' + \frac{R_L'(1 - s_2)}{s_2} + jX_k \right) \underline{I}_2 \\
&= \left(R_S + \frac{R_L'}{2 - s} + j\left(X_{1\sigma} + X_{2\sigma}' \right) \right) \underline{I}_2 = \underline{Z}_{2M}\underline{I}_2 = \underline{Z}_2\underline{I}_2
\end{aligned}
\tag{3.11}
$$

3.3.3 Ersatzschaltung für das Nullsystem

Die Ersatzschaltung für das Nullsystem einer Asynchronmaschine mit der dreifachen Sternpunkt-Erde-Impedanz $\underline{Z}_{ME}$ in Abbildung 3.9 ist ebenfalls passiv.

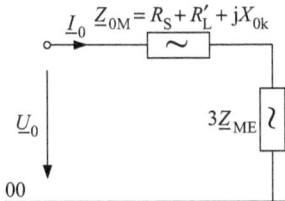

Abb. 3.9: Ersatzschaltung für das Nullsystem einer Asynchronmaschine mit Kurzschlussläufer mit einem über die Impedanz $\underline{Z}_{ME}$ geerdeten Sternpunkt

Für die Spannungsgleichung und die Innenimpedanz der Nullsystemersatzschaltung gilt:

$$
\begin{aligned}
\underline{U}_0 &= (\underline{Z}_{0M} + 3\underline{Z}_{ME})\,\underline{I}_0 = \left(R_S + R_L' + jX_{0k} + 3\underline{Z}_{ME} \right) \underline{I}_0 \\
&= \left(R_S + R_L' + 3R_{ME} + jX_{0k} + j3X_{ME} \right) \underline{I}_0 = \underline{Z}_0 \cdot \underline{I}_0
\end{aligned}
\tag{3.12}
$$

Für die Nullsystemreaktanz X_{0k} gilt:

$$
X_{0k} < X_k = X_{\sigma S} + X_{\sigma L}'
\tag{3.13}
$$

Der Sternpunkt der Asynchronmaschinen wird in der Regel nicht geerdet ($|\underline{Z}_{ME}| \to \infty$), so dass das Nullsystem wegen $\underline{Z}_0 \to \infty$ vernachlässigt werden kann.

3.4 Bestimmung der Elemente der vereinfachten Ersatzschaltung

Die Bestimmung der Ersatzschaltungselemente erfolgt mit dem Anlaufstrom $\underline{I}_a$ bei $s = 1$ (Stillstand) und den Kurzschlussverlusten P_{Vk}, die sich bei festgestelltem Läufer und reduzierter Spannung und unter der Annahme eines vernachlässigbaren Ständerwiderstands $R_S \approx 0$ ergeben.

Bei Anlauf aus dem Stillstand gilt mit der Bezugsimpedanz Z_B und den Bemessungsgrößen der Asynchronmaschine U_{rM}, I_{rM} und S_{rM}:

$$Z_M = \sqrt{R_L'^2 + X_k^2} = \frac{U_{rM}}{\sqrt{3} \cdot I_a} = \frac{1}{I_a/I_{rM}} \cdot \frac{U_{rM}^2}{\sqrt{3} \cdot U_{rM} I_{rM}} = \frac{1}{I_a/I_{rM}} \cdot \frac{U_{rM}^2}{S_{rM}} = \frac{1}{I_a/I_{rM}} Z_B \quad (3.14)$$

Für die Verluste P_{Vk} bei Bemessungsstrom $I = I_{rM}$ folgt:

$$P_{Vk} = 3 R_L' I_{rM}^2 \Leftrightarrow R_L' = \frac{P_{Vk}}{3 I_{rM}^2} = \frac{P_{Vk}}{U_{rM}^2} \cdot \frac{U_{rM}^2}{3 I_{rM}^2} = \frac{P_{Vk}}{S_{rM}} \cdot \frac{U_{rM}^2}{S_{rM}} = \frac{P_{Vk}}{S_{rM}} \cdot Z_B \quad (3.15)$$

Die Kurzschlussreaktanz X_k kann dann entweder aus dem Läuferwiderstand R_L' und dem Kippschlupf s_K (siehe Abschnitt 3.5) bestimmt werden [5], siehe Abschnitt 3.5):

$$s_K = \frac{R_L'}{X_k} = \frac{R_L'}{X_{1\sigma} + X_{2\sigma}'} \Leftrightarrow R_L' = s_K \cdot X_k \quad (3.16)$$

oder alternativ auch über die Kurzschlussimpedanz und den Läuferwiderstand R_L':

$$X_k = \sqrt{Z_M^2 - R_L'^2} = Z_M \sqrt{1 - \left(\frac{P_{Vk}}{S_{rM}} \cdot \frac{1}{I_a/I_{rM}} \right)^2} \approx Z_M \sqrt{1 - s_K^2} \quad (3.17)$$

Die Kurzschlussreaktanz X_k wird üblicherweise auf die Ständer- und auf die umgerechnete Läuferstreureaktanz zu gleichen Teilen aufgeteilt:

$$X_{\sigma S} = X_{\sigma L}' = \frac{X_k}{2} \quad (3.18)$$

3.5 Leistungsfluss und Drehmoment

Die an der Ständer- und an der Läuferwicklung eingespeisten Leistungen P_S und P_L (siehe Leistungsfluss in einer Drehfeldmaschine in Abschnitt 2.7.1) werden innerhalb der Asynchronmaschine ebenfalls wie bei der Synchronmaschine über den Luftspalt übertragen (siehe Abbildung 2.37). Es entstehen dabei Verluste P_{CuS} im Ständerstrangwiderstand und P_{CuL} im Läuferwiderstand sowie in den Eisenkernen des Ständers P_{FeS} und des Läufers P_{FeL}. Darüber hinaus entstehen auch am Läufer Reibungsverluste P_{Reib}. Die Reibungs- und Eisenverluste im Ständer und Läufer sind vergleichsweise gering und werden im Folgenden vernachlässigt.

Die Leistung $P = P_S$ an den Ständerklemmen ergibt sich aus den Stromwärmeverlusten im Ständer P_{CuS} und der Luftspaltleistung P_δ, die den Leistungsaustausch über das magnetische Drehfeld zwischen Ständer und Läufer beschreibt, und berechnet sich entsprechend:

$$P = \text{Re}\{3\underline{U}_1\underline{I}_1^*\} = 3U_1I_1\cos\varphi = P_{CuS} + P_\delta = 3R_SI_1^2 + P_\delta \qquad (3.19)$$

Die Luftspaltleistung P_δ teilt sich entsprechend des Gesetzes zur Aufspaltung der Luftspaltleistung (siehe Abschnitt 2.7.1) in die Stromwärmeverluste im Läufer P_{CuL} und die mechanische Leistung P_{mech} an der Welle der Asynchronmaschine auf. Bei der Asynchronmaschine mit Kurzschlussläufer ist die Läuferleistung P_L gleich null, und es gilt damit:

$$P_\delta = P_{CuL} + P_{mech} = sP_\delta + (1-s)P_\delta = 3R_L'I_L^2 + P_{mech} \qquad (3.20)$$

Bei der Asynchronmaschine mit Schleifringläufer würde die Läuferleistung P_L der in einem über die Schleifringe angeschlossenen Zusatzwiderstand umgesetzten Wirkleistung und bei der doppelt gespeisten Asynchronmaschine einer über den Umrichter an den Läufer abgegebenen bzw. vom Läufer abgenommenen Leistung entsprechen.

Der Wirkungsgrad der Asynchronmaschine berechnet sich für den untersynchronen Motorbetrieb mit $s > 0$ und den übersynchronen Generatorbetrieb mit $s < 0$ aus:

$$\eta = \frac{P_{mech}}{P} = \frac{P_{mech}}{P_S} \quad \text{(Motorbetrieb)} \quad \text{bzw.}$$
$$\eta = \frac{P}{P_{mech}} = \frac{P_S}{P_{mech}} \quad \text{(Generatorbetrieb)} \qquad (3.21)$$

Dabei ist für den Generatorbetrieb zu beachten, dass mit den gewählten Zählpfeilrichtungen die Klemmenleistung P, die mechanische Leistung P_{mech} und auch die Luftspaltleistung P_δ negative Werte annehmen.

Die mechanische Leistung P_{mech} entspricht in Abhängigkeit von der mechanischen Winkelgeschwindigkeit Ω bzw. der mechanischen Drehzahl n einem Drehmoment M (siehe auch Gl. (2.64)):

$$P_{mech} = (1-s)P_\delta = M\Omega = M2\pi n = M\Omega_0(1-s) = M2\pi n_0(1-s) = M\frac{\omega_0}{p}(1-s) \quad (3.22)$$

Der Verlauf des Drehmoments M über der Drehzahl n ist in Abbildung 3.10 dargestellt. Er kann für $R_S = 0$ auch näherungsweise durch die Kloss'sche Formel in Abhängigkeit vom Schlupf s beschrieben werden:

$$M \approx M_K \frac{2 \cdot s \cdot s_K}{s^2 + s_K^2} = M_K \frac{2}{\dfrac{s}{s_K} + \dfrac{s_K}{s}} \qquad (3.23)$$

mit dem Kippschlupf s_K in Gl. (3.16) und dem Kippmoment M_K, das typischerweise bei Asynchronmaschinen mit Kurzschlussläufern zwischen dem 2,2- bis 3,5-fachen und bei Asynchronmaschinen mit Schleifringläufern zwischen dem 1,6- bis 2,5-fachen des

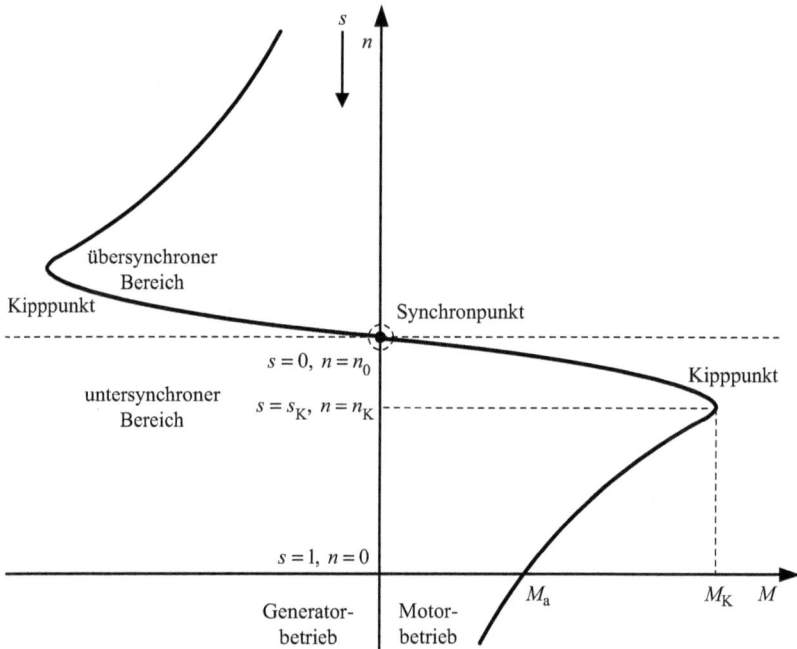

Abb. 3.10: Drehzahl-Drehmoment-Kennlinie der Asynchronmaschine mit Kurzschlussläufer

Bemessungsmoments M_{rM} der Asynchronmaschine liegt:

$$M_K = 3\frac{U_1^2}{2\pi n_0} \cdot \frac{1}{2X_k} \tag{3.24}$$

Typische Werte für den Kippschlupf liegen in Abhängigkeit von der Bemessungsspannung und Bemessungsleistung des Motors in den folgenden Bereichen [14]:

$$s_K \approx \begin{cases} 0,3\ldots0,42 & \text{NS-Motoren} \\ 0,15 & \text{MS-Motoren } < 1\,\text{MW}/p \\ 0,1 & \text{MS-Motoren } > 1\,\text{MW}/p \end{cases} \tag{3.25}$$

Der Drehmomentenverlauf ist gekennzeichnet durch mehrere charakteristische Bereiche und Punkte. Bei Stillstand der Maschine, d. h. bei $n = 0$ bzw. $s = 1$ wirkt das Anlaufmoment M_a. Mit der Kloss'schen Formel kann das Anlaufmoment abgeschätzt werden:

$$\frac{M_a}{M_K} = \frac{2 \cdot s_K}{1 + s_K^2} \approx 2 \cdot s_K \tag{3.26}$$

Mit steigender Drehzahl steigt auch das Drehmoment. Für den Bereich mit sehr großen Schlupfwerten ergibt sich aus der Kloss'schen Formel in Gl. (3.23) ein umgekehrt proportionaler Zusammenhang zwischen Schlupf und Drehmoment ($s \gg s_K$):

$$\frac{M}{M_K} \approx 2\frac{s_K}{s} \tag{3.27}$$

Bei der sogenannten Kippdrehzahl n_K bzw. dem Kippschlupf s_K wird das maximale Moment, das Kippmoment M_K (siehe Gl. (3.24)) erreicht. Danach nimmt das Drehmoment nahezu linear ab, bis das Drehmoment bei der synchronen Drehzahl n_0 mit $s = 0$ gleich null wird. Dieser Bereich mit kleinen Schlupfwerten s kann ebenfalls durch die Vereinfachung der Kloss'schen Formel angenähert werden ($s \ll s_K$):

$$\frac{M}{M_K} \approx 2\frac{s}{s_K} \tag{3.28}$$

In diesem gesamten Bereich befindet sich die Asynchronmaschine im Motorbetrieb. Zwischen Kipp- und synchroner Drehzahl liegt die Bemessungsdrehzahl mit dem zugehörigen Bemessungsmoment M_{rM} für den Motorbetrieb. Hier erkennt man, dass auch bei einer starken Zunahme der Belastung die Drehzahl nur wenig schwankt. Kommt es dennoch zu einer Überschreitung des Kippmoments, so wird die Asynchronmaschine instabil, d. h. die Drehzahl bricht bis zum Stillstand der Maschine zusammen.

Wird die Drehzahl über die synchrone Drehzahl weiter gesteigert, so geht die Asynchronmaschine in den übersynchronen und damit in den Generatorbetrieb über. Die Kennlinie im Generatorbereich ist näherungsweise punktsymmetrisch zu der Kennlinie im Motorbetrieb. Hier gibt es zunächst ebenfalls einen nahezu linearen Bereich mit einem Bemessungsarbeitspunkt sowie einen entsprechenden Kipppunkt im Generatorbetrieb. Der Schlupf ist in diesem Fall negativ ($s < 0$).

3.6 Bewegungsgleichung

Die Bewegungsgleichung für die Asynchronmaschine kann analog zu der für die Synchronmaschine in Gl. (2.81) formuliert werden:

$$J_M \frac{d\Omega}{dt} = J_M \dot{\Omega} = M - M_W \tag{3.29}$$

In dieser Gleichung bezeichnet J_M das Massenträgheitsmoment der Asynchronmaschine, M das antreibende Moment entsprechend Gl. (3.22) bzw. Gl. (3.23) und M_W das Widerstandsmoment einer Arbeitsmaschine. Das Widerstandsmoment kann z. B. durch ein Polynom zweiter Ordnung angenähert werden:

$$M_W = M_{W0} + M_{W1}\frac{\Omega}{\Omega_0} + M_{W2}\frac{\Omega^2}{\Omega_0^2} \tag{3.30}$$

Der Schnittpunkt der beiden Kennlinien kennzeichnet einen möglichen Arbeitspunkt. Je nach Lage der Widerstandsmomentkennlinie stellen sich stabile und instabile Arbeitspunkte ein (siehe Abbildung 3.11). Bei der Widerstandsmomentkennlinie M_{WA} existieren zwei stabile Arbeitspunkte, wobei beim Hochlaufen des Asynchronmotors die Möglichkeit besteht, dass der Motor bereits im linken stabilen Arbeitspunkt mit einer kleinen Drehzahl bzw. einem großen Schlupf und entsprechend großen Strömen

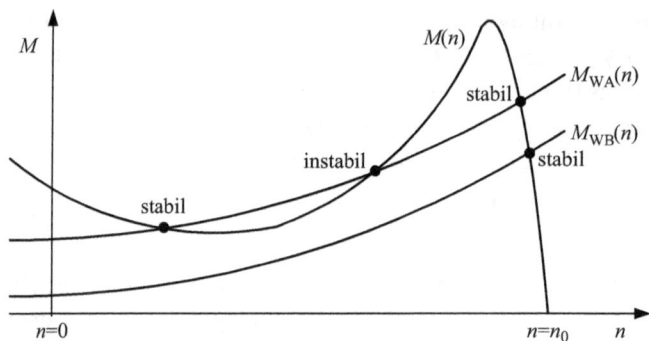

Abb. 3.11: Drehzahl-Drehmoment-Kennlinie der Asynchronmaschine mit Kurzschlussläufer mit zwei Widerstandsmomentkennlinien und Kennzeichnung stabiler und instabiler Arbeitspunkte

hängen bleibt. Der dritte Schnittpunkt der beiden Kennlinien beschreibt einen instabilen Arbeitspunkt. Bei der Widerstandsmomentkennlinie M_{WB} stellt sich nur ein stabiler Arbeitspunkt im linearen Bereich um die Bemessungsdrehzahl ein.

3.7 Zeigerbild

Für den Motorbetrieb ergibt sich auf Basis der Mitsystemersatzschaltung der Asynchronmaschine mit Kurschlussläufer in Abbildung 3.6 das Zeigerbild in Abbildung 3.12 für den symmetrischen stationären Betrieb. Typisch für die Asynchronmaschine mit einem Kurzschluss- oder einem Schleifringläufer ist, dass sie im Motor- und auch im Generatorbetrieb Blindleistung aufnimmt und damit der Stromzeiger $\underline{I}_1$ dem Spannungszeiger $\underline{U}_1$ immer nacheilt.

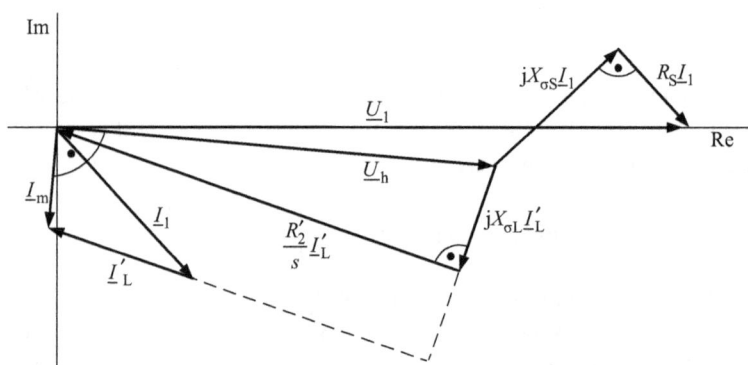

Abb. 3.12: Zeigerbild für einen Asynchronmotor mit Kurzschlussläufer in einem symmetrischen stationären Arbeitspunkt

4 Ersatznetze

Ersatznetze bilden benachbarte, unter- und überlagerte Netze über Netzäquivalente in Form von Zweipolgleichungen (siehe Band 1, Abschnitt 7.1) am Netzverknüpfungspunkt nach. Die Netzäquivalente fassen damit die in dem Netz vorhandenen Generatoren, Motoren, nicht motorischen Lasten, Leitungen und Transformatoren, etc. für das Mitsystem zu einer Ersatzspannungsquelle mit Innenimpedanz und für das Gegen- und Nullsystem jeweils zu einer Innenimpedanz zusammen. Alternativ könnte für das Mitsystem auch eine zur Spannungsquellenersatzschaltung äquivalente Stromquellenersatzschaltung mit Netzinnenimpdanz (siehe Band 1, Abschnitte 7.2 und 7.3) verwendet werden.

4.1 Ersatzschaltung für das Mitsystem

Die Spannungsquellenersatzschaltung für das Mitsystem eines Ersatznetzes ist in Abbildung 4.1 dargestellt.

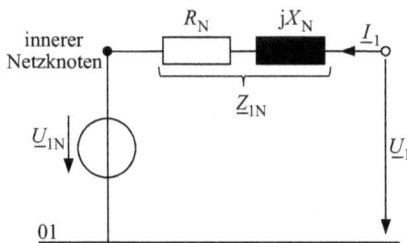

Abb. 4.1: Spannungsquellenersatzschaltung für das Mitsystem eines Ersatznetzes

Die Ersatzspannungsquelle ist die konstante innere Netzspannung $\underline{U}_{1N}$, die für einen bestimmten Betriebszustand nach Betrag und Winkel bestimmt wird.

$$\underline{U}_{1N} = U_{1N} e^{j\delta_{1N}} \tag{4.1}$$

Die Mitsystemimpedanz berechnet sich aus der dreipoligen Anfangskurzschlusswechselstromleistung des Netzes S_k'' am Netzverknüpfungspunkt und dem zugehörigen R/X-Verhältnis r_{1N}/x_{1N}, dass typischerweise im Bereich von $r_{1N}/x_{1N} \approx 0,1$ liegt:

$$Z_{1N} = \frac{c \cdot U_{nN}^2}{S_k''} \quad \text{und} \quad \underline{Z}_{1N} = (r_{1N}/x_{1N} + j)X_{1N} = (r_{1N}/x_{1N} + j)\frac{Z_{1N}}{\sqrt{1 + (r_{1N}/x_{1N})^2}} \tag{4.2}$$

Die Kurzschlussleistung S_k'' ist eine fiktive Rechengröße (siehe Band 3, Abschnitt 2.8), die sich aus dem dreipoligen Anfangskurzschlusswechselstrom $I_k'' = I_{k3}''$ (siehe Band 3, Abschnitt 2.3.1) und der Netznennspannung U_{nN} berechnet. Der Faktor c resultiert aus der genäherten Kurzschlussstromberechnung entsprechend DIN EN 60909-0 [16], die

https://doi.org/10.1515/9783110548600-004

in Band 3, Abschnitt 2.7 beschrieben wird. Für die maximalen Anfangskurzschluss-wechselströme und damit für die zugehörige Anfangskurzschlusswechselstromleis-tung (siehe Band 3, Abschnitt 2.8) und Mitsystemimpedanz gilt $c = 1{,}1$.

$$S_k'' = \sqrt{3} U_{nN} I_k'' = \sqrt{3} U_{nN} \frac{c \cdot U_{nN}}{\sqrt{3} Z_{1N}} = \frac{c \cdot U_{nN}^2}{Z_{1N}} \tag{4.3}$$

4.2 Ersatzschaltung für das Gegensystem

Die Ersatzschaltung für das Gegensystem der Ersatznetze ist passiv (siehe Abbildung 4.2). Die Gegensystemimpedanz wird in der Regel gleich der Mitsystemimpedanz angenommen:

$$\underline{Z}_{2N} = \underline{Z}_{1N} = (r_{1N}/x_{1N} + j) \frac{Z_{1N}}{\sqrt{1 + (r_{1N}/x_{1N})^2}} \quad \text{mit} \quad Z_{1N} = c \frac{U_{nN}^2}{S_k''} \tag{4.4}$$

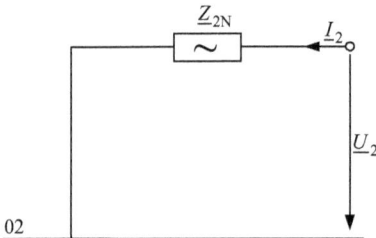

Abb. 4.2: Bild 4.2 Ersatzschaltung für das Gegensystem eines Ersatznetzes

4.3 Ersatzschaltung für das Nullsystem

Die Ersatzschaltung für das Nullsystem der Ersatznetze mit der dreifachen Stern-punkt-Erde-Impedanz $\underline{Z}_{ME}$ ist ebenfalls passiv (siehe Abbildung 4.3).

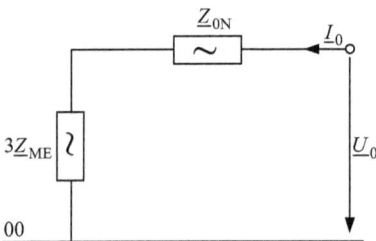

Abb. 4.3: Ersatzschaltung für das Nullsystem eines Ersatznetzes

Die Größe der Nullsystemimpedanz $\underline{Z}_0$ hängt entscheidend von der Art der Sternpunk-terdung (siehe Band 3, Kapitel 8) und damit von der Sternpunkt-Erde-Impedanz $\underline{Z}_{ME}$

ab.

$$\underline{Z}_0 = \underline{Z}_{0N} + 3\underline{Z}_{ME} \tag{4.5}$$

Dementsprechend ist sie in Netzen mit isoliertem Sternpunkt oder Resonanzstern-punkterdung wesentlich größer als die Mitsystemimpedanz. In Netzen mit niederoh-miger oder starrer Sternpunkterdung liegt sie in der Regel etwas über dem Wert der Mitsystemimpedanz. Die Nullsystemimpedanz lässt sich mit der Kenntnis des ein-poligen Erdkurzschlussstromes I_{k1}'' wie folgt berechnen (vgl. Band 3, Abschnitte 2.7 und 3.7.1):

$$\frac{I_k''}{I_{k1}''} = \frac{(2Z_{1N} + |\underline{Z}_{0N} + 3\underline{Z}_{ME}|)/3}{Z_{1N}} \quad \text{bzw.} \quad |\underline{Z}_{0N} + 3\underline{Z}_{ME}| = \left(3\frac{I_k''}{I_{k1}''} - 2\right) Z_{1N} \tag{4.6}$$

Dabei wird für die Berechnung des einpoligen Erdkurzschlussstromes I_{k1}'' ebenfalls das Verfahren der Ersatzspannungsquelle an der Fehlerstelle (siehe Band 3, Abschnitt 2.7) durchgeführt, wodurch sich in Gl. (4.6) die treibenden Spannungsquellen herauskürzen. Für die Aufteilung der Impedanzen auf den Real- und Imaginärteil kann das R/X-Verhältnis für das Mitsystem, falls kein eigener Wert bekannt ist, verwendet werden.

5 Transformatoren

Transformatoren dienen zur Spannungswandlung in Energieversorgungssystemen und verbinden die verschiedenen Spannungsebenen des Stromnetzes. Ein Transformator besteht in der elektrischen Energieversorgung aus zwei oder drei dreiphasigen Wicklungen (Zwei- oder Dreiwicklungstransformator), die typischerweise aus Kupferdraht gewickelt und über einen Eisenkern magnetisch gekoppelt sind. Man spricht dann von einer Oberspannungs- und einer Unterspannungswicklung bzw. bei Dreiwicklungstransformatoren von Ober- (OS) , Mittel- (MS) und Unterspannungswicklung (US). Die Wicklung mit der höheren Bemessungsspannung des Transformators wird dabei als Oberspannungsseite (OS) und die mit der geringeren Bemessungsspannung als Unterspannungsseite (US) bezeichnet. Bei Dreiwicklungstransformatoren kann die dritte Wicklung als Ausgleichswicklung eine separate Spannungsebene haben oder als Leistungswicklung der gleichen Spannungsebene wie die OS- oder die MS-Wicklung angehören. Es findet eine induktive Energieübertragung zwischen den beiden bzw. den drei Seiten des Transformators über den magnetischen Fluss im Eisenkreis statt. Über Stufensteller (Stufenstellung unter Last) und Umsteller (nur stromlose Umstellung) können mit Transformatoren die Spannungen in den verschiedenen Netzebenen eingestellt und geregelt werden. Mit Blick auf die übliche Richtung der Energieübertragung eines Transformators bezeichnet man auch die Seite, auf der die Energie bereit gestellt wird, als Primärseite und die Seite, auf der die Energie abgenommen wird, als Sekundärseite.

5.1 Bauarten und Einsatz von Wechsel- und Drehstromtransformatoren

5.1.1 Kernbauarten von Wechsel- und Drehstromtransformatoren

Man unterscheidet einphasige und dreiphasige Transformatoren. Einphasige Transformatoren (siehe Abbildung 5.1) werden als Bahnstromtransformatoren oder in der elektrischen Energieversorgung bei großen Leistungen und Baugrößen als Teil einer sogenannten Drehstrombank betrieben, wobei drei einphasige Transformatoren für die Spannungstransformation eines Drehstromsystems eingesetzt werden.

Dreiphasige Transformatoren (Drehstromtransformatoren) werden als Dreischenkel- oder Fünfschenkelkerntransformatoren (siehe Abbildung 5.2) ausgeführt. Auf die sogenannten Schenkel sind die Ober- und die Unterspannungswicklung und ggf. auch die Mittelspannungswicklung aufgebracht, wobei typischerweise die Wicklungen eines Strangs auf demselben Schenkel liegen. Die Oberspannungswicklung bildet aus Isolationsgründen (größere Abstände) nahezu immer die außen liegende Wicklung. Die Wicklungen werden durch Isolationsmaterial voneinander getrennt.

https://doi.org/10.1515/9783110548600-005

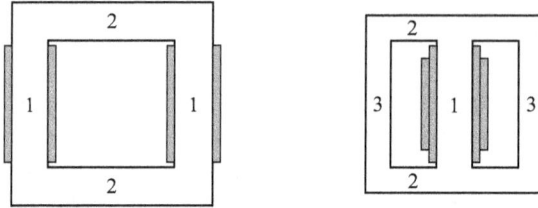

Abb. 5.1: Schenkel (1), Joch (2) und Außenschenkel (3) des Eisenkerns von Einphasentransformatoren (Kerntransformator links, Manteltransformator rechts)

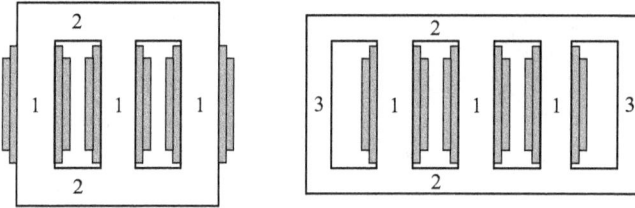

Abb. 5.2: Schenkel (1), Joch (2) und Außenschenkel (3) des Eisenkerns von Drehstromtransformatoren (Kerntransformator links, Manteltransformator rechts)

Die Schenkel sind über ein oben und ein unten liegendes Joch magnetisch miteinander verbunden. Beim Fünfschenkelkerntransformator sind zusätzlich noch zwei freie, unbewickelte Außenschenkel vorhanden, die einen freien magnetischen Rückschluss mit einem sehr geringen magnetischen Widerstand bilden, der für unsymmetrische Betriebszustände eines Transformators vorteilhafte Auswirkungen haben kann (siehe Abschnitt 5.8). Fünfschenkelkerntransformatoren weisen aufgrund des freien magnetischen Rückschlusses eine geringere Baugröße und insbesondere eine geringere Bauhöhe auf, womit sie insbesondere bei großen Leistungen besser transportiert werden können, weil sie noch dem Tunnelprofil, etc. genügen können.

Der magnetische Kreis des Transformatorkerns ist geschichtet aus verlustarmen, kornorientierten dünnen Blechen aufgebaut.

5.1.2 Wicklungen, Kühlung und Bemessungsgrößen von Drehstromtransformatoren

Transformatoren lassen sich hinsichtlich der Anzahl und des Aufbaus der Wicklungen beschreiben. Grundsätzlich unterscheidet man zwischen Voll- und Spartransformatoren, wobei diese jeweils in Zweiwicklungs- (siehe Abbildung 5.3 und Abbildung 5.5) und Dreiwicklungstransformatoren (siehe Abbildung 5.4 und Abbildung 5.6) unterteilt werden können.

Bei Volltransformatoren sind die Wicklungen vollständig galvanisch voneinander getrennt. Es findet eine reine induktive Energieübertragung über den Eisenkern statt,

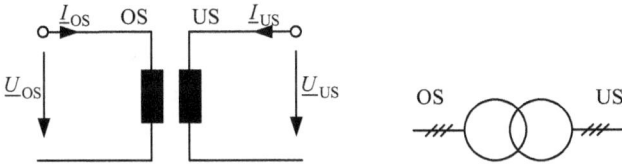

Abb. 5.3: Wicklungsanordnung und Symbol von Zweiwicklungsvolltransformatoren

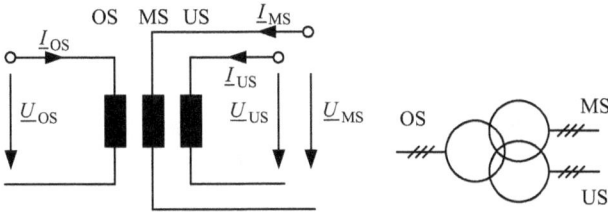

Abb. 5.4: Wicklungsanordnung und Symbol von Dreiwicklungsvolltransformatoren

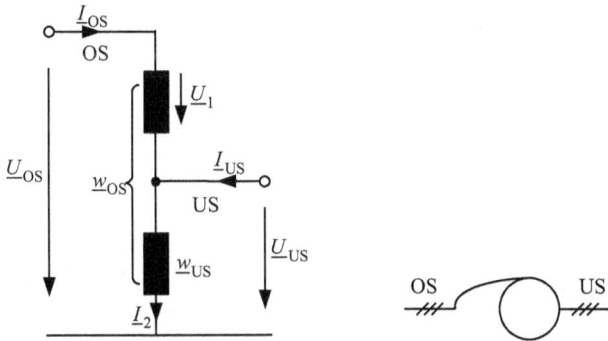

Abb. 5.5: Wicklungsanordnung und Symbol von Zweiwicklungsspartransformatoren

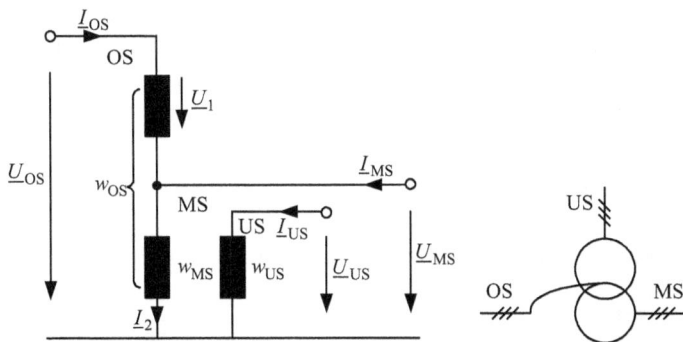

Abb. 5.6: Wicklungsanordnung und Symbol von Dreiwicklungsspartransformatoren

während bei Spartransformatoren (siehe Abschnitt 5.11) die Wicklungen galvanisch verbunden sind, und die Energieübertragung sowohl induktiv als auch galvanisch erfolgt.

Wicklungen von Drehstromtransformatoren setzen sich im Allgemeinen aus mehreren Spulen zusammen, die auch unterschiedlich aufgebaut sein können. Der Aufbau der Wicklungen ist deshalb sehr kompliziert und durch Verschaltungen und Verschachtelungen sehr vielfältig. Damit will man u. a. die Streureaktanzen der Transformatoren verringern, Stromverdrängungseffekte gering halten, die mechanische Festigkeit der Wicklungen erhöhen und auch mögliche Resonanzerscheinungen bei Überspannungen gering halten. Die gebräuchlichsten und wesentlichen Wicklungen sind die Zylinderwicklung (auch Röhrenwicklung), die Scheibenwicklung und die doppelt konzentrische Zylinderwicklung (siehe Abbildung 5.7).

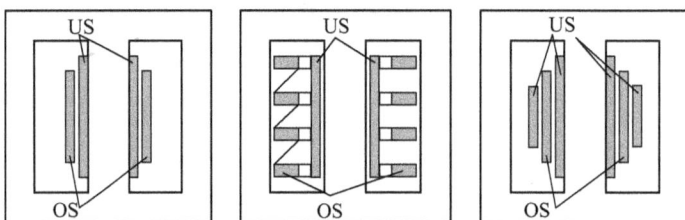

Abb. 5.7: (einfach konzentrische) Zylinder- (links), Scheiben- (Mitte) und doppelt konzentrische Zylinderwicklung (rechts) von Transformatoren

Die Wicklungen im Transformator werden gegeneinander und auch gegenüber dem Transformatorkern sowie -kessel isoliert. Hierfür wird bei geringen Bemessungsspannungen, d. h. für sogenannte Ortsnetztransformatoren für die MS/NS-Umspannung Giesharz und auch SF_6 und bei höheren Spannungen Öl als Isolationsmaterial eingesetzt. Darüber hinaus werden die Transformatoren mit Kühlrippen sowie bei höheren Leistungen auch mit einer aktiven Kühlung z. B. über Luftgebläse ausgestattet. Man unterscheidet u. a. die folgenden Kühlungsarten, wobei sich die ersten beiden Buchstaben auf den inneren und die beiden anderen Buchstaben auf den äußeren Kühlkreislauf beziehen:

- ONAF (Oil Natural Air Forced): Öltransformator mit natürlicher Konvektion und äußerer Zwangskühlung durch Luftgebläse,
- OFAF (Oil Forced Air Forced): wie ONAF aber mit Umwälzpumpen für den Ölkreislauf und
- ONWF (Oil Forced Water Forced): wie ONAF mit äußerer Zwangskühlung durch Wasser.

Die Vorzugswerte der Bemessungsscheinleistungen S_{rT} von Transformatoren bis 10 MVA werden gemäß der Reihe R10 (nach ISO 3 (1973)) angegeben [17]:

$$S_{rT} = (10\ 12{,}5\ 16\ 20\ 25\ 31{,}5\ 40\ 50\ 63\ 80)\,\text{kVA} \times (10\ 100\ 1000\ 10000) \quad (5.1)$$

Die Bemessungsspannungen U_{rT} von Transformatoren orientieren sich an den Netznennspannungen (siehe Band 1, Abschnitt 15.2):

$$U_{rT} = 6,\ 10,\ 20,\ 30,\ 110,\ 220,\ 380\,\text{kV} \quad (5.2)$$

wobei die Primärseiten (Aufnahmeseiten) der Maschinentransformatoren (Blocktransformatoren) und auch die Sekundärseiten (Abgabeseiten) von Ortsnetztransformatoren eine um ca. 5 % höhere Bemessungsspannung aufweisen, wie z. B. 10,5 kV bei Blocktransformatoren.

5.2 Einphasentransformator

Am Beispiel des Einphasentransformators werden die grundlegenden Gleichungen und Ersatzschaltungen für die Modellierung von Transformatoren hergeleitet. Diese werden dann in Abschnitt 5.5 auf die Ersatzschaltungen des Drehstromtransformators für die symmetrischen Komponenten übertragen.

5.2.1 Strom- und Spannungsgleichung und Flussverteilung

Es wird zunächst die Wicklungsanordnung eines einphasigen Zweiwicklungstransformators in Abbildung 5.8 betrachtet. Der ober- und der unterspannungsseitige Strom erzeugen jeweils einen magnetischen Fluss, der sich in einen gemeinsamen Hauptfluss $\underline{\Phi}_h$, der beide Wicklungen vollständig durchsetzt und über den gemeinsamen Eisenkreis aufgrund dessen geringen magnetischen Widerstands geführt wird, und zwei Streuflüsse $\underline{\Phi}_{\sigma OS}$ und $\underline{\Phi}_{\sigma US}$ aufteilt (siehe Band 1, Kapitel 11). Jede Wicklung hat einen eigenen Streufluss. Der Streufluss ist definiert als der magnetische Fluss, der nicht vollständig mit beiden Wicklungen verkettet ist.

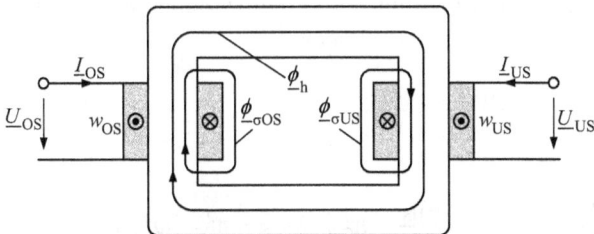

Abb. 5.8: Wicklungsanordnung eines einphasigen Zweiwicklungstransformators

Die zeitlichen Änderungen der magnetischen Flüsse führen zu induzierten Spannungen in den Wicklungen. Zusammen mit den Spannungsabfällen über den ohmschen Wicklungswiderständen R_{OS} und R_{US} und den Streu- und Hauptreaktanzen, die als Proportionalitätsfaktoren zwischen dem ein Magnetfeld erzeugenden Strom und dem daraus resultierenden magnetischen Fluss durch eine Spule fungieren (siehe Band 1, Kapitel 11), lauten die Spannungsgleichungen für die ober- und die unterspannungsseitige Wicklung:

$$\underline{U}_{OS} = (R_{OS} + j\,X_{\sigma OS})\underline{I}_{OS} + \underline{U}_{hOS} \tag{5.3}$$

$$\underline{U}_{US} = (R_{US} + j\,X_{\sigma US})\underline{I}_{US} + \underline{U}_{hUS} \tag{5.4}$$

mit den Streureaktanzen der Ober- und Unterspannungswicklung:

$$X_{\sigma OS} = \omega L_{\sigma OS} = \omega \frac{w_{OS}^2}{R_{m\sigma OS}} = \omega \frac{w_{OS}\Phi_{\sigma OS}}{I_{OS}} \quad \text{und}$$

$$X_{\sigma US} = \omega L_{\sigma US} = \omega \frac{w_{US}^2}{R_{m\sigma US}} = \omega \frac{w_{US}\Phi_{\sigma US}}{I_{US}} \tag{5.5}$$

und den magnetischen Widerständen $R_{m\sigma OS}$ und $R_{m\sigma US}$ der entsprechenden Streuwege sowie den Windungszahlen w_{OS} und w_{US} der beiden Wicklungen.

Die Hauptfeldspannungen $\underline{U}_{hOS}$ und $\underline{U}_{hUS}$ berechnen sich aus dem magnetischen Hauptfluss bzw. mit den Haupreaktanzen und den Magnetisierungsströmen (siehe Band 1, Kapitel 11):

$$\underline{U}_{hOS} = j\,\omega\,w_{OS}\underline{\Phi}_h = j\,\omega\,w_{OS}\frac{w_{OS}\underline{I}_{OS} + w_{US}\underline{I}_{US}}{R_{mh}}$$

$$= j\,\omega\frac{w_{OS}^2}{R_{mh}}\left(\underline{I}_{OS} + \frac{w_{US}}{w_{OS}}\underline{I}_{US}\right) = j\,X_{hOS}\,\underline{I}_{mOS} \tag{5.6}$$

$$\underline{U}_{hUS} = j\,\omega\,w_{US}\underline{\Phi}_h = j\,\omega\,w_{US}\frac{w_{OS}\underline{I}_{OS} + w_{US}\underline{I}_{US}}{R_{mh}}$$

$$= j\,\omega\frac{w_{US}^2}{R_{mh}}\left(\frac{w_{OS}}{w_{US}}\underline{I}_{OS} + \underline{I}_{US}\right) = j\,X_{hUS}\,\underline{I}_{mUS} \tag{5.7}$$

R_{mh} bezeichnet den magnetischen Widerstand des Eisenkreises. Er ist umgekehrt proportional zu den Hauptinduktivitäten. Die beiden Hauptfeldspannungen und die Hauptfeldreaktanzen können über das Verhältnis der Windungszahlen n_{OSUS} (Wicklungsübersetzungsverhältnis) ineinander umgerechnet werden:

$$\frac{\underline{U}_{hOS}}{\underline{U}_{hUS}} = \frac{j\,\omega w_{OS}\underline{\Phi}_h}{j\,\omega w_{US}\underline{\Phi}_h} = \frac{w_{OS}}{w_{US}} = n_{OSUS} \tag{5.8}$$

und:

$$X_{hOS} = \omega L_{hOS} = \omega\frac{w_{OS}^2}{R_{mh}} = \frac{w_{OS}^2}{w_{US}^2}\cdot\omega\frac{w_{US}^2}{R_{mh}} = n_{OSUS}^2 X_{hUS} = n_{OSUS}^2 \omega L_{hUS} \tag{5.9}$$

5.2.2 Ersatzschaltung des Einphasentransformators

Mit dem Wicklungsübersetzungsverhältnis n_{OSUS} lassen sich auch die unterspannungsseitigen Größen auf die Oberspannungsseite und umgekehrt umrechnen, womit die Angabe einer Ersatzschaltung ohne Übertrager möglich wird. Alle Größen werden hierfür auf eine Spannungsebene umgerechnet. Damit werden auch die Widerstände und Reaktanzen mit dem Quadrat des Windungszahlverhältnisses umgerechnet. Es gilt für Gl. (5.4):

$$
\begin{aligned}
\underline{U}'_{US} &= \frac{w_{OS}}{w_{US}}\underline{U}_{US} = \frac{w_{OS}^2}{w_{US}^2}(R_{US} + \mathrm{j}X_{\sigma US})\frac{w_{US}}{w_{OS}}\underline{I}_{US} + \frac{w_{OS}}{w_{US}}\underline{U}_{hUS} \\
&= \left(R'_{US} + \mathrm{j}X'_{\sigma US}\right)\underline{I}'_{US} + \underline{U}'_{hUS}
\end{aligned}
\tag{5.10}
$$

mit (vgl. Gl. (5.8) und Gl. (5.6)):

$$
\underline{U}'_{hUS} = n_{OSUS}\underline{U}_{hUS} = \underline{U}_{hOS} = \mathrm{j}X_{hOS}\left(\underline{I}_{OS} + \underline{I}'_{US}\right) = \mathrm{j}X_{hOS}\underline{I}_{mOS}
\tag{5.11}
$$

Für die auf die Oberspannungsseite umgerechneten Widerstände und Reaktanzen der Unterspannungsseite gilt:

$$
\underline{Z}'_{\sigma US} = R'_{US} + \mathrm{j}X'_{\sigma US} = \frac{w_{OS}^2}{w_{US}^2}(R_{US} + \mathrm{j}X_{\sigma US}) = n_{OSUS}^2(R_{US} + \mathrm{j}X_{\sigma US})
\tag{5.12}
$$

Mit den beiden Spannungsgleichungen in Gl. (5.3) und (5.10) lässt sich die Ersatzschaltung mit auf die Primärseite umgerechneten Sekundärgrößen in Abbildung 5.9 angeben (vgl. Band 1, Abschnitt 7.4.4).

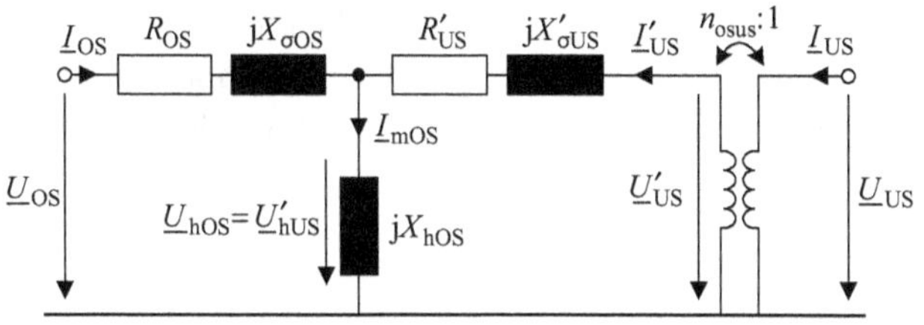

Abb. 5.9: Transformatorersatzschaltung mit auf die Oberspannungsseite umgerechneten unterspannungsseitigen Größen

Dementsprechend können auch die oberspannungsseitigen Größen auf die Unterspannungsseite mit dem Kehrwert des Wicklungsübersetzungsverhältnisses umgerechnet werden. Man erhält dann für die umgerechnete oberspannungsseitige Spannungsgleichung in Gl. (5.3):

$$
\begin{aligned}
\underline{U}'_{OS} &= \frac{w_{US}}{w_{OS}}\underline{U}_{OS} = \frac{w_{US}^2}{w_{OS}^2}(R_{OS} + \mathrm{j}X_{\sigma OS})\frac{w_{OS}}{w_{US}}\underline{I}_{OS} + \frac{w_{US}}{w_{OS}}\underline{U}_{hOS} \\
&= \left(R'_{OS} + \mathrm{j}X'_{\sigma OS}\right)\underline{I}'_{OS} + \underline{U}'_{hOS}
\end{aligned}
\tag{5.13}
$$

mit (vgl. Gl. (5.8) und Gl. (5.7)):

$$\underline{U}'_{\text{hOS}} = \frac{1}{n_{\text{OSUS}}}\underline{U}_{\text{hOS}} = \underline{U}_{\text{hUS}} = jX_{\text{hUS}}\left(\underline{I}'_{\text{OS}} + \underline{I}_{\text{US}}\right) = jX_{\text{hUS}}\underline{I}_{\text{mUS}} \qquad (5.14)$$

und den auf die Unterspannungsseite umgerechneten Widerständen und Reaktanzen der Oberspannungsseite:

$$\underline{Z}'_{\sigma\text{OS}} = R'_{\text{OS}} + jX'_{\sigma\text{OS}} = \frac{w^2_{\text{US}}}{w^2_{\text{OS}}}(R_{\text{OS}} + jX_{\sigma\text{OS}}) = \frac{1}{n^2_{\text{OSUS}}}(R_{\text{OS}} + jX_{\sigma\text{OS}}) \qquad (5.15)$$

Gl. (5.13) und Gl. (5.4) beschreiben die Ersatzschaltung mit auf die Unterspannungsseite umgerechneten oberspannungsseitigen Größen in Abbildung 5.10 (vgl. Band 1, Abschnitt 7.4.4).

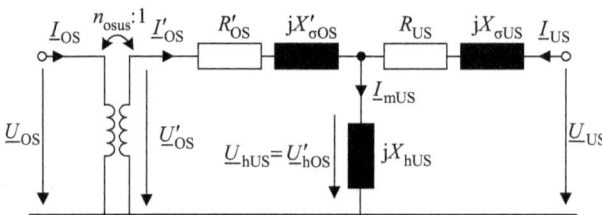

Abb. 5.10: Transformatorersatzschaltung mit auf die Unterspannungsseite umgerechneten oberspannungsseitigen Größen

Die in den Bildern noch eingezeichneten idealen Übertrager dienen der Umrechnung der bezogenen Größen auf die Originalgrößen in der tatsächlichen Spannungsebene mit dem Wicklungsübersetzungsverhältnis. Für die praktische Berechnung werden nur die auf eine Spannungsebene bezogenen Größen verwendet (siehe hierzu Band 3, Abschnitt 2.5).

5.2.3 Vereinfachte Ersatzschaltung eines Einphasentransformators

Die Hauptreaktanz (oder auch Magnetisierungsreaktanz) ist in der Regel um ein Vielfaches größer als die Streuimpedanzen des Transformators. Sie kann deshalb für normale Betriebszustände mit Ausnahme von Transformatorbelastungen nahe des Leerlaufzustandes vernachlässigt werden. Es kann dann für den Einphasentransformator die vereinfachte Ersatzschaltung in Abbildung 5.11 verwendet werden.

Die Längsimpedanz $\underline{Z}_{\text{T}}$ in der vereinfachten Transformatorersatzschaltung in Abbildung 5.11 ist die Summe der oberspannungsseitigen und der auf die Oberspannungsseite umgerechneten unterspannungsseitigen Widerstände und Streureaktanzen:

$$\underline{Z}_{\text{T}} = R_{\text{T}} + jX_{\text{T}} = \underline{Z}_{\sigma\text{OS}} + \underline{Z}'_{\sigma\text{US}} = R_{\text{OS}} + R'_{\text{US}} + j\left(X_{\sigma\text{OS}} + X'_{\sigma\text{US}}\right) \qquad (5.16)$$

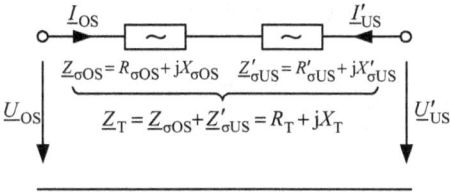

Abb. 5.11: Vereinfachte Transformatorersatzschaltung mit auf die Oberspannungsseite umgerechneten unterspannungsseitigen Größen (ohne Übertrager)

Entsprechend kann auch eine vereinfachte Transformatorersatzschaltung mit auf die Unterspannungsseite umgerechneten oberspannungsseitigen Größen angegeben werden.

5.2.4 Idealer Transformator

Die Annahme einer unendlich großen und damit vernachlässigbaren Magnetisierungsimpedanz geht einher mit der Annahme eines hinsichtlich der Ströme idealen Transformators. Das Ringintegral der magnetischen Feldstärke im Eisenkern in Abbildung 5.8 liefert unter der Voraussetzung einer unendlich großen magnetischen Permeabilität des Eisens ($\mu_{FE} \rightarrow \infty$) den Wert null, womit sich aus dem Durchflutungssatz und der Berechnung der magnetischen Durchflutungen ergibt, dass sich die Ströme umgekehrt proportional zu den Windungszahlen der beiden Wicklungen verhalten:

$$\oint \vec{H} \mathrm{d}\vec{s} \approx 0 = \iint \underline{\vec{S}} \mathrm{d}\vec{A} = w_{OS} \cdot \underline{I}_{OS} - w_{US} \cdot \underline{I}_{US} \quad \Leftrightarrow \quad \frac{\underline{I}_{OS}}{\underline{I}_{US}} = \frac{w_{US}}{w_{OS}} = \frac{1}{n_{OSUS}} \tag{5.17}$$

Einen hinsichtlich der Spannungen idealen Transformator erhält man mit der Annahme einer vollständigen magnetischen Kopplung der beiden Wicklungen, die gleichzeitig auch als verlustlos angenommen werden. Dies bedeutet, dass die Streuflüsse gleich null werden. Über das Induktionsgesetz ergibt sich dann, dass die Wicklungsspannungen sich proportional zu den Windungszahlen der beiden Wicklungen verhalten (siehe Gl. (5.3), (5.4) und (5.8)):

$$\frac{\underline{U}_{OS}}{\underline{U}_{US}} \approx \frac{\underline{U}_{hOS}}{\underline{U}_{hUS}} = \frac{w_{OS}}{w_{US}} = n_{OSUS} \tag{5.18}$$

5.3 Drehstromtransformatoren

5.3.1 Schaltungen von Drehstromwicklungen

Die Wicklungen einer Drehstromseite eines Drehstromtransformators können im Stern (⅄), Dreieck (△) oder im Zickzack (⅄) zusammengeschaltet werden. Diese Schaltungen werden durch die angegebenen Symbole und einen Großbuchstaben Y, D

Tab. 5.1: Schaltungsbezeichnungen, Symbole und Kennbuchstaben von Drehstromtransformator-wicklungen

Schaltung	Symbol	OS-Kennbuchstabe	MS- und US-Kennbuchstabe
Sternschaltung	⋏	Y	y
Dreieckschaltung	△	D	d
Zickzackschaltung	⋏	Z	z

oder Z als Kennbuchstaben für die OS-Wicklung und einen Kleinbuchstaben y, d, z für die MS- und die US-Wicklung gekennzeichnet (siehe Tabelle 5.1).

Bei der Sternschaltung und der Zickzackschaltung steht potentiell ein Sternpunkt zur Verfügung, der für eine Beschaltung und damit eine direkte Erdung oder eine Erdung über eine Impedanz zur Verfügung steht. Ist ein solcher Sternpunkt für eine Beschaltung herausgeführt, wird dies durch ein N für die OS-Wicklung (YN oder ZN) und ein n für die MS- und US-Wicklung (yn oder zn) angegeben.

Bei einem Spartransformator (siehe Abschnitt 5.11) wird der Buchstabe für die Wicklung mit der niedrigeren Spannung durch „auto" oder „a" ersetzt (z. B. YNauto oder YNa" oder YNa0).

Die Sternschaltung (siehe Abbildung 5.12) wird aufgrund ihrer dann höheren Wirtschaftlichkeit bevorzugt für hohe Spannungen eingesetzt, weil die Strangspannungen der Wicklungen, im Folgenden Wicklungsspannungen (Index W), mit einem kleineren Isolationsaufwand und mit geringeren Windungszahlen im Vergleich zur Dreieckschaltung aufgrund der um den Faktor $\sqrt{3}$ geringeren Strangspannung ausgelegt werden können. Bei gleicher Leistung und gleichen verketteten Spannungen werden dann allerdings aufgrund der bei gleicher Leistung höheren Ströme um den Faktor $\sqrt{3}$ größere Leiterquerschnitte im Vergleich zur Dreieckschaltung benötigt (vgl. Band 1, Abschnitt 9.2).

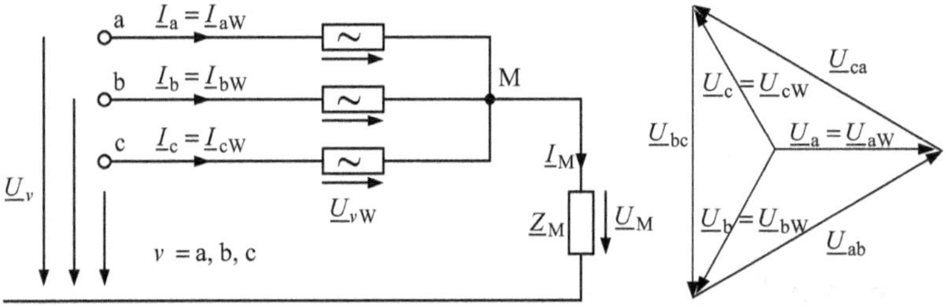

Abb. 5.12: Sternschaltung mit herausgeführtem und beschaltetem Sternpunkt (links) und Zeigerbild für den symmetrischen Betrieb (rechts)

Demgegenüber wird die Dreieckschaltung (siehe Abbildung 5.13) bevorzugt auf der US-Seite aufgrund der dort vorhandenen höheren Ströme (vgl. Gl. (5.17)) verwendet.

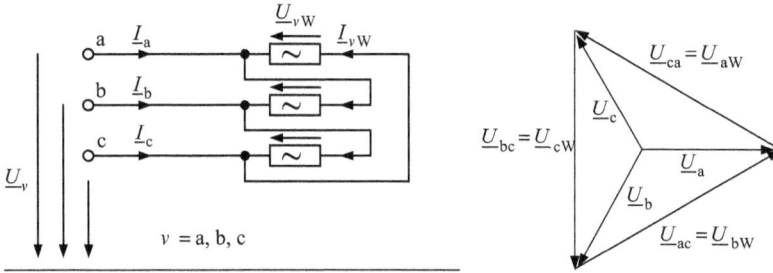

Abb. 5.13: Dreieckschaltung (links) und Zeigerbild für den symmetrischen Betrieb (rechts)

Dabei sind die Strangströme, im Folgenden Wicklungsströme (Index W), um den Faktor $\sqrt{3}$ geringer als die Klemmenströme, wodurch ein geringerer Leiterquerschnitt im Vergleich zur Sternschaltung verwendet werden kann.

In der Dreieckschaltung kann ein Kreisstrom fließen, der bei unsymmetrischen Belastungen für eine hohe Belastbarkeit des Sternpunktes bei einer Sternschaltung der anderen Transformatorseite sorgt (siehe Abschnitt 5.8). Dreieckschaltungen werden aufgrund des höheren Isolationsaufwandes nicht für Netzkuppeltransformatoren verwendet (siehe Abschnitt 5.4.3).

Bei der Zickzackschaltung (siehe Abbildung 5.14) wird die Wicklung eines Strangs jeweils zur Hälfte auf zwei Schenkel des Eisenkerns (Indizes WI und WII) aufgeteilt und in einer Gegenreihenschaltung miteinander verschaltet.

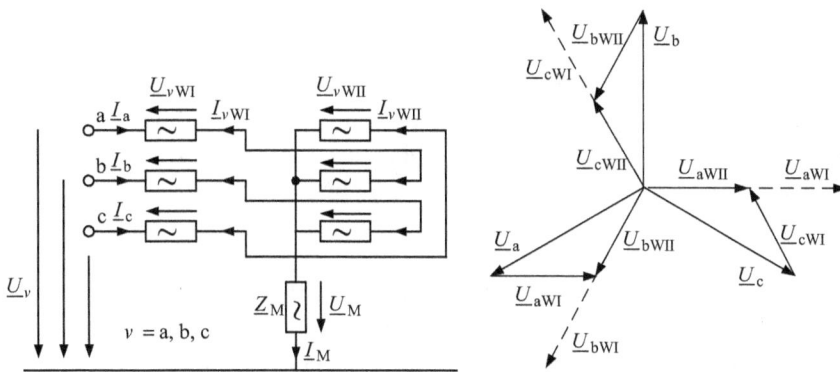

Abb. 5.14: Zickzackschaltung mit herausgeführtem und beschaltetem Sternpunkt (links) und Zeigerbild für den symmetrischen Betrieb (rechts)

Hierdurch wird eine hohe Sternpunktbelastbarkeit (siehe Abschnitt 5.8) der Zickzackschaltung gewährleistet. Aufgrund der unterschiedlichen Phasenwinkel der beiden Teilspannungen einer Wicklung der Zickzackschaltung ist im Vergleich zu den beiden anderen Wicklungen ein erhöhter Materialaufwand erforderlich, der die Zickzackschaltung teurer macht. Sie wird deshalb nur bei kleinen Verteilnetztransformatoren, insbesondere Ortsnetztransformatoren, eingesetzt. Bei Maschinentransformatoren und größeren Verteilnetztransformatoren wird die Dreieckschaltung bevorzugt (siehe Abschnitt 5.4).

5.3.2 Schaltgruppen von Drehstromtransformatoren

Die Stern-, Dreieck- und die Zickzackschaltung führen zu einer Phasendrehung und Betragsänderung zwischen den Wicklungs- und den Klemmengrößen der Schaltung, wobei die Wicklungsgrößen entsprechend dem Windungszahlverhältnis zwischen der OS- und der US-Wicklung übersetzt werden. Damit entsteht in Abhängigkeit von der Kombination der Wicklungsschaltungen zwischen den Klemmengrößen der OS- und US-Wicklung eine Phasenverschiebung, die von 0° bis 360° in 30°-Sprüngen reicht. Durch die Kombination verschiedener Schaltungen für die OS- und die US-Wicklung entstehen die sogenannten Schaltgruppen.

Jede Schaltgruppe eines Zweiwicklungstransformators ist mindestens durch zwei Kennbuchstaben, die die Schaltungen der OS- und US-Wicklung beschreiben (vgl. Tabelle 5.1) und eine Kennzahl k gekennzeichnet. Diese Kennzahl gibt das Vielfache von 30° an, um die die Zeiger der Strangspannungen der US-Wicklung im symmetrischen Betrieb denen der OS-Wicklung nacheilen. Es gilt:

$$\text{Schaltgruppe} = \{\text{Kennbuchstabe OS}\}\,\{\text{Kennbuchstabe US}\}\,\{\text{Kennzahl } k\} \qquad (5.19)$$

Bei einem herausgeführten Sternpunkt würde dem jeweiligen Kennbuchstaben noch ein N für die OS- bzw. ein n für die US-Wicklung angehängt. Z. B. bedeutet die Bezeichnung YNd5, dass die Oberspannungswicklung als Sternwicklung mit herausgeführten Sternpunkt und die Unterspannungswicklung als Dreieckschaltung ausgeführt sind.

Anhand des Wicklungsschaltbildes in Abbildung 5.15 für einen solchen YNd5-Transformator und dem zugehörigen Zeigerbild in Abbildung 5.16 ist die Entstehung der Phasenverschiebung und die Betragsveränderung ersichtlich. Die Wicklungsgrößen werden mit dem Verhältnis der Windungszahlen n_{OSUS} übersetzt. Hier entsteht noch keine Phasenverschiebung bzw. ggf. eine Phasenverschiebung um 180° (vgl. die Wicklungsspannungen der OS-und der US-Seite in Abbildung 5.16). Erst durch die Stern-, Dreieck- bzw. Zickzackschaltungen auf den beiden Transformatorseiten erhalten die Klemmengrößen die Phasenverschiebung und eine weitere Betragsveränderung. Zwischen den Strangspannungen der Anschlussklemmen der OS- und US-Seite in Abbildung 5.15 besteht eine Phasenverschiebung von $k \cdot 30° = 150°$ (siehe Abbildung 5.16).

Entsprechend zeigt Abbildung 5.17 das Wicklungsschaltbild und Abbildung 5.18 das Zeigerbild für einen YNzn5-Transformator. Hier werden ebenfalls die Wicklungsgrößen ohne bzw. mit einer Phasenverschiebung von 180° und mit dem Windungszahlverhältnis übersetzt. Aus den Wicklungsspanungen ergeben sich die jeweiligen

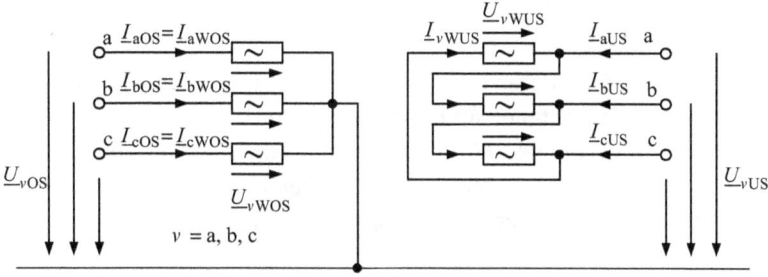

Abb. 5.15: Wicklungsschaltbild eines YNd5-Transformators

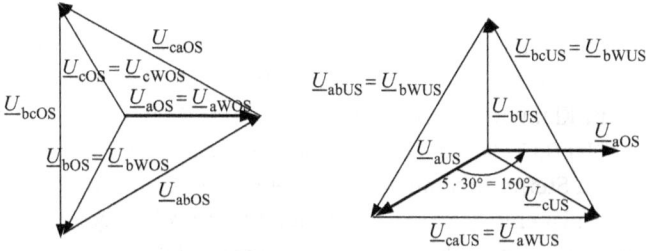

Abb. 5.16: Zeigerbild für die Klemmen- und Wicklungsspannungen eines YNd5-Transformators

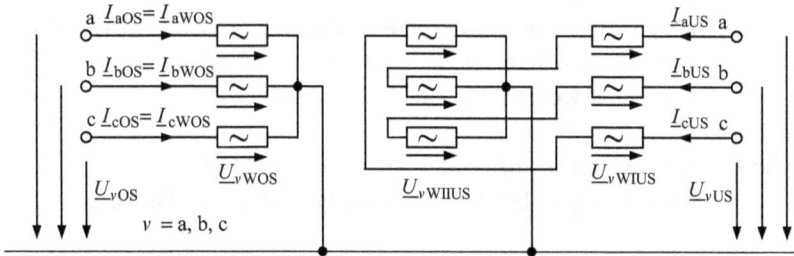

Abb. 5.17: Wicklungsschaltbild eines YNzn5-Transformators

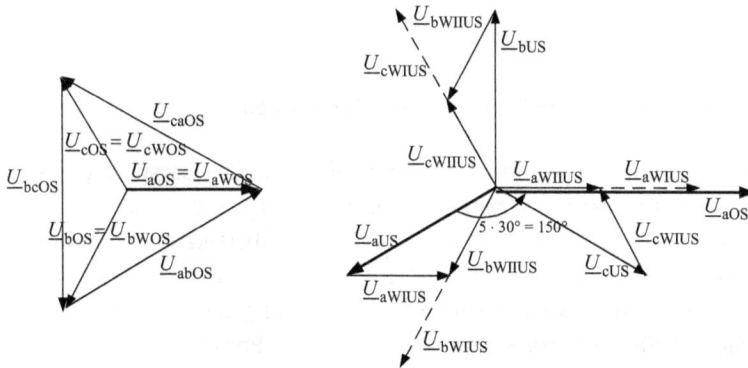

Abb. 5.18: Zeigerbild für die Klemmen- und Wicklungsspannungen eines YNzn5-Transformators

Klemmenspannungen mit einer Phasenverschiebung und Betragsveränderung. Die Phasenverschiebung beträgt $k \cdot 30° = 5 \cdot 30° = 150°$.

Bei Dreiwicklungstransformatoren erfolgt die Kennzeichnung analog. Anstatt von zwei werden nun drei Kennbuchstaben für die OS-, MS- und US-Wicklung ggf. mit Ergänzung um ein N oder n verwendet. Für die Kennbuchstaben der MS- und der US-Wicklungen werden Kleinbuchstaben verwendet. Es werden bis zu zwei Kennzahlen benötigt, die die Phasenverschiebung der MS- und ggf. der US-Wicklung gegenüber der OS-Wicklung angeben:

$$\text{Schaltgruppe} = \{\text{Kennbuchstabe OS}\} \, \{\text{Kennbuchstabe MS}\} \, \{\text{Kennzahl } k_{\text{OS-MS}}\}$$
$$\{\text{Kennbuchstabe US}\} \, \{\text{Kennzahl } k_{\text{OS-US}}\} \qquad (5.20)$$

Dabei wird, falls die US-Wicklung keine Leistungswicklung, sondern nur eine Ausgleichswicklung ist, auf die Angabe dieser Kennzahl verzichtet und der Kennbuchstabe der Ausgleichswicklung in Klammern geschrieben, z. B. YNy(d)0. Beispielsweise bedeutet die Bezeichnung YNyn0d5, dass die OS-und die MS-Wicklung im Stern mit jeweils einem herausgeführten Sternpunkt mit einer Phasenverschiebung von 0° geschaltet sind. Die US-Wicklung ist eine Leistungswicklung, die im Dreieck geschaltet ist und deren Klemmenspannung mit einer Phasenverschiebung von 150 °C gegenüber der Klemmenspannung der OS-Seite nacheilt.

In Tabelle 5.2 sind zwölf Schaltgruppen nach [17] angegeben, die im Energieversorgungsnetz verschiedene typische Einsatzgebiete haben (vgl. Abschnitt 5.4). Die vier grau hinterlegten Schaltgruppen kennzeichnen die sogenannten Vorzugsschaltgruppen, die bevorzugt eingesetzt werden. Für die Auswahl einer Schaltgruppe sind die folgenden Aspekte wichtige Kriterien:

– Parallelbetrieb mit weiteren Transformatoren (siehe Abschnitt 5.10),
– Spannungsbeanspruchungen der Wicklungsstränge (Isolation) (siehe dazu Abschnitt 5.3.1),
– Sternpunktbelastbarkeit im Dauerbetrieb und bei einpoligem Erdkurzschluss (siehe Abschnitt 5.8).

5.3.3 Übersetzungsverhältnis von Drehstromtransformatoren

Für die Umrechnung der unterspannungsseitigen Größen auf die Oberspannungsseite und umgekehrt ist für Drehstromtransformatoren anstatt des Wicklungsübersetzungsverhältnisses n_{OSUS} (vgl. Abschnitt 5.2) das komplexe Übersetzungsverhältnis $\underline{\ddot{u}}$ zu verwenden, das sich zum einen aus dem Wicklungsübersetzungsverhältnis n_{OSUS} und dem komplexen, von der jeweiligen Schaltgruppe abhängigen Term $\underline{m}_{\text{SG}}$ zusammensetzt, der die endgültige Betragsveränderung und die Phasendrehung berücksichtigt. Das Übersetzungsverhältnis kann alternativ auch über die Bemessungsspannungen der Ober- und der Unterspannungsseite U_{rTOS} und U_{rTUS} des Transformators

Tab. 5.2: Auswahl von Schaltgruppen nach [17]

Kennzahl	Schaltgruppe	Zeigerbild OS US	Schaltungsbild OS US
0	Dd0		1U 2U / 1V 2V / 1W 2W
	Yy0		1U 2U / 1V 2V / 1W 2W
	Dz0		1U 2U / 1V 2V / 1W 2W
5	Dy5		U U / V V / W W
	Yd5		U U / V V / W W
	Yz5		U U / V V / W W
6	Dd6		U U / V V / W W
	Yy6		U U / V V / W W
	Dz6		U U / V V / W W
11	Dy11		U U / V V / W W
	Yd11		U U / V V / W W
	Yz11		U U / V V / W W

kennzeichnet die Vorzugsschaltgruppen

und die Kennzahl k für die Schaltgruppe bestimmt werden:

$$\underline{\ddot{u}} = \ddot{u} \cdot e^{j\,k\frac{\pi}{6}} = \underline{m}_{SG}\,n_{OSUS} = \underline{m}_{SG}\frac{w_{OS}}{w_{US}} = \frac{U_{rTOS}}{U_{rTUS}}e^{j\,k\frac{\pi}{6}} \tag{5.21}$$

Für den YNd5- und den Yzn5-Transformator entsprechend Abbildung 5.15 und Abbildung 5.16 bzw. Abbildung 5.17 und Abbildung 5.18 ergibt sich beispielhaft mit $k = 5$ ein Übersetzungsverhältnis von:

$$\underline{\ddot{u}} = \sqrt{3}\,e^{j\,5\frac{\pi}{6}}\frac{w_{OS}}{w_{US}} \tag{5.22}$$

Entsprechend lauten die Gleichungen für die Umrechnung der Spannungen, Ströme und Impedanzen von der Unterspannungsseite auf die Oberspannungsseite und umgekehrt (vgl. Gl. (5.10) und Gl. (5.13) sowie Tabelle 5.3):

$$\underline{U}'_{US} = \underline{\ddot{u}} \cdot \underline{U}_{US}, \quad \underline{I}'_{US} = \frac{1}{\underline{\ddot{u}}^*}\underline{I}_{US} \quad \text{und} \quad \underline{Z}'_{US} = \underline{\ddot{u}} \cdot \underline{\ddot{u}}^* \cdot \underline{Z}_{US} = \ddot{u}^2 \cdot \underline{Z}_{US} \tag{5.23}$$

bzw.

$$\underline{U}'_{OS} = \frac{1}{\underline{\ddot{u}}} \cdot \underline{U}_{OS}, \quad \underline{I}'_{OS} = \underline{\ddot{u}}^*\underline{I}_{OS} \quad \text{und} \quad \underline{Z}'_{OS} = \frac{1}{\underline{\ddot{u}} \cdot \underline{\ddot{u}}^*} \cdot \underline{Z}_{OS} = \frac{1}{\ddot{u}^2} \cdot \underline{Z}_{OS} \tag{5.24}$$

Tab. 5.3: Beschreibung der Umrechnungsbeziehungen zwischen der OS- und der US-Seite eines Transformators durch ideale Übertrager

Elektrische Größen	Gleichungen für die Umrechnung [1]	Umrechung von US- auf OS-Seite	Umrechung von OS- auf US-Seite
Spannungen	$\dfrac{\underline{U}'_{US}}{\underline{U}_{US}} = \dfrac{\underline{U}'_{OS}}{\underline{U}_{OS}} = \underline{\ddot{u}}$	$\underline{U}'_{US} = \underline{\ddot{u}}\underline{U}_{US}$	$\underline{U}'_{OS} = \dfrac{1}{\underline{\ddot{u}}}\underline{U}_{OS}$
Ströme	$\dfrac{\underline{I}_{OS}}{\underline{I}'_{OS}} = \dfrac{\underline{I}'_{US}}{\underline{I}_{US}} = \underline{\ddot{u}}$	$\underline{I}'_{US} = \dfrac{1}{\underline{\ddot{u}}^*}\underline{I}_{US}$	$\underline{I}'_{OS} = \underline{\ddot{u}}^*\underline{I}_{OS}$
Impedanzen	$\dfrac{\underline{Z}'_{US}}{\underline{Z}_{US}} = \dfrac{\underline{Z}_{OS}}{\underline{Z}'_{OS}} = \underline{\ddot{u}}$	$\underline{Z}'_{US} = \ddot{u}^2\underline{Z}_{US}$	$\underline{Z}'_{OS} = \dfrac{1}{\ddot{u}^2}\underline{Z}_{OS}$

[1] Annahme: idealer Übertrager (streuungsfrei ($\mu_{FE} \to \infty$) und verlustlos)

5.4 Einsatz von Drehstromtransformatoren

Drehstromtransformatoren werden in unterschiedlichen Funktionen in elektrischen Energieversorgungsnetzen eingesetzt (siehe Abbildung 5.19). Man unterscheidet zwischen:
- Maschinen- oder Blocktransformatoren,
- Blockeigenbedarfstransformatoren,
- Netzkuppeltransformatoren,
- Verteilungstransformatoren und
- Ortsnetztransformatoren.

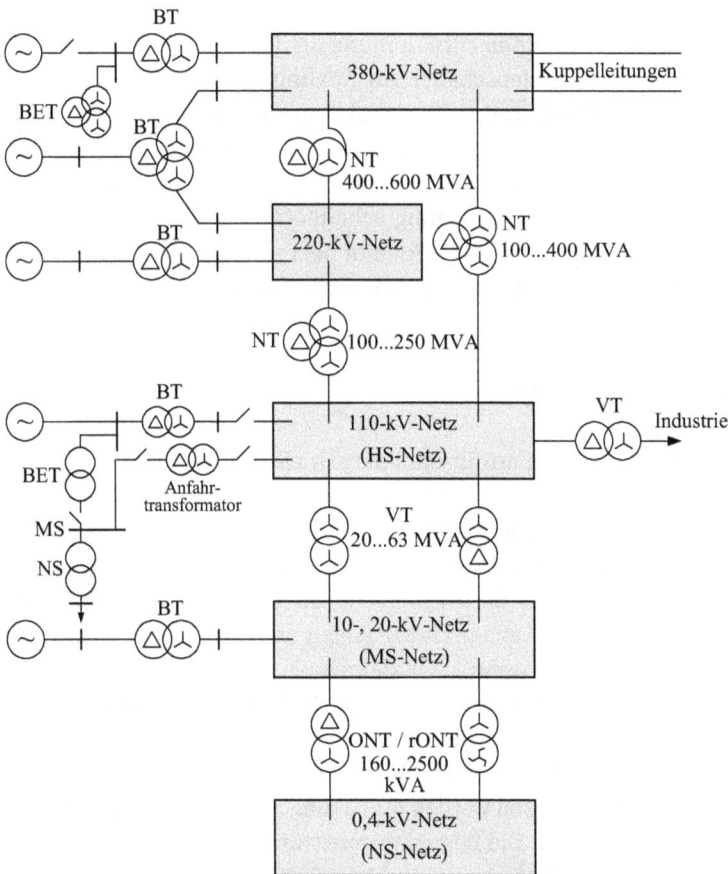

Abb. 5.19: Einsatz von Transformatoren in Elektroenergieversorgungsnetzen (BT Block- oder Maschinentransformator, BET Blockeigenbedarfstransformator, NT Netzkuppeltransformator, VT Verteilungstransformator, ONT Ortsnetztransformator, rONT regelbarer Ortsnetztransformator)

5.4.1 Maschinen- oder Blocktransformatoren

Maschinen- oder Blocktransformatoren transformieren die Generatorausgangsspannungen in Kraftwerken auf die Spannungen in der HS- oder HöS-Ebene, da ein Weitertransport der großen Leistungen mit kleinen Spannungen unwirtschaftlich ist und zu großen Spannungsabfällen führen würde. Sie zählen damit zu den größten eingesetzten Transformatoren und werden als ölgefüllte Drehstromtransformatoren mit entsprechenden Kühleinrichtungen ausgeführt. Auf der Unterspannungsseite (Generatorseite), die aufgrund der Leistungsflussrichtung der Primärseite des Transformators entspricht, werden Bemessungsspannungen von 6,3 kV bei kleinen Blockgrößen mit Bemessungsleistungen von bis zu ca. 40 MVA und Bemessungsspannungen von bis zu 27 kV bei großen Kraftwerksblöcken mit Bemessungsleistungen von mehr als 1000 MVA verwendet.

Maschinentransformatoren werden zur Erhöhung der Redundanz auch paarweise aufgestellt, sind mit einem Stufenschalter zur Spannungsregelung ausgestattet und weisen in der Regel die Schaltgruppe YNd5 (vgl. Tabelle 5.2) auf. Generator und Maschinentransformator werden zusammen als Generatorblock bezeichnet. Auf der Unterspannungsseite befindet sich zwischen Generator und Maschinentransformator üblicherweise mindestens ein Generatorleistungsschalter (vgl. Band 1, Abschnitt 17.1), mit dem der Generator vom Maschinentransformator bei Fehlern in der Generatorableitung bzw. am Maschinentransformator getrennt werden kann.

5.4.2 Blockeigenbedarfstransformatoren

Kraftwerke haben einen Energiebedarf für die internen elektrischen Einrichtungen, Anlagen und Antriebe des Kraftwerks. Einen großen Anteil an diesem Eigenbedarf haben z. B. in Dampfkraftwerken üblicherweise die Speisewasserpumpen und die Kühlwasserpumpen. In Kohlekraftwerken haben auch die Antriebe der Kohlemühlen, die Frischluft- und Saugzuggebläse, die E-Filter und die zahlreichen Umwälzpumpen der Rauchgasreinigungsanlage einen großen Anteil am Eigenbedarf. Aber auch Windenergieanlagen haben einen, wenn auch kleinen (< 1 %) Eigenbedarf für z. B. die Steuerung, Regelung oder Überdruckbelüftung bei Offshore-Windenergieanlagen. Dieser Eigenbedarf wird im normalen Betrieb über einen oder zwei Eigenbedarfstransformatoren, die an die Generatorklemmen (nach dem Generatorleistungsschalter auf der Transformatorseite) angeschlossen werden und häufig die Schaltgruppe Yy0 (isolierter Sternpunkt) haben, gedeckt. Die Bemessungsleistungen dieser Transformatoren entsprechen der Höhe des elektrischen Eigenbedarfs, der z. B. bei Kohlekraftwerken zwischen 10 % und 15 % der Bruttoengpassleistung (siehe Band 1, Abschnitt 13.4) des Kraftwerkes entspricht.

5.4.3 Netzkuppeltransformatoren

Netzkuppeltransformatoren koppeln Netze der HS- und HöS-Ebene miteinander. Sie sind Dreiwicklungstransformatoren mit der Schaltgruppe Yy0d5, wobei die dritte Wicklung eine sogenannte Ausgleichswicklung ist. Die Ausgleichswicklung ist eine nicht beschaltete Wicklung in Dreieckschaltung, die bei unsymmetrischen Betriebszuständen die Sternpunktbelastbarkeit eines Transformators durch das Aufbringen einer Gegendurchflutung erhöht (siehe Abschnitt 5.8). Netzkuppeltransformatoren können wie folgt unterschieden werden:

- Direktkuppeltransformatoren für die Kopplung des 380-kV-HöS-Netzes mit dem HS-Netz mit Bemessungsleistungen zwischen 300 bis 400 MVA (siehe Abbildung 5.20),
- Netzkuppeltransformatoren für die Kopplung des 220-kV-HöS-Netzes mit dem HS-Netz mit Bemessungsleistungen zwischen 100 bis 300 MVA,
- Verbundkuppeltransformatoren für die Kopplung des 380-kV-HöS-Netzes mit dem 220-kV-HöS-Netz mit Bemessungsleistungen zwischen 400 bis 600 MVA. Verbundkuppeltransformatoren werden auch als Spartransformatoren (siehe Abschnitt 5.11) ausgeführt.

Netzkuppeltransformatoren werden mit einem Stufenschalter auf der OS-Seite zur Spannungsregelung ausgestattet.

Abb. 5.20: Direktkuppeltransformator im UW Flensburg, Quelle: TenneT TSO GmbH

5.4.4 Verteilungstransformatoren

Verteilungstransformatoren (siehe Abbildung 5.21) koppeln Netze der HS-Ebene mit denen der MS-Ebene. Netzkuppeltransformatoren sind Zweiwicklungstransformatoren mit der Schaltgruppe Yd5 oder Yd11. Sie werden auch als Netztransformatoren bezeichnet und haben Bemessungsleistungen im Bereich zwischen 15 bis 63 MVA. Verteilungstransformatoren werden auf der OS-Seite mit einem Stufenschalter zur Spannungsregelung ausgestattet.

Abb. 5.21: HS/MS-Verteilungstransformator, Quelle: Avacon AG

5.4.5 Ortsnetztransformatoren

Ortsnetztransformatoren (siehe Abbildung 5.22) koppeln MS- mit NS-Netzen. Da es aufgrund der einphasigen Belastungen des NS-Drehstromnetzes zu Unsymmetrien im NS-Netz und damit zu einer Belastung des Sternpunktes kommt, werden Ortsnetztransformatoren mit einer Stern- oder einer Zickzackwicklung, deren Sternpunkt geerdet ist, ausgestattet. Typische Vorzugsschaltgruppen sind Dyn5 und Yzn5 (vgl. Tabelle 5.2). Beide Schaltgruppen ermöglichen eine hohe Sternpunktbelastbarkeit (siehe Abschnitt 5.8). Die Bemessungsleistungen der Ortsnetztransformatoren liegen typischerweise im kVA-Bereich, können sich aber im Bereich zwischen 160 kVA bis zu 2,5 MVA bewegen. Ortsnetztransformatoren verfügen über einen Umsteller. Sie

Abb. 5.22: Flüssigkeitsgefüllter (Mineralöl) Ortsnetztransformator (50 kVA bis 2,5 MVA, 6 kV bis 33 kV (OS-Seite), 200 V bis 1 kV (US-Seite), Quelle: Siemens AG

werden aber zunehmend auch mit einem Stufenschalter zur Spannungsregelung ausgestattet (regelbarer Ortsnetztransformator (rONT)). Üblicherweise werden Ortsnetztransformatoren als flüssigkeitsgefüllte (typischerweise Mineralöl oder Esther) Transformatoren wie in Abbildung 5.22 ausgeführt, es können aber auch Gießharztransformatoren (auch Trockentransformatoren), insbesondere in brandgefährdeten oder besonderen Wasserschutzgebieten, eingesetzt werden (siehe Abbildung 5.23). Wichtige Unterschiede gegenüber den ölgefüllten Transformatoren sind u. a. der Entfall der Ölauffanggrube, die leichte Ortsveränderlichkeit, die weitgehende Wartungsfreiheit, die geringere Durchschlagfestigkeit, die schlechtere Wärmeabführung, die größeren Abmessungen und der höhere Materialaufwand.

Ortsnetztransformatoren werden heute zusammen mit den MS- und NS-Anschlüssen einschließlich des Schaltschrankes mit Sicherungen etc. als begehbare oder nichtbegehbare Kompaktstation geliefert und aufgestellt.

Abb. 5.23: Gießharz-Ortsnetztransformator
(bis 3,15 MVA, bis 36 kV (OS-Seite), bis 1 kV
(US-Seite), Quelle: Siemens AG

5.5 Ersatzschaltungen für die Symmetrischen Komponenten

Durch die Entkopplung eines Dreiphasensystems in die drei entkoppelten Einphasensysteme der Symmetrischen Komponenten (siehe Band 1, Kapitel 20) können auch für den Transformator einphasige Strangersatzschaltungen für das Mit-, Gegen- und Nullsystem angegeben werden. Dabei kann auf die in Abschnitt 5.2 beschriebene Herleitung für den Einphasentransformator und die Vereinfachungen in Abschnitt 5.2.3, sowie die Erweiterungen für den Drehstromtransformator in Abschnitt 5.3 zurückgegriffen werden.

5.5.1 Ersatzschaltung für das Mitsystem

Die Ersatzschaltung des Transformators für das Mitsystem in Abbildung 5.24 entspricht der Ersatzschaltung des Einphasentransformators in Abbildung 5.9.

Es kann durch Vernachlässigung der Magnetisierungsimpedanz in die vereinfachte Ersatzschaltung in Abbildung 5.25 überführt werden.

Das Übersetzungsverhältnis $\underline{\ddot{u}}_1$ für die Umrechnung der Mitsystemgrößen (vgl. Abschnitt 5.3.3) berechnet sich aus:

$$\underline{\ddot{u}}_1 = \ddot{u} \cdot e^{j\,k\frac{\pi}{6}} = \frac{U_{\text{rTOS}}}{U_{\text{rTUS}}} e^{j\,k\frac{\pi}{6}} \tag{5.25}$$

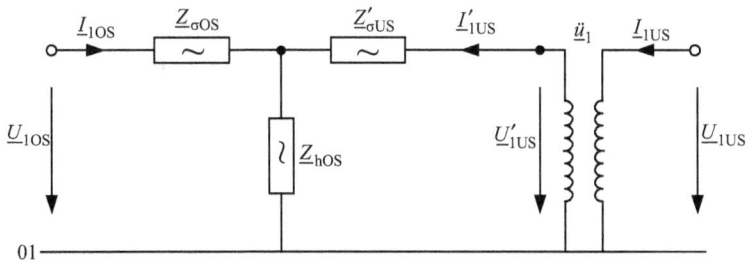

Abb. 5.24: Transformatorersatzschaltung für das Mitsystem mit auf die Oberspannungsseite umgerechneten unterspannungsseitigen Größen

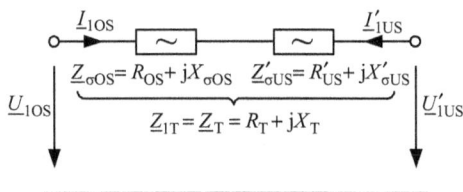

Abb. 5.25: Vereinfachte Transformatorersatzschaltung für das Mitsystem mit auf die Oberspannungsseite umgerechneten unterspannungsseitigen Größen

5.5.2 Ersatzschaltung für das Gegensystem

Die Ersatzschaltung für das Gegensystem des Transformators in Abbildung 5.26 bzw. die vereinfachte Ersatzschaltung in Abbildung 5.27 entsprechen den jeweiligen Ersatzschaltungen für das Mitsystem mit dem einzigen Unterschied, dass das Übersetzungsverhältnis $\underline{ü}_2$ konjugiert komplex zu dem des Mitsystems ist:

$$\underline{ü}_2 = \underline{ü}_1^* = ü \cdot e^{-j\,k\frac{\pi}{6}} = \frac{U_{rTOS}}{U_{rTUS}} e^{-j\,k\frac{\pi}{6}} \tag{5.26}$$

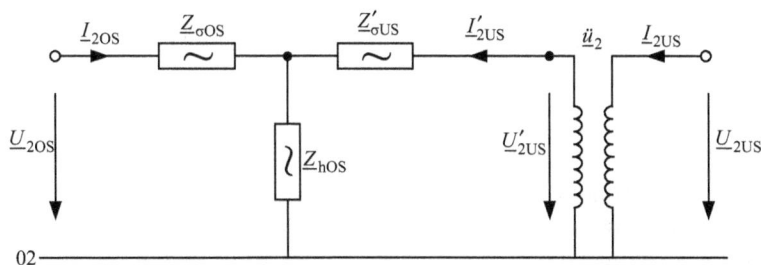

Abb. 5.26: Transformatorersatzschaltung für das Gegensystem mit auf die Oberspannungsseite umgerechneten unterspannungsseitigen Größen

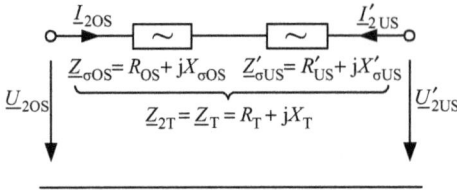

Abb. 5.27: Vereinfachte Transformatorersatzschaltung für das Gegensystem mit auf die Oberspannungsseite umgerechneten unterspannungsseitigen Größen

5.5.3 Ersatzschaltung für das Nullsystem

Die Topologie und die Parameter der Ersatzschaltung für das Nullsystem hängen von den folgenden Eigenschaften des Transformators ab:
- Schaltgruppe des Transformators,
- Sternpunkterdungen der Wicklungen und
- Kernbauart des Transformators.

Der Einfluss dieser Eigenschaften auf die Nullsystemersatzschaltung wird am Beispiel des YNd5-Transformators in Abbildung 5.28 erläutert.

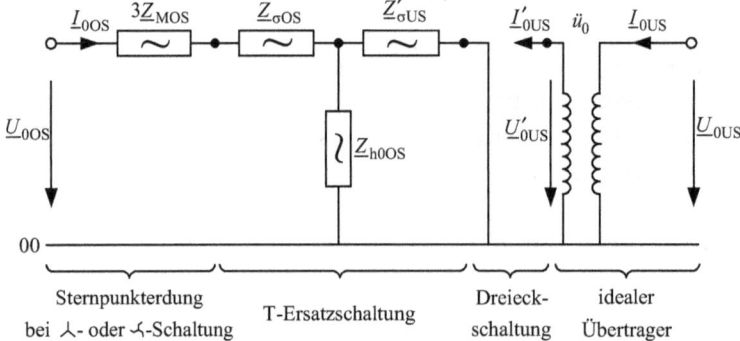

Abb. 5.28: Ersatzschaltung für das Nullsystem eines YNd5-Transformators mit auf die Oberspannungsseite umgerechneten unterspannungsseitigen Größen

Der Kern der Ersatzschaltung für das Nullsystem ist die T-Ersatzschaltung des einphasigen Transformators in Abbildung 5.9 mit entweder auf die OS-Seite umgerechneten unterspannungsseitigen Größen (wie in Abbildung 5.28) oder mit auf die US-Seite umgerechneten oberspannungsseitigen Größen. Das Übersetzungsverhältnis $\ddot{u}_0$ für das Nullsystem ist reell und berechnet sich aus:

$$\ddot{u}_0 = \ddot{u} = \frac{U_{\mathrm{rTOS}}}{U_{\mathrm{rTUS}}} \tag{5.27}$$

Dieser Kern ist für alle Schaltgruppen identisch und beschreibt die Strom- und Spannungsverhältnisse über die Wicklungswiderstände, Streu- und Hauptreaktanzen der

Wicklungen im Inneren der Transformatoren. Die Wicklungswiderstände und Streu-reaktanzen werden dabei gleich groß wie die des Mit- und Gegensystems angenom-men. Demgegenüber unterscheidet sich die Hauptreaktanz des Nullsystems von der des Mit- und Gegensystems in Anhängigkeit von der Ausführung des Eisenkerns. Drehstrombänke und Fünfschenkeltransformatoren verfügen über einen freien ma-gnetischen Rückschluss mit einem entsprechenden geringen magnetischen Wider-stand. Demgegenüber kann sich bei einem Dreischenkeltransformator der magneti-sche Fluss eines Nullsystems nur außerhalb des Eisenkreises, über einen wesentlich größeren magnetischen Widerstand R_{mh} schließen. Entsprechend Gl. (5.6) wird die Hauptreaktanz $X_{\mathrm{h}0}$ des Nullsystems von Dreischenkeltransformatoren deutlich klei-ner als die des Mitsystems X_{h}. Sie liegt im Bereich $X_{\mathrm{h}0} \approx (4 \ldots 8) X_{\mathrm{T}}$ und darf deshalb in der Regel im Nullsystem nicht vernachlässigt werden. Bei Drehstrombänken und Fünfschenkeltransformatoren ist diese Vernachlässigung für normale Betriebszustän-de, die nicht in der Nähe des Leerlaufbetriebs liegen, dagegen zulässig.

An den inneren Klemmen dieser T-Ersatzschaltung sind nun die Eigenschaften der Schaltgruppe für das Nullsystem zu berücksichtigen. Bei der Stern- und Zick-zackschaltung kann ein Nullsystemstrom nur fließen (vgl. Abbildung 5.12 und Ab-bildung 5.14), wenn der Sternpunkt geerdet ist. Es fließt dann der dreifache Nullsys-temstrom über die Sternpunkt-Erde-Impedanz $\underline{Z}_{\mathrm{MOS}}$ bzw. $\underline{Z}_{\mathrm{MUS}}$. In der Nullsystemer-satzschaltung für den Beispieltransformator in Abbildung 5.28 ist deshalb die durch den einfachen Nullsystemstrom durchflossene Sternpunkt-Erde-Impedanz $\underline{Z}_{\mathrm{MOS}}$ mit ihrem dreifachen Wert (vgl. Band 1, Abschnitt 20.5) in Reihe mit der im Stern geschal-teten OS-Seite eingezeichnet. Ist der Sternpunkt nicht geerdet, so gilt $\underline{Z}_{\mathrm{MOS}} \to \infty$, es liegt eine Unterbrechung vor, und es kann kein Nullsystemstrom fließen. Wäre die OS-Seite im Zickzack geschaltet, wäre ebenfalls die Sternpunkt-Erde-Impedanz $\underline{Z}_{\mathrm{MOS}}$ mit ihrem dreifachen Wert einzuzeichnen.

Bei einer Dreieckschaltung kann an den Anschlussklemmen auf Grund der nicht vorhandenen Verbindung zum Nullleiter kein in allen drei Leitern gleichphasiger Nullsystemstrom fließen. Demzufolge ist in der Nullsystemersatzschaltung des YNd5-Transformators in Abbildung 5.28 auch eine Unterbrechung an den Klemmen der im Dreieck geschalteten Unterspannungsseite eingezeichnet. In den drei Wicklungs-strängen der Dreieckschaltung der Unterspannungsseite können allerdings Nullsys-temspannungen induziert werden, wenn in den Wicklungssträngen einer oberspan-nungsseitigen sternpunktgeerdeten Stern- oder Zickzackschaltung Nullsystemströme fließen. Diese induzierten Nullsystemspannungen in den Wicklungssträngen führen ihrerseits zu Nullsystemströmen, die innerhalb der Dreieckwicklung als Kreisstrom fließen (vgl. Band 1, Abschnitt 20.5). Dies wird in der Nullsystemersatzschaltung in Abbildung 5.28 durch die Kurzschlussverbindung an den inneren Klemmen der T-Ersatzschaltung auf der Dreieckseite nachgebildet.

Allgemein sollte eine Nullsystemersatzschaltung eines Transformators ausge-hend von der inneren T-Ersatzschaltung aufgebaut werden. Es sind dann nur noch die Spezifika der Schaltungen der Wicklungen einzuarbeiten. Dabei wird auch klar, dass ein Nullsystem nur übertragen werden kann, wenn beide Seiten des Transformators über geerdete Sternpunkte verfügen. Sind die Sternpunkte nicht geerdet oder ist eine Transformatorseite im Dreieck geschaltet, ist die Eingangsimpedanz dieser Transformatorseite aufgrund der vorhandenen Unterbrechung unendlich groß. Ein Nullsystem kann dann nicht übertragen werden.

5.6 Bestimmung der Ersatzschaltungselemente

Die Elemente der Ersatzschaltungen von Transformatoren werden mit den Daten von zwei, von den Herstellern durchgeführten Versuchen bestimmt. Dies sind zum einen der Kurzschlussversuch, mit dem die Längselemente der Ersatzschaltungen bestimmt werden, und zum anderen der Leerlaufversuch, der für die Bestimmung der Querelemente herangezogen wird. Falls nicht explizit anders festgelegt, beziehen sich bei Transformatoren mit Stufenstellern die Bemessungsgrößen auf die Hauptanzapfung. Entsprechend werden auch Leerlauf- und Kurzschlussversuche mit Stellung auf die Hauptanzapfung durchgeführt.

5.6.1 Kurzschlussversuch und relative Bemessungskurzschlussspannung

Beim Kurzschlussversuch wird eine Seite eines Zweiwicklungstransformators, in der Regel die Unterspannungsseite, dreiphasig kurzgeschlossen und die andere Seite durch ein variables symmetrisches Klemmenspannungssystem gespeist (siehe Abbildung 5.29).

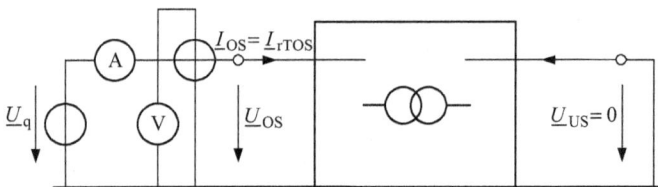

Abb. 5.29: Kurzschlussversuch beim Zweiwicklungstransformator

Dabei wird der Spannungsbetrag der speisenden Spannungsquelle so lange erhöht, bis auf der speisenden Seite der Bemessungsstrom $I_{OS} = I_{rTOS}$ fließt. Die Klemmenspannung, der Klemmenstrom und die Wirkleistung werden an den speisenden Klemmen gemessen. Dabei entspricht die Wirkleistung aufgrund des sekundärseitigen Kurzschlusses den im Transformator auftretenden Gesamtverlusten. Die Transformatorstreuimpedanzen sind bei symmetrischer Speisung des Transformators wesentlich kleiner als die Hauptimpedanz, so dass insbesondere aufgrund des Kurzschlusses die

Hauptimpedanz vernachlässigt werden kann. Es gilt dann mit den Ersatzschaltungen in Abbildung 5.24 und Abbildung 5.25:

$$
\begin{aligned}
U_{OS} = U_k = Z_k I_{OS} &= \left| \underline{Z}_{\sigma OS} + \underline{Z}'_{\sigma US} \parallel \underline{Z}_{hOS} \right| I_{OS} = \left| \underline{Z}_{\sigma OS} + \underline{Z}'_{\sigma US} \parallel \underline{Z}_{hOS} \right| I_{rTOS} \\
&\approx \left| \underline{Z}_{\sigma OS} + \underline{Z}'_{\sigma US} \right| I_{rTOS} = Z_T I_{rTOS}
\end{aligned}
\tag{5.28}
$$

Bezieht man nun alle Größen auf ihre Bezugsgrößen (siehe Band 1, Abschnitt 19.5) ergibt sich die sogenannte relative Bemessungskurzschlussspannung u_k, die eine charakteristische Kenngröße eines Transformators ist und auf jedem Typenschild angegeben wird. Sie ist unabhängig davon, auf welcher Seite der Transformator kurzgeschlossen wird. Mit der Bezugsimpedanz $Z_{BOS} = U_{rTOS}/\sqrt{3}/I_{rTOS}$ der OS-Seite gilt:

$$
\begin{aligned}
u_k &= \frac{U_k}{U_{rTOS}/\sqrt{3}} = \frac{Z_k}{U_{rTOS}/\sqrt{3}/I_{rTOS}} \cdot \frac{I_{rTOS}}{I_{rTOS}} \\
&= \frac{Z_k}{U_{rTOS}^2/S_{rTOS}} = \frac{Z_k}{Z_{BOS}} = z_k \approx \frac{Z_T}{Z_{BOS}} = z_T
\end{aligned}
\tag{5.29}
$$

Die relative Bemessungskurzschlussspannung u_k entspricht der bezogenen Transformatorkurzschlussimpedanz z_k, die näherungsweise gleich der bezogenen Längsimpedanz z_T des Transformators ist. Es gilt:

$$
\underline{u}_k = u_r + j u_x \approx \underline{z}_T = r_T + j x_T
\tag{5.30}
$$

Damit können aus den Bemessungsgrößen des Transformators die auf die Oberspannungsseite bezogenen Längselemente der Ersatzschaltung des Transformators wie folgt bestimmt werden:

$$
\begin{aligned}
Z_T &= \sqrt{R_T^2 + X_T^2} = \sqrt{(R_{OS} + R'_{US})^2 + (X_{\sigma OS} + X'_{\sigma US})^2} \\
&= z_T \frac{U_{rTOS}^2}{S_{rT}} \approx u_k Z_{BOS} = \sqrt{u_r^2 + u_x^2}\, Z_{BOS}
\end{aligned}
\tag{5.31}
$$

Entsprechend ergeben sich die Längselemente bei Bezug aller Elemente auf die Unterspannungsseite:

$$
\begin{aligned}
Z'_T &= \sqrt{R'^2_T + X'^2_T} = \sqrt{(R'_{OS} + R_{US})^2 + (X'_{\sigma OS} + X_{\sigma US})^2} \\
&= z_T \frac{U_{rTUS}^2}{S_{rT}} \approx u_k Z_{BUS} = \frac{1}{\ddot{u}_1^2} Z_T
\end{aligned}
\tag{5.32}
$$

Mit der Kenntnis der im Kurzschlussversuch bei Bemessungsstrom entstehenden Verluste P_{Vkr} und der Annahme, dass die Verluste im Eisenkreis aufgrund der im Kurzschlussversuch anliegenden geringen Spannung U_k zu vernachlässigen sind, kann der ohmsche Anteil der Kurzschlussimpedanz bezogen auf die Oberspannungsseite bestimmt werden:

$$
P_{Vkr} = 3 R_T I_{rTOS}^2
$$

$$
\Leftrightarrow \quad R_T = \frac{P_{Vkr}}{3\,I_{rTOS}^2} = \frac{P_{Vkr}}{3\,I_{rTOS}^2} \frac{U_{rTOS}^2}{U_{rTOS}^2} = \frac{P_{Vkr}}{S_{rT}} \frac{U_{rTOS}^2}{S_{rT}} = u_r \frac{U_{rTOS}^2}{S_{rT}} = u_r Z_{BOS} = r_T Z_{BOS}
\tag{5.33}
$$

bzw. mit Bezug auf die Unterspannungsseite:

$$R'_T = \frac{P_{Vkr}}{3\,I^2_{rTUS}} = \frac{P_{Vkr}}{S_{rT}} \frac{U^2_{rTUS}}{S_{rT}} = u_r \frac{U^2_{rTUS}}{S_{rT}} = r_T Z_{BUS} = \frac{1}{\ddot{u}^2_1} R_T \qquad (5.34)$$

Daraus folgt für die Längsreaktanz X_T in Gl. (5.31):

$$X_T = \sqrt{Z^2_T - R^2_T} = \sqrt{u^2_k - u^2_r}\,\frac{U^2_{rTOS}}{S_{rT}} = u_x \frac{U^2_{rTOS}}{S_{rT}} = u_x Z_{BOS} = x_T Z_{BOS} = \ddot{u}^2_1 X'_T \qquad (5.35)$$

Die Aufteilung der Längsimpedanz auf die beiden Längselemente der Ersatzschaltung in Abbildung 5.24 bzw. Abbildung 5.25 sowie Abbildung 5.26 bzw. Abbildung 5.27 erfolgt üblicherweise so, dass X_T und R_T jeweils zur Hälfte auf die Ober- und die Unterspannungsseite aufgeteilt werden. In der Literatur sind aber auch Aufteilungen zu finden, bei denen z. B. die Impedanz zu 100 % einer Seite zugeschlagen wird.

Typische Wertebereiche für die bezogenen Widerstände r_T und Reaktanzen x_T sind:

$$r_T = 0,01\ldots 0,002 \quad \text{und} \quad x_T = 0,04\ldots 0,12 \qquad (5.36)$$

Dabei ergeben sich größere Werte für Transformatoren mit größeren Bemessungsscheinleistungen S_{rT}.

5.6.2 Leerlaufversuch

Beim Leerlaufversuch entsprechend Abbildung 5.30 wird eine Seite des Transformators dreiphasig im Leerlauf betrieben, und die andere Seite wird durch ein symmetrisches Klemmenspannungssystem, deren verkettete Spannung der Bemessungsspannung der entsprechenden Seite des Transformators entspricht, gespeist. Es werden wieder die Klemmenspannung, der Klemmenstrom und die Wirkleistung an den Klemmen der gespeisten Seite des Transformators gemessen.

Dabei entspricht die Wirkleistung aufgrund des sekundärseitigen Leerlaufs den im Transformator auftretenden Gesamtverlusten. Für die Berücksichtigung dieser Verluste in einem Ersatzschaltbild (z. B. in Abbildung 5.24, Abbildung 5.26 und Abbildung 5.28) wird parallel zur Magnetisierungsreaktanz (Hauptreaktanz) X_h ein Eisenverlustwiderstand R_{Fe} (siehe Abbildung 5.31 links) ergänzt, der die Wirbelstrom-

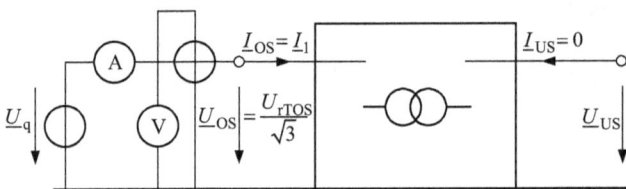

Abb. 5.30: Leerlaufversuch beim Zweiwicklungstransformator

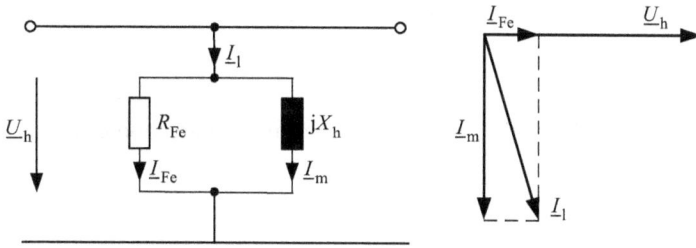

Abb. 5.31: Zusammensetzung des Leerlaufstroms (links) und zugehöriges Zeigerbild (rechts)

und Hystereseverluste im Eisenkern nachbilden soll. Der Leerlaufstrom $\underline{I}_\text{l}$ wird dabei im Wesentlichen durch die aus Eisenverlustwiderstand und Hauptreaktanz gebildete Hauptimpedanz begrenzt. Der jeweils wirksame Anteil der Längsimpedanz und auch der zugehörige Längsspannungsabfall können aufgrund ihrer geringen Größe gegenüber der Hauptimpedanz vernachlässigt werden. Der Leerlaufstrom $\underline{I}_\text{l}$ setzt sich aus dem Magnetisierungsstrom $\underline{I}_\text{m}$ und dem Strom durch den Eisenverlustwiderstand $\underline{I}_\text{Fe}$ entsprechend Abbildung 5.31 zusammen.

Es gilt für den Leerlaufstrom bei Bemessungsspannung:

$$\underline{I}_\text{l} = \underline{I}_\text{Fe} + \underline{I}_\text{m} = \frac{\underline{U}_\text{h}}{\underline{Z}_\text{h}} = \left(\frac{1}{R_\text{Fe}} + \frac{1}{\text{j}X_\text{h}} \right) \underline{U}_\text{h} \approx \left(\frac{1}{R_\text{Fe}} + \frac{1}{\text{j}X_\text{h}} \right) \frac{U_\text{rTOS}}{\sqrt{3}} \tag{5.37}$$

Die gemessenen Leerlaufverluste P_Vlr entsprechen aufgrund des geringen Leerlaufstroms und den daraus folgenden geringen Wicklungsverlusten im Wesentlichen den Eisenverlusten. Damit lässt sich der Eisenverlustwiderstand bestimmen:

$$P_\text{Vlr} = 3\frac{U_\text{h}^2}{R_\text{Fe}} \approx \frac{U_\text{rTOS}^2}{R_\text{Fe}} \Leftrightarrow R_\text{Fe} \approx \frac{U_\text{rTOS}^2}{P_\text{Vlr}} \tag{5.38}$$

Aus der Berechnung des auf den entsprechenden Bemessungsstrom bezogenen Leerlaufstroms (hier der der OS-Seite) ergibt sich die Bestimmungsgleichung für die Hauptreaktanz. Zunächst erhält man für den auf den Bemessungsstrom der Oberspannungsseite bezogenen Leerlaufstrom:

$$i_\text{l} = \frac{I_\text{l}}{I_\text{rTOS}} = \frac{\sqrt{I_\text{Fe}^2 + I_\text{m}^2}}{I_\text{rTOS}} = \sqrt{\left(\frac{P_\text{Vlr}}{\sqrt{3}U_\text{rTOS}I_\text{rTOS}} \right)^2 + \left(\frac{U_\text{rTOS}^2}{X_\text{h}\sqrt{3}U_\text{rTOS}I_\text{rTOS}} \right)^2}$$
$$= \sqrt{\left(\frac{P_\text{Vlr}}{S_\text{rT}} \right)^2 + \left(\frac{U_\text{rTOS}^2}{X_\text{h}S_\text{rT}} \right)^2} \tag{5.39}$$

Die Auflösung von Gl. (5.39) nach der Hauptreaktanz X_h liefert die gesuchte Bestimmungsgleichung. Durch Ausnutzung der für Transformatoren typischen Größenverhältnisse $i_\text{l} \gg P_\text{Vlr}/S_\text{rT}$ lässt sich der Ausdruck weiter vereinfachen:

$$X_\text{h} = \frac{1}{\sqrt{i_\text{l}^2 - \left(\frac{P_\text{Vlr}}{S_\text{rT}} \right)^2}} \frac{U_\text{rTOS}^2}{S_\text{rT}} \approx \frac{1}{i_\text{l}} \frac{U_\text{rTOS}^2}{S_\text{rT}} = \frac{1}{i_\text{l}} Z_\text{BOS} = x_\text{h} Z_\text{BOS} \tag{5.40}$$

Ein typischer Wertebereich für den bezogenen Leerlaufstrom ist:

$$i_1 = \frac{I_1}{I_{rT}} = \frac{1}{x_h} = 0,3 \dots 1\,\% \qquad (5.41)$$

Dabei ergeben sich größere Werte für Transformatoren mit größeren Bemessungsscheinleistungen S_{rT}.

5.6.3 Bestimmung der Nullsystemgrößen

Die Wicklungswiderstände und Streureaktanzen des Nullsystems entsprechen denen des Mit- und Gegensystems (siehe Abschnitt 5.5.3). Die Hauptreaktanz des Nullsystems X_{h0} kann entweder auf Basis von typischen Werten für die Nullsystemimpedanz bestimmt werden (siehe Tabelle 5.4) oder auf Basis eines weiteren Kurzschlussversuches berechnet werden. Dieser Kurzschlussversuch entspricht dem in Abschnitt 5.6.1 beschriebenen Versuch, bis auf den Unterschied, dass die Klemmenspannungen drei gleichphasigen Spannungen (Einspeisung eines Nullsystems, vgl. Band 1, Abschnitt 20.8.3) entsprechen. Unter Beachtung der jeweiligen Schaltgruppe, Sternpunkterdung und der daraus resultierenden Ersatzschaltung für das Nullsystem kann aus der Nullsystemimpedanz mit Kenntnis der bekannten Wicklungswiderstände und Streureaktanzen die Hauptreaktanz des Nullsystems X_{h0} bestimmt werden.

Tab. 5.4: Nullsystemimpedanzen von Transformatoren (herausgeführte Sternpunkte sind starr geerdet) [11]

Schaltgruppen		Yzn5	Dyn5	YNd5	YNy(d)0	YNy0/YNz5
3SK [1]	X_{00S}/X_{10S}	∞	∞	$0,7\dots1$	$1\dots2,4$	$3\dots10$
	X'_{0US}/X'_{1US}	$0,1\dots0,15$	$0,7\dots1$	∞	∞	∞
5SK [2] und DB [3]	X_{00S}/X_{10S}	∞	∞	1	$1\dots2,4$	$10\dots100$
	X'_{0US}/X'_{1US}	$0,1\dots0,15$	1	∞	∞	∞

[1] 3SK: Dreischenkeltransformator
[2] 5SK: Fünfschenkeltransformator
[3] DB: Drehstrombank

5.7 Betriebsverhalten

5.7.1 Spannungsabfall und Kapp'sches Dreieck

Der belastungsabhängige Spannungsabfall eines Transformators wird anhand des vereinfachten und auf die Unterspannungsseite bezogenen Ersatzschaltbildes in Abbildung 5.32 untersucht. Dabei wird angenommen, dass der Transformator oberspannungsseitig an einem symmetrischen starren Netz betrieben wird.

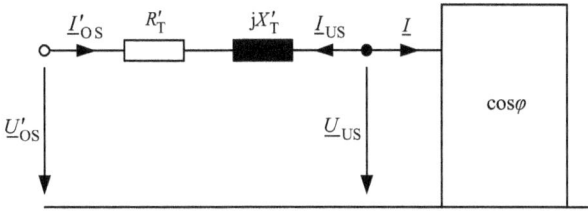

Abb. 5.32: Symmetrisch auf der Unterspannungsseite belasteter Transformator

Bei fester Spannung $\underline{U}'_{OS}$ und einem konstanten Strombetrag lässt sich der Spannungsabfall über dem Transformator $\Delta U = U'_{OS} - U_{US}$ in Abhängigkeit vom Leistungsfaktor $\cos \varphi$ der Belastung anhand des sogenannten Kapp'schen Dreiecks bestimmen. Das Kapp'sche Dreieck beschreibt den Spannungsabfall über der Transformatorimpedanz und verändert belastungsabhängig seine Lage und Größe. Mit der auf die Unterspannungsseite umgerechneten vereinfachten Ersatzschaltung in Abbildung 5.32 und mit dem Zeigerbild in Abbildung 5.33 ergibt sich mit der in die reelle Achse gelegten Bezugsspannung $\underline{U}_{US} = U_{US}$:

$$\underline{U}'_{OS} = \underline{U}_{US} - \left(R'_T + j\,X'_T\right)\underline{I}_{US} = \underline{U}_{US} + \left(R'_T + j\,X'_T\right)\underline{I} = U_{US} + \left(R'_T + j\,X'_T\right)(I_w + jI_b) \quad (5.42)$$

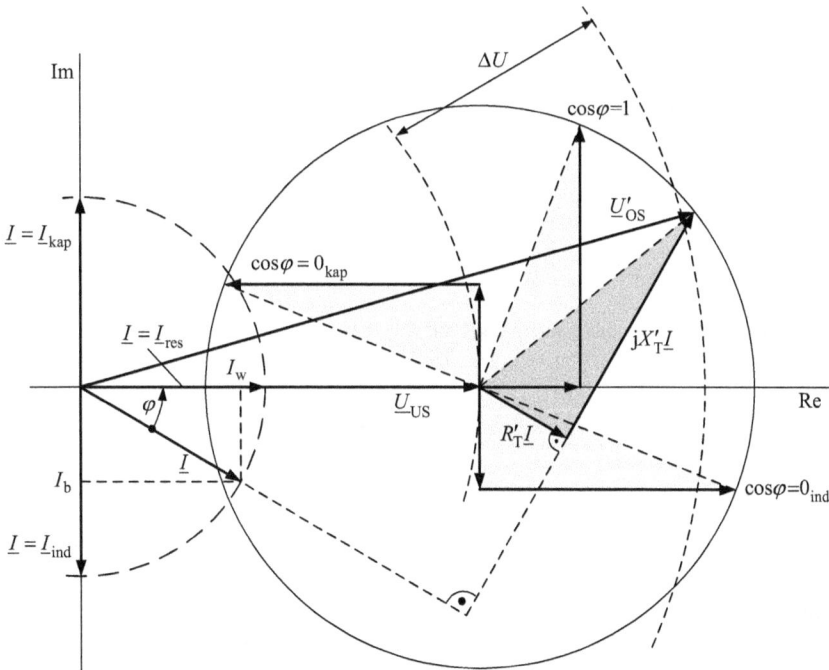

Abb. 5.33: Zeigerbild mit Kapp'schem Dreieck für einen symmetrisch belasteten Transformator für unterschiedliche Belastungsströme

Bei Vernachlässigung der Spannungsabfälle über dem ohmschen Längswiderstand ergibt sich:

$$U'_{OS} = \sqrt{(U_{US} + j X'_T I \sin \varphi)^2 + (X'_T I \cos \varphi)^2} = \sqrt{(U_{US} + \Delta U_l)^2 + \Delta U_q^2} \tag{5.43}$$
$$\approx U_{US} + j X'_T I \sin \varphi$$

Die Auswertung von Gl. (5.43) für Belastungen mit unterschiedlichen Verschiebungsfaktoren $\cos \varphi$ und Belastungsgraden $b = I/I_{rT}$ zeigt Abbildung 5.34. Induktive Belastungen führen zu einem Spannungsabfall über der Längsimpedanz des Transformators ($U'_{OS} > U_{US}$), während kapazitive Belastungen einen Spannungsanstieg ($U'_{OS} < U_{US}$) verursachen (vgl. auch Abbildung 5.33).

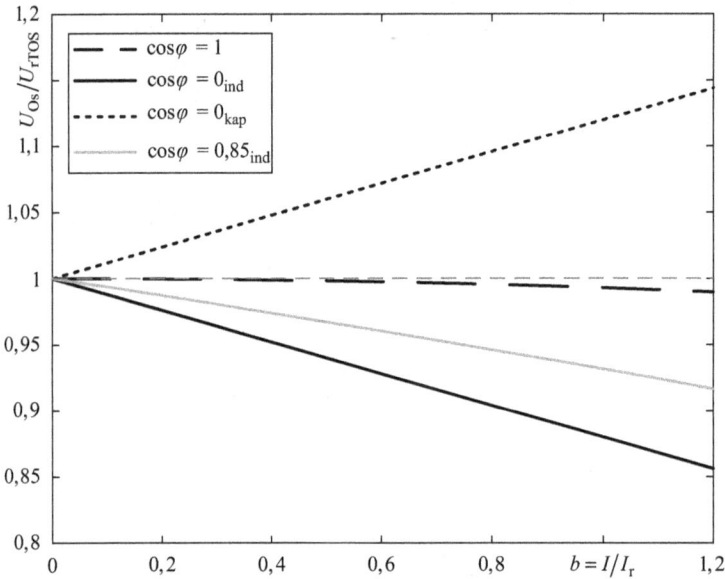

Abb. 5.34: Relativer Spannungsabfall in Abhängigkeit vom Belastungsgrad b und vom Verschiebungsfaktor $\cos \varphi$

5.7.2 Leerlauf

Bei einer sinusförmigen Klemmenspannung stellt sich aufgrund der nicht linearen Magnetisierungskennlinie eines leerlaufenden Einphasentransformators ein nicht sinusförmiger Magnetisierungsstrom ein. Der magnetische Fluss im Eisenkern ist dabei auf Grund seiner Proportionalität zur sinusförmigen Spannung ebenfalls sinusförmig. Der nicht sinusförmige Magnetisierungsstrom kann demgegenüber, wenn man eine Fourier-Analyse durchführt, grundsätzlich Oberschwingungen (siehe Band 1, Abschnitt 6.3) mit allen Ordnungszahlen enthalten.

Für einen Drehstromtransformator mit Sternschaltung und geerdetem Sternpunkt auf der speisenden Seite ergeben sich für jeden Strangstrom grundsätzlich die gleichen Verhältnisse wie beim Einphasentransformator. Die Oberschwingungsströme der Magnetisierungsströme mit den Ordnungszahlen 3ν können, da sie sich im Sternpunkt nicht zu null gegenseitig aufheben, über den Sternpunkt abfließen. Für einen Drehstromtransformator in Sternschaltung mit nicht geerdetem Sternpunkt auf der gespeisten Seite können alle durch drei teilbaren Oberschwingungsströme nicht fließen, da sie alle die gleiche Phasenlage haben und sich im Sternpunkt nicht zu null ergänzen. Aufgrund dieser fehlenden Anteile im Magnetisierungsstrom werden auch die magnetischen Flüsse in den Schenkeln verzerrt. Sie sind nicht sinusförmig, und damit sind auch die entsprechenden Strangspannungen der Wicklungen nicht sinusförmig. Die verketteten Spannungen an den Klemmen der Wicklung in Sternschaltung sind demgegenüber aber wieder sinusförmig, da sie sich aus der geometrischen Differenz von zwei Strangspannungen ergeben (siehe Band 1, Abschnitt 9.2.4) und sich die Oberschwingungsanteile damit zu null aufheben.

Bei einem Drehstromtransformator in Dreieckschaltung auf der mit symmetrischen verketteten Spannungen gespeisten Seite sind die Magnetisierungsströme, d. h. die Strangströme, ebenfalls nicht sinusförmig. Die durch drei teilbaren Oberschwingungsanteile der Strangströme fließen als Kreisströme durch die drei in Reihe geschalteten Wicklungen der Dreieckschaltung. Die Außenleiterströme sind ebenfalls nicht sinusförmig, wobei sich aufgrund ihrer Bildung aus den Strangströmen (siehe Abschnitt 5.3.1) die Oberschwingungsströme mit einer durch drei teilbaren Ordnungszahl aufheben. Die magnetischen Flüsse in den Schenkeln des Eisenkerns sind aufgrund der symmetrischen Strangspannungen sinusförmig.

Beim Einschalten leerlaufender Transformatoren kann in Abhängigkeit vom Zeitpunkt des Einschaltens und der Remanenz des Eisenkerns der sogenannte Rush-Effekt (oder Einschalt-Rush) auftreten, der mit einem stark erhöhten Einschaltstrom verbunden ist und zu Einschaltamplituden in der Größenordnung des 10- bis 15-fachen Bemessungsstromes bei kleinen Transformatorleistungen und des 6- bis 10-fachen bei großen Transformatorleistungen führt [9]. Neben der Grundschwingung enthält der Einschaltstrom typischerweise einen Gleichstromanteil sowie Oberschwingungsströme geradzahliger Ordnung ($\nu = 2, 4, 6, \ldots$). Einschaltströme können z. B. durch das Einschalten bei reduzierten Spannungen, durch gesteuertes Einschalten, durch Vorschaltwiderstände, Anpassung der Stufenschalterposition und/oder durch Vor- bzw. Entmagnetisierung des Eisenkernes verringert werden.

5.7.3 Kurzschluss

Bei einem unterspannungsseitigen Kurzschluss gilt für den Kurzschlussstrom $\underline{I}_{\text{kUS}}$ bei Annahme der vereinfachten Ersatzschaltung für den Transformator (siehe Abbildung 5.32):

$$\underline{U}'_{OS} = -\left(R'_T + jX'_T\right)\underline{I}_{kUS} = \left(R'_T + jX'_T\right)\underline{I}'_{kOS} = \underline{Z}'_T\underline{I}'_{kOS} \tag{5.44}$$

Nimmt man an, dass die Spannung auf der Oberspannungsseite der Bemessungsspannung entspricht, so gilt für den Betrag des Kurzschlussstromes:

$$I_{kUS} = I'_{kOS} = \frac{U_{rTOS}/\sqrt{3}}{\ddot{u} \cdot Z'_T} = \frac{U_{rTOS}/\sqrt{3}}{\ddot{u} \cdot z_T \dfrac{U_{rTUS}}{\sqrt{3}I_{rTUS}}} = \frac{1}{z_T}I_{rTUS} = \frac{1}{u_k}I_{rTUS} \tag{5.45}$$

Das zugehörige Zeigerbild ist in Abbildung 5.35 dargestellt. Bei Annahme von typischen Werten für die relative Bemessungskurzschlussspannung u_k (vgl. Abschnitt 5.6.1) ergeben sich Kurzschlussströme, die einem Mehrfachen der Bemessungsströme entsprechen.

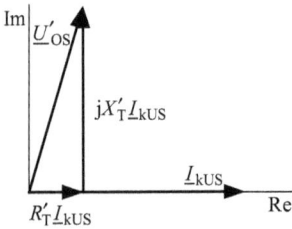

Abb. 5.35: Zeigerbild für den Kurzschlusszustand auf der Unterspannungsseite eines Transformators

5.7.4 Wirkleistungsverluste und Blindleistungsbedarf

In Transformatoren treten belastungsabhängig Verluste auf, die entsprechend den Kurzschluss- und Leerlaufverlusten (vgl. Abschnitt 5.6) in strom- und spannungsabhängige Verluste aufgeteilt werden können. Die stromabhängigen Verluste sind die Stromwärmeverluste in den Wicklungen, und die spannungsabhängigen Verluste sind die durch die Wirbelströme und die Hystereseverluste im Eisenkern entstehenden Verluste. Sie können mit Hilfe der Kurzschluss- und Leerlaufverluste näherungsweise ausgedrückt werden, da in diesen Versuchen jeweils eine Verlustkomponente eindeutig dominiert. Diese Dominanz wurde bereits bei der Bestimmung der Elemente der Ersatzschaltungen in Abschnitt 5.6 ausgenutzt.

Die stromabhängigen Verluste P_{Vk} sind proportional zum Quadrat des Stromes und können auch in Abhängigkeit von den Kurzschlussverlusten P_{Vkr}, die bei Bemessungsstrom entstehen, angegeben werden:

$$P_{Vk} = 3R_{OS}I_{OS}^2 + 3R'_{US}I'^2_{US} \approx 3R_TI_{OS}^2 = 3R_TI_{rTOS}^2\left(\frac{I_{OS}}{I_{rTOS}}\right)^2 = P_{Vkr}\left(\frac{I_{OS}}{I_{rTOS}}\right)^2 \tag{5.46}$$

Die spannungsabhängigen Verluste P_{Vl} sind proportional zum Quadrat der Spannung und können auch in Abhängigkeit von den Leerlaufverlusten P_{Vlr} bei Bemessungsspannung angegeben werden. Da die Spannungen nur geringfügig schwanken und diese Spannungsschwankungen sich ebenfalls nur gering auf die spannungsabhängigen Verluste auswirken, werden sie vereinfachend mit den Leerlaufverlusten abgeschätzt:

$$P_{Vl} = 3\frac{U_h^2}{R_{Fe}} = \frac{U_{rTOS}^2}{R_{Fe}}\left(\frac{\sqrt{3}U_h}{U_{rT}}\right)^2 = P_{Vlr}\left(\frac{\sqrt{3}U_h}{U_{rT}}\right)^2 \approx P_{Vlr} \qquad (5.47)$$

Damit ergeben sich die Gesamtverluste zu:

$$P_V \approx P_{Vlr} + P_{Vk} = P_{Vlr} + P_{Vkr}\left(\frac{I_{OS}}{I_{rTOS}}\right)^2$$
$$= P_{Vkr}\left[\frac{P_{Vlr}}{P_{Vkr}} + \left(\frac{I_{OS}}{I_{rTOS}}\right)^2\right] = P_{Vkr}\left(a + b^2\right) \qquad (5.48)$$

mit dem Verlustverhältnis a und dem Belastungsgrad b:

$$a = \frac{P_{Vlr}}{P_{Vkr}} \quad \text{und} \quad b = \frac{I_{OS}}{I_{rTOS}} \qquad (5.49)$$

Die Gesamtverluste im Bemessungsbetrieb sind dann:

$$P_{Vr} = P_{Vlr} + P_{Vkr} = P_{Vkr}(a + 1) \qquad (5.50)$$

Die auf die Gesamtverluste im Bemessungsbetrieb bezogenen belastungsabhängigen Gesamtverluste sind:

$$\frac{P_V}{P_{Vr}} = \frac{a + b^2}{a + 1} \qquad (5.51)$$

Die Darstellung dieser bezogenen (relativen) Gesamtverluste in Abhängigkeit vom Belastungsgrad b und dem Verlustverhältnis a zeigt Abbildung 5.36.

Man erkennt, dass durch die Wahl von niedrigen Werten für die Verlustverhältnisse a bei Teillast kleinere Verluste entstehen.

Transformatoren haben einen positiven Blindleistungsbedarf, der sich mit analogen Überlegungen und Abschätzungen wie für die Wirkleistungsverluste wie folgt berechnen lässt:

$$Q_V \approx \frac{U_{rTOS}^2}{X_h} + 3X_T I_{rTOS}^2\left(\frac{I_{OS}}{I_{rTOS}}\right)^2 = \frac{U_{rTOS}^2}{X_h} + 3X_T I_{rTOS}^2 b^2 = Q_{Vlr} + Q_{Vkr}b^2 \qquad (5.52)$$

5.7.5 Wirkungsgrad

Der Wirkungsgrad η des Transformators bei der Energieübertragung beträgt in Abhängigkeit vom Verlustverhältnis a und der Belastung mit der Scheinleistung S_L und einem Verschiebungsfaktor $\cos\varphi_L$:

$$\eta = \frac{P_L}{P_L + P_V} = \frac{S_L \cos\varphi_L}{S_L \cos\varphi_L + P_{Vkr}\left(a + b^2\right)} = \frac{1}{1 + \dfrac{P_{Vkr}}{S_L \cos\varphi_L}\left(a + b^2\right)} \qquad (5.53)$$

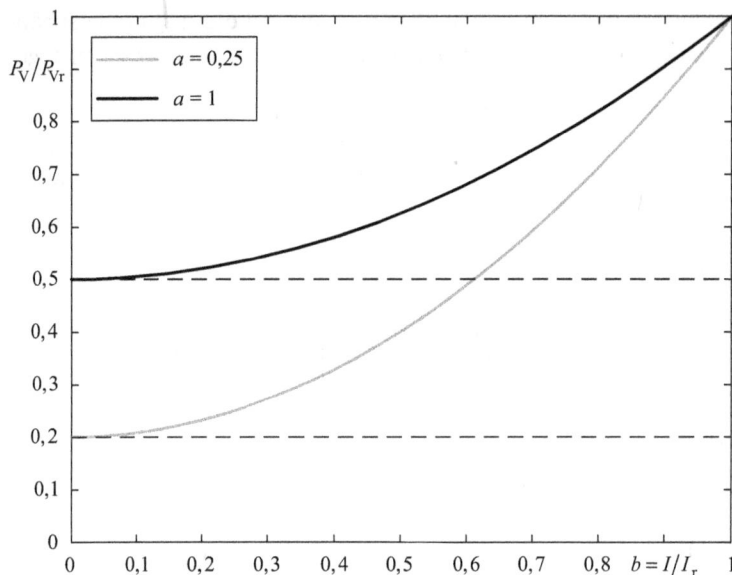

Abb. 5.36: Relative Gesamtverluste P_V/P_{Vr} in Abhängigkeit vom Verlustverhältnis a und Belastungsgrad b

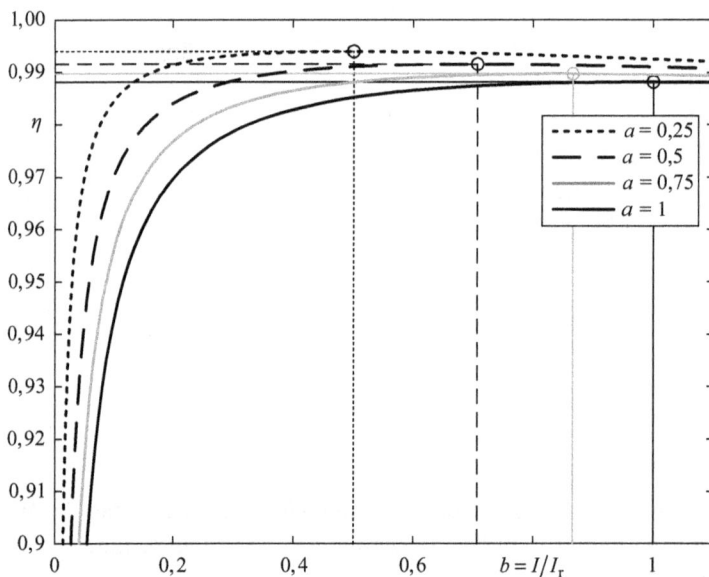

Abb. 5.37: Wirkungsgrad des Transformators in Abhängigkeit vom Verlustverhältnis a und Belastungsgrad b ($P_{Vkr} = 400\,\text{kW}, S_r = 70\,\text{MVA}, \cos\varphi_L = 0,95$)

Abbildung 5.37 zeigt die Abhängigkeit des Wirkungsgrads vom Belastungsgrad b und Verlustverhältnis a.

Anhand von Abbildung 5.37 ist zu erkennen, dass der Wirkungsgrad η von Transformatoren mit unterschiedlichen Verlustverhältnissen a für jeweils ein bestimmtes Belastungsverhältnis b maximal wird. Diese Arbeitspunkte mit einem maximalen Wirkungsgrad lassen sich durch die Ableitung der Funktion für den Wirkungsgrad nach dem Belastungsverhältnis b bestimmen. Hierfür wird zunächst in einem ersten Schritt die Bestimmungsgleichung für den Wirkungsgrad erweitert und mit Gl. (5.33) und $S_\mathrm{L} = S_\mathrm{rT} b$ (bei Annahme $U'_\mathrm{US} \approx U_\mathrm{rTOS}/\sqrt{3}$) wie folgt umgeformt:

$$
\eta = \frac{1}{1 + \dfrac{P_\mathrm{Vkr}}{S_\mathrm{rT}} \cdot \dfrac{S_\mathrm{rT}}{S_\mathrm{L} \cos\varphi_\mathrm{L}}(a + b^2)}
$$

$$
= \frac{1}{1 + r_\mathrm{T} \cdot \dfrac{1}{b \cos\varphi_\mathrm{L}}(a + b^2)} = \frac{1}{1 + \dfrac{r_\mathrm{T}}{\cos\varphi_\mathrm{L}}\left(\dfrac{a}{b} + b\right)}
\tag{5.54}
$$

Die Ableitung nach dem Belastungsgrad b liefert:

$$
\frac{\partial \eta}{\partial b} = \frac{\dfrac{r_\mathrm{T}}{\cos\varphi_\mathrm{L}}\left(-\dfrac{a}{b^2} + 1\right)}{\left(1 + \dfrac{r_\mathrm{T}}{\cos\varphi_\mathrm{L}}\left(\dfrac{a}{b} + b\right)\right)^2} \overset{!}{=} 0 \Rightarrow b_\mathrm{opt} = \sqrt{a}
\tag{5.55}
$$

Für den maximalen Wirkungsgrad η_max erhält man damit (Näherung mit Taylorreihenentwicklung [1]):

$$
\eta_\mathrm{max} = \frac{1}{1 + \dfrac{2r_\mathrm{T}}{\cos\varphi_\mathrm{L}}\sqrt{a}} \approx 1 - \frac{2r_\mathrm{T}}{\cos\varphi_\mathrm{L}}\sqrt{a}
\tag{5.56}
$$

Anhand von Gl. (5.48) erkennt man, dass bei einem festen $\cos\varphi_\mathrm{L}$ und einem festen Verlustverhältnis a für den Belastungsgrad b entsprechend Gl. (5.55) der Wirkungsgrad η maximal und die stromabhängigen Verluste gleich den spannungsabhängigen Verlusten werden:

$$
P_\mathrm{Vk} = P_\mathrm{Vkr} b_\mathrm{opt}^2 = P_\mathrm{Vkr} a = P_\mathrm{Vkr} \frac{P_\mathrm{Vlr}}{P_\mathrm{Vkr}} = P_\mathrm{Vlr}
\tag{5.57}
$$

Damit hat z. B. ein Transformator mit einem Verlustverhältnis von $a = 1$ einen maximalen Wirkungsgrad im Bemessungsbetrieb $I_\mathrm{OS} = I_\mathrm{rTOS}$ ($b = 1$). Ein Transformator, der nicht ständig ausgelastet ist bzw. der einer stark schwankenden Belastung ausgesetzt ist, kann wirtschaftlicher betrieben werden, wenn er mit einem Verlustverhältnis $a < 1$ ausgeführt wird (siehe Abschnitt 5.7.4). Bei der Transformatorauslegung sollte das Verlustverhältnis so gewählt werden, dass das Wirkungsgradmaximum bei der durchschnittlich am häufigsten auftretenden Belastung erreicht wird.

Weiterhin gilt, das Transformatoren mit kleineren Verlustverhältnissen a einen größeren maximalen Wirkungsgrad erreichen (siehe Abbildung 5.37). Dieser Wirkungsgrad wird, wie oben gezeigt, immer bei der Belastung erreicht, bei der die stromabhängigen Verluste gleich den spannungsabhängigen Verlusten werden.

5.8 Unsymmetrische Belastung und Sternpunktbelastbarkeit

5.8.1 Durchflutungsgleichgewicht

Bei symmetrischen Betriebszuständen der Transformatoren sind die Magnetisierungs-
ströme $\underline{I}_m$ sehr klein (vgl. Abschnitt 5.6.2). Die magnetischen Durchflutungen $\underline{\Theta}_\nu$, die
sich aus den Windungszahlen w_ν und den ober- und unterspannungsseitigen Strömen
$\underline{I}_{\nu OS}$ und $\underline{I}_{\nu US}$ berechnen (ν = a, b, c), sind so gut wie in Gegenphase und heben sich
damit gegenseitig nahezu auf. In der Folge sind die resultierenden Durchflutungen der
Schenkel des Eisenkern ebenfalls nahezu gleich null (siehe unten Schenkelbedingungen). Es stellen sich aufgrund der näherungsweise vorhandenen geometrischen und
elektrischen Symmetrie (siehe Band 1, Abschnitt 19.1) ebenfalls symmetrische magnetische Flüsse in den Schenkeln des Eisenkerns ein. In den Jochen heben sich diese
dann zu jedem Zeitpunkt zu null auf. Der Strom durch einen möglicherweise vorhandenen geerdeten Sternpunkt ist gleich null.

Des Weiteren sind die Ringintegrale der magnetischen Feldstärke um die Fenster des Transformatoreisenkerns unter der Annahme einer sehr großen magnetischen
Permeabilität des Eisens ($\mu_{Fe} \to \infty$) gleich null (vgl. Abschnitt 5.2.4 für den hinsichtlich der Ströme idealen Transformator). Damit sind auch die Summen der magneti-
schen Durchflutungen $\underline{\Theta}_\nu$ in den Kernfenstern gleich null (siehe unten Fensterbedingung):

$$\sum_{\text{Fenster}} w_i \underline{I}_i = \oint \underline{\vec{H}}_{Fe} d\vec{s} = \oint \frac{1}{\mu_{Fe}} \underline{\vec{B}}_{Fe} d\vec{s} \approx 0 \qquad (5.58)$$

Bei unsymmetrischen Belastungen und insbesondere bei einphasigen Belastungen
eines Transformators, wie sie z. B. im NS-Netz beim Anschluss von einphasigen Verbrauchern zwischen einem Außenleiter und dem Sternpunkt auftreten, kann sich das
Durchflutungsgleichgewicht entsprechend Gl. (5.58) nicht bei allen Transformator-
schaltgruppen einstellen. Dies hat zur Folge, dass die Spannungen in dem unsym-
metrisch bzw. einphasig belasteten Strang auf den beiden Seiten des Transformators
einbrechen bzw. in den anderen Strängen unzulässig hoch ansteigen können, da
die magnetischen Flüsse in den Schenkeln gleichgerichtete Flussanteile aufweisen
können und sich entweder über die Streuwege (Luftwege und Kesselwandung) oder
bei Fünfschenkelkerntransformatoren über den magnetischen Rückschluss schließen müssen. Damit treten dann neben den bereits genannten zum Teil erheblichen
Spannungseinbrüchen und -anstiegen auch zusätzliche Verluste und unzulässige Erwärmungen in benachbarten Metallteilen auf. Diese gleichgerichteten Flussanteile
erzeugen in den Strangwicklungen gleichgerichtete Zusatzspannungen, die bei einer
Sternschaltung zu einer Verlagerung des Sternpunktes und des Spannungsdreiecks
führen. Aus diesem Grunde weisen bestimmte Schaltgruppen, die kein Durchflutungsgleichgewicht herstellen können, keine ausreichende Sternpunktbelastbarkeit
auf. Zur Vermeidung der genannten Folgen und zur Erreichung einer ausreichen-
den Sternpunktbelastbarkeit muss die sogenannte Fensterbedingung und sollte die

Schenkelbedingung eingehalten werden:

$$\sum_{\text{Fenster}} \underline{\Theta}_i = \sum_{\text{Fenster}} w_i \underline{I}_i = 0 \quad \text{und} \quad \sum_{\text{Schenkel}} \underline{\Theta}_i = \sum_{\text{Schenkel}} w_i \underline{I}_i = 0 \tag{5.59}$$

Die Fensterbedingung fordert, dass die Summe der Magnetflüsse in den Fenstern des Eisenkerns gleich null ist. Dabei wird angenommen, dass der Magnetfluss proportional zu den Strangströmen ist.

Die Schenkelbedingung fordert, dass die Summe der Durchflutung in jedem Schenkel des Eisenkerns gleich null sein sollte.

Eine zusätzliche Ausgleichswicklung, die als Dreieckschaltung ausgeführt wird und die einen gleichphasigen Strom als Kreisstrom führen kann, kann als konstruktive Maßnahme eine ausreichende Sternpunktbelastbarkeit ermöglichen.

Diese Zusammenhänge sollen im Folgenden am Beispiel von hinsichtlich der Spannungen idealen verlustlosen Transformatoren (d. h. Vernachlässigung der Streuung) mit unterschiedlichen Schaltgruppen und Kernbauarten mit Hilfe der Fenster- und der Schenkelbedingungen und der Symmetrischen Komponenten verdeutlicht werden.

5.8.2 Sternpunktbelastbarkeit Yyn0-Transformator mit Drei- und Fünfschenkelkern

Abbildung 5.38 zeigt einen einphasig im Leiter a der US-Seite mit der Impedanz $\underline{Z}$ belasteten Yyn0-Dreischenkelkerntransformator zusammen mit den sich dafür ergebenden Durchflutungen in den einzelnen Schenkeln.

Die Anwendung der Fensterbedingung auf die beiden Fenster des Yyn0-Dreischenkelkerntransformators in Abbildung 5.38 (2. und 3. Zeile in Gl. (5.60)) liefert zusammen mit dem Knotenpunktsatz für die Ströme $\underline{I}_{\nu OS}$ (ν = a, b, c) der Oberspannungswicklung (1. Zeile in Gl. (5.60)) bei nicht geerdetem Sternpunkt ($\underline{Z}_{MOS} \to \infty$) die folgende Gleichung, die nach den Strömen $\underline{I}_{\nu OS}$ (ν = a, b, c) aufgelöst werden kann:

$$w_{OS} \begin{bmatrix} 1 & 1 & 1 \\ -1 & 1 & 0 \\ 0 & -1 & 1 \end{bmatrix} \begin{bmatrix} \underline{I}_{aOS} \\ \underline{I}_{bOS} \\ \underline{I}_{cOS} \end{bmatrix} + w_{US} \begin{bmatrix} 0 \\ -\underline{I}_{aUS} = \underline{I} \\ 0 \end{bmatrix} = \begin{bmatrix} 0 \\ 0 \\ 0 \end{bmatrix}$$

$$\Leftrightarrow \begin{bmatrix} \underline{I}_{aOS} \\ \underline{I}_{bOS} \\ \underline{I}_{cOS} \end{bmatrix} = \frac{1}{3} \frac{w_{US}}{w_{OS}} \begin{bmatrix} 2\underline{I} \\ -\underline{I} \\ -\underline{I} \end{bmatrix} \tag{5.60}$$

Die resultierende magnetische Durchflutung in jedem Schenkel berechnet sich damit zu:

$$\begin{bmatrix} \underline{\Theta}_a \\ \underline{\Theta}_b \\ \underline{\Theta}_c \end{bmatrix} = w_{OS} \begin{bmatrix} \underline{I}_{aOS} \\ \underline{I}_{bOS} \\ \underline{I}_{cOS} \end{bmatrix} + w_{US} \begin{bmatrix} \underline{I} \\ 0 \\ 0 \end{bmatrix} = -\frac{w_{US}}{3} \begin{bmatrix} -2\underline{I} \\ \underline{I} \\ \underline{I} \end{bmatrix} + w_{US} \begin{bmatrix} -\underline{I} \\ 0 \\ 0 \end{bmatrix} = -\frac{w_{US}}{3} \begin{bmatrix} \underline{I} \\ \underline{I} \\ \underline{I} \end{bmatrix} \tag{5.61}$$

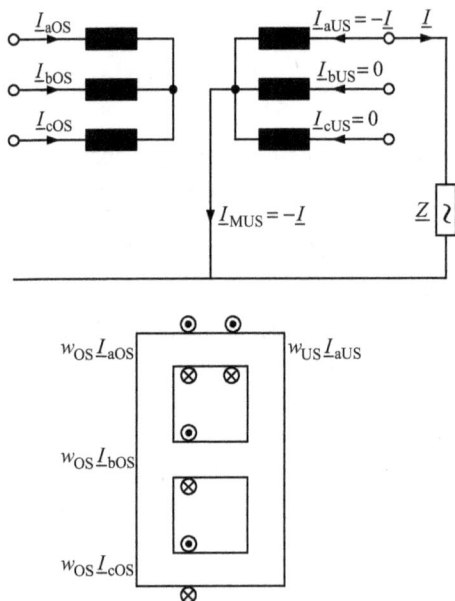

Abb. 5.38: Yyn0-Dreischenkelkerntransformator mit einphasiger Belastung auf der Unterspannungsseite (oben) und zugehörige magnetische Durchflutungen (unten)

Man erkennt eine in den drei Schenkeln vorhandene gleichphasige betragsgleiche magnetische Durchflutung, die mit entsprechenden gleichphasigen magnetischen Flüssen in den Schenkeln $\underline{\phi}_\nu \approx \underline{\Theta}_\nu$ (ν = a, b, c) verknüpft ist. Sie addieren sich im Joch nicht zu null auf und müssen sich deswegen über die Streuwege (Luftwege und Kesselwandung) schließen. Sie erzeugen dort zusätzliche Hysterese- und Wirbelstromverluste mit entsprechenden Erwärmungen. Diese Flüsse induzieren in jedem Strang entsprechende gleichphasige Spannungen, die für eine Verlagerung des Sternpunkts der Sternschaltung verantwortlich sind. Dadurch verschieben sich die Strangspannungen (Wicklungsspannungen), wodurch die Spannung ober- und unterspannungsseitig im einphasig belasteten Leiter einbricht und die Spannungen in den beiden anderen Strängen ansteigen (siehe Abbildung 5.39).

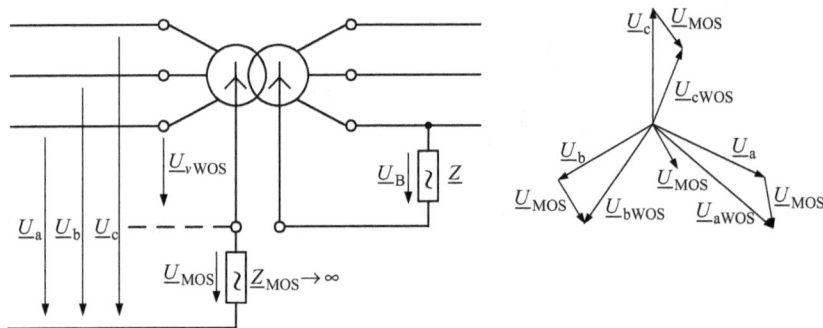

Abb. 5.39: Zeigerbild eines Yyn0-Dreischenkelkerntransformators mit einphasiger Belastung im Leiter a auf der Unterspannungsseite

Bei Betrachtung dieser einphasigen Belastung mit der Impedanz $\underline{Z}$ im Leiter a auf der Unterspannungsseite mit den Symmetrischen Komponenten ergibt sich bei Speisung der Oberspannungsseite mit einem symmetrischen, geerdeten Spannungssystem auf Basis der folgenden Gleichungen (vgl. Band 3, Abschnitt 3.9) die Reihenschaltung der Komponentensysteme (siehe Band 1, Abschnitt 3.9.1) in Abbildung 5.40. Die unterspannungsseitigen Größen sind auf die Oberspannungsseite umgerechnet worden. Es gilt:

$$\underline{I}'_{1US} = \underline{I}'_{2US} = \underline{I}'_{0US} = \frac{1}{3}\underline{I}'_{aUS} \quad \text{und} \quad \underline{U}'_{1US} + \underline{U}'_{2US} + \underline{U}'_{0US} = 3\underline{Z}'\underline{I}'_{1US} \tag{5.62}$$

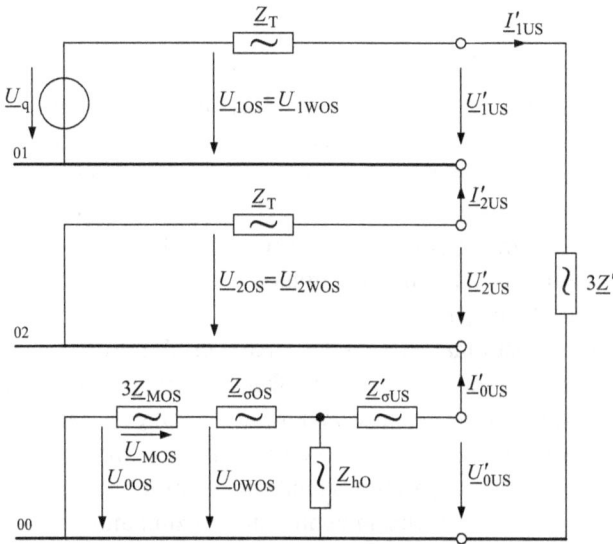

Abb. 5.40: Ersatzschaltbild in Symmetrischen Koordinaten eines YynO-Dreischenkelkerntransformators mit einphasiger Belastung im Leiter a auf der Unterspannungsseite

Dabei ist der Transformator für das Mit- und das Gegensystem durch die vereinfachte Transformatorersatzschaltung und für das Nullsystem mit der ausführlichen Ersatzschaltung unter Berücksichtigung einer evtl. vorhandenen Sternpunkterdung auf der Oberspannungsseite über die Impedanz $\underline{Z}_{MOS}$ nachgebildet worden. Die geerdete Spannungsquelle ist eine Quelle mit unendlicher Kurzschlussleistung (starre Spannungsquelle).

Für die weiteren Betrachtungen soll ein hinsichtlich der Spannungen idealer verlustloser Transformator (Vernachlässigung der Streuung: $\underline{Z}_{\sigma OS} = \underline{Z}'_{\sigma US} = 0\,\Omega$ und damit $\underline{Z}_T = 0\,\Omega$) vorausgesetzt werden, um die grundsätzlichen Vorgänge einfacher beschreiben zu können. Eine Sternpunkterdung ist auf der Oberspannungsseite nicht vorhanden ($|\underline{Z}_{MOS}| \rightarrow \infty$).

Bei einem nicht geerdeten unterspannungsseitigen Transformatorsternpunkt ergeben sich für die Wicklungsspannungen der Ober- und Unterspannungsseite des Transformators in Symmetrischen Koordinaten ($\underline{Z}_{h0} = jX_{h0}$):

$$\begin{bmatrix} \underline{U}_{1WOS} \\ \underline{U}_{2WOS} \\ \underline{U}_{0WOS} \end{bmatrix} = \begin{bmatrix} \underline{U}'_{1US} \\ \underline{U}'_{2US} \\ \underline{U}'_{0US} \end{bmatrix} = \begin{bmatrix} \underline{U}_q \\ 0 \\ -\underline{U}_{MOS} \end{bmatrix} \quad \text{mit} \quad \underline{U}_{MOS} = \frac{jX_{h0}}{jX_{h0} + 3\underline{Z}'}\underline{U}_q \qquad (5.63)$$

sowie in natürlichen Koordinaten:

$$\begin{bmatrix} \underline{U}_{aWOS} \\ \underline{U}_{bWOS} \\ \underline{U}_{cWOS} \end{bmatrix} = \begin{bmatrix} \underline{U}'_{aUS} \\ \underline{U}'_{bUS} \\ \underline{U}'_{cUS} \end{bmatrix} = \begin{bmatrix} \underline{U}_q \\ \underline{a}^2\underline{U}_q \\ \underline{a}\,\underline{U}_q \end{bmatrix} - \begin{bmatrix} \underline{U}_{MOS} \\ \underline{U}_{MOS} \\ \underline{U}_{MOS} \end{bmatrix} \qquad (5.64)$$

Obwohl bei einem Dreischenkelkerntransformator die Hauptreaktanz einen vergleichsweisen geringen Wert von $X_{h0} = 4\ldots8X_T$ (siehe Abschnitt 5.5.3) aufweist, ist die Belastungsimpedanz $\underline{Z}'$ noch deutlich kleiner als die Hauptreaktanz, womit eine große Verlagerungsspannung $\underline{U}_{MOS}$ entsteht, die aufgrund der bereits oben genannten zusätzlichen Verluste aber insbesondere auch aufgrund der Spannungsverschiebungen unzulässig ist. Die Spannungsverschiebung wird üblicherweise durch eine Begrenzung des maximal zulässigen Sternpunktstromes auf einen Maximalwert von 10 % des Bemessungsstromes klein gehalten.

Bei einem Fünfschenkelkerntransformator ist die Hauptreaktanz durch den freien magnetischen Rückschluss über die beiden äußeren Schenkel wesentlich größer. Bei einem auch hinsichtlich der Ströme idealen Transformator ($\mu_{Fe} \to \infty$) geht der Wert der Hauptreaktanz $X_{h0} \to \infty$. In diesem Fall nimmt die Sternpunktspannung den Wert der Leiter-Erde-Spannung der speisenden Spannungsquelle an, wodurch zum einen die Spannung im Leiter a auf den Wert null zusammenbricht und zum anderen die Spannungen der beiden anderen Leiter auf ihren $\sqrt{3}$-fachen Wert ansteigen (siehe Zeigerbild in Abbildung 5.41). Der Strom durch die Verbraucherlast $\underline{Z}'$ wird damit auch zu null (vgl. Abbildung 5.40).

Die Anwendung der Fensterbedingungen auf die Fenster des Fünfschenkelkerntransformators ergibt dasselbe Ergebnis wie für den Dreischenkelkerntransformator. Die Fensterbedingungen sind nur erfüllbar, wenn alle oberspannungsseitigen Ströme und auch der Strom durch die einphasige Last auf der Unterspannungsseite gleich null sind, womit die Spannung über der Verbraucherlast $\underline{Z}'$ und damit wiederum aufgrund der idealen Spannungsübersetzung auch die zugehörige Strangspannung auf der Oberspannungsseite zu null wird. Die Sternpunktspannung der Oberspannungsseite verlagert sich dann maximal und lässt die Spannungen wie beschrieben einbrechen bzw. auf den $\sqrt{3}$-fachen Wert ansteigen. Eine Belastung des Nullpunktleiters ist deshalb bei einem solchen Transformator nicht gestattet.

Grundsätzlich kann daraus abgeleitet werden, dass für eine Sternpunktbelastbarkeit die Nullimpedanz ausreichend klein werden muss. Sternpunktbelastbare (nullpunktbelastbare) Transformatoren sollen deshalb ein Reaktanzverhältnis von

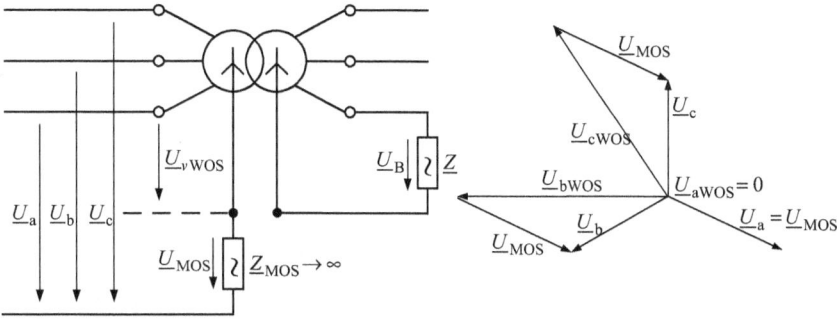

Abb. 5.41: Zeigerbild eines Yyn0-Fünfschenkelkerntransformator mit einphasiger Belastung im Leiter a auf der Unterspannungsseite

$X_0/X_T \leq 1$ aufweisen. Sie können dann einphasig mit dem Bemessungsstrom im Sternpunkt belastet werden und besitzen sinusförmige Strangspannungen.

Bei Erdung des oberspannungsseitigen Sternpunkts kann auch in der Oberspannungswicklung ein Nullstrom fließen, und die Fensterbedingungen sind leicht erfüllbar (siehe Abbildung 5.42).

Das notwendige Durchflutungsgleichgewicht kann durch einen Strom im Leiter a der Oberspannungwicklung direkt hergestellt werden. Dadurch, dass aber dann beide Sternpunkte geerdet sind, und damit ein Nullsystem übertragbar ist, wird eine solche Konfiguration aufgrund der gegenseitigen Beeinflussung der Netzebenen über das Nullsystem und die Beeinflussung des durch die Art der Sternpunkterdung vorgegebe-

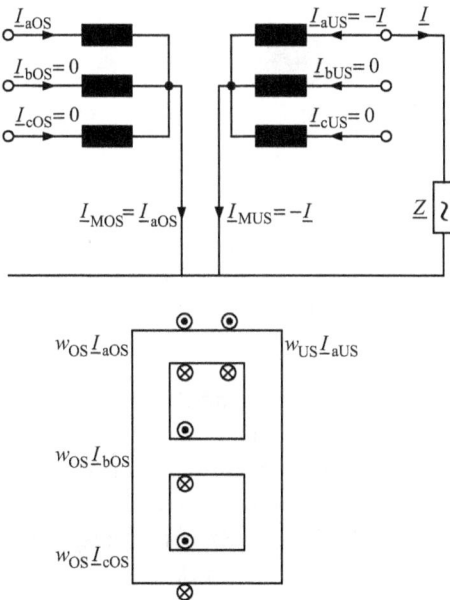

Abb. 5.42: Fensterbedingungen eines YNyn0-Transformators mit einphasiger Belastung im Leiter a auf der Unterspannungsseite

nen Verhaltens bei einpoligen Fehlern nicht eingesetzt. Eine solche Anordnung (ohne Ausgleichswicklung) hat deswegen keine praktische Bedeutung.

5.8.3 Sternpunktbelastbarkeit Yyn0d5-Transformator mit Drei- und Fünfschenkelkern

Durch den Einsatz einer Ausgleichswicklung in Dreieckschaltung (siehe Abbildung 5.43) kann die gleichphasige magnetische Durchflutung in den drei Schenkeln bei einphasiger Belastung auf der Mittelspannungsseite vermieden werden und damit erreicht werden, dass der Transformator mit seinem Bemessungsstrom im Sternpunkt belastbar ist.

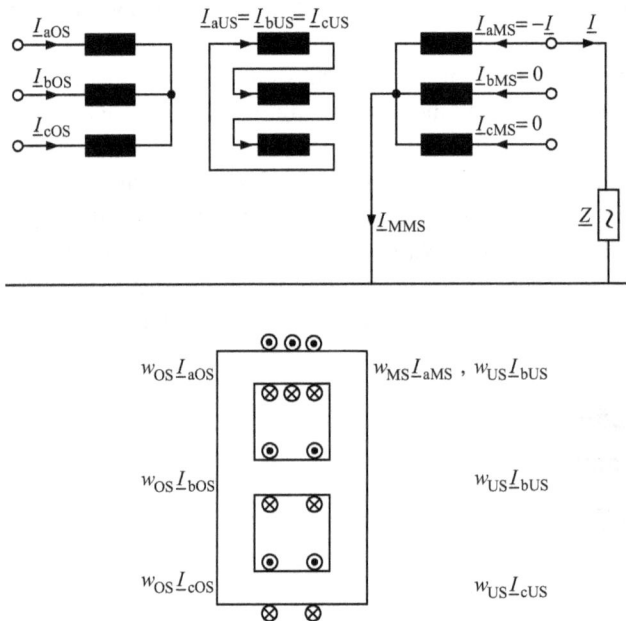

Abb. 5.43: Yyn0d5-Dreischenkelkerntransformator mit einphasiger Belastung im Leiter a auf der Mittelspannungsseite (oben) und zugehörige magnetische Durchflutungen (unten)

Die Ströme in den drei Wicklungen der Ausgleichswicklung sind identisch. Für die Bestimmung dieses Stromes ist als weitere Bedingung die Schenkelbedingung (siehe Abschnitt 5.7.1) einzuführen, die fordert, dass die magnetische Durchflutung in einem Schenkel gleich null sein sollte. Die Anwendung der Fensterbedingungen auf die beiden Fenster des Dreischenkelkerntransformators in Abbildung 5.43 liefert zusammen mit dem Knotenpunktsatz für die magnetischen Durchflutungen in den Jochen des

Eisenkerns und der Schenkelbedingung die folgenden Gleichungen:

$$
\begin{bmatrix} 1 & 1 & 1 & 0 \\ -1 & 1 & 0 & 0 \\ 0 & -1 & 1 & 0 \\ 0 & 0 & 1 & 1 \end{bmatrix} \begin{bmatrix} w_{OS}\underline{I}_{aOS} \\ w_{OS}\underline{I}_{bOS} \\ w_{OS}\underline{I}_{cOS} \\ w_{US}\underline{I}_{aUS} \end{bmatrix} + w_{MS} \begin{bmatrix} 0 \\ 0 \\ \underline{I}_{aMS} = -\underline{I} \\ \underline{I}_{aMS} = -\underline{I} \end{bmatrix} = \begin{bmatrix} 0 \\ 0 \\ 0 \\ 0 \end{bmatrix}
$$

$$
\Leftrightarrow \quad \begin{bmatrix} \underline{I}_{aOS} \\ \underline{I}_{bOS} \\ \underline{I}_{cOS} \\ \underline{I}_{aUS} \end{bmatrix} = \frac{1}{3} \begin{bmatrix} 2\frac{w_{MS}}{w_{OS}}\underline{I} \\ -\frac{w_{MS}}{w_{OS}}\underline{I} \\ -\frac{w_{MS}}{w_{OS}}\underline{I} \\ \frac{w_{MS}}{w_{US}}\underline{I} \end{bmatrix}
$$
(5.65)

Die resultierenden magnetischen Durchflutungen in den Schenkeln ergeben sich zu null:

$$
\begin{bmatrix} \underline{\Theta}_a \\ \underline{\Theta}_b \\ \underline{\Theta}_c \end{bmatrix} = w_{OS} \begin{bmatrix} \underline{I}_{aOS} \\ \underline{I}_{bOS} \\ \underline{I}_{cOS} \end{bmatrix} + w_{MS} \begin{bmatrix} -\underline{I} \\ 0 \\ 0 \end{bmatrix} + w_{US} \begin{bmatrix} \underline{I}_{aUS} \\ \underline{I}_{bUS} \\ \underline{I}_{cUS} \end{bmatrix}
$$

$$
= \frac{w_{MS}}{3} \begin{bmatrix} -\underline{I} \\ -\underline{I} \\ 2\underline{I} \end{bmatrix} + w_{MS} \begin{bmatrix} -\underline{I} \\ 0 \\ 0 \end{bmatrix} + \frac{w_{MS}}{3} \begin{bmatrix} \underline{I} \\ \underline{I} \\ \underline{I} \end{bmatrix} = \begin{bmatrix} 0 \\ 0 \\ 0 \end{bmatrix}
$$
(5.66)

Für die Untersuchung mit den symmetrischen Komponenten muss die Ersatzschaltung für das Nullsystem in Abbildung 5.40 nur durch einen niederohmigen Zweig für die Ausgleichswicklung in Dreieckschaltung parallel zur Hauptreaktanz des Transformators ergänzt werden (siehe Abbildung 5.44).

Die Analyse auf Basis eines hinsichtlich der Spannungen idealen verlustlosen Transformators zeigt, dass die Spannung des Nullsystems und auch die Sternpunktspannung gleich null werden. Das Wicklungsspannungssystem bleibt symmetrisch. Die Bedingung $X_0/X_T \leq 1$ für sternpunktbelastbare Transformatoren ist erfüllt. Der Transformator ist vollständig sternpunktbelastbar. Dies gilt unabhängig davon, welcher Eisenkern verwendet wird. Ein solcher Transformator wird typischerweise als Netzkupplungstransformator (siehe Abschnitt 5.4.3) eingesetzt.

5.8.4 Sternpunktbelastbarkeit Dyn5-Transformator mit Drei- und Fünfschenkelkern

Ein Dyn5-Transformator (siehe Abbildung 5.45) ist ebenfalls vollständig sternpunktbelastbar.

Eine gleichphasige magnetische Durchflutung in den drei Schenkeln entsteht nicht. Die Spannungen der drei Wicklungen bilden durch die Vorgabe eines symmetrischen Quellenspannungssystems und durch die Dreieckschaltung auf der Oberspannungsseite ein symmetrisches Spannungssystem. Damit sind auch die magnetischen Flüsse symmetrisch und addieren sich zu null. Für die Bestimmung der Ströme ist als weitere Bedingung die Schenkelbedingung einzuführen, die fordert, dass die

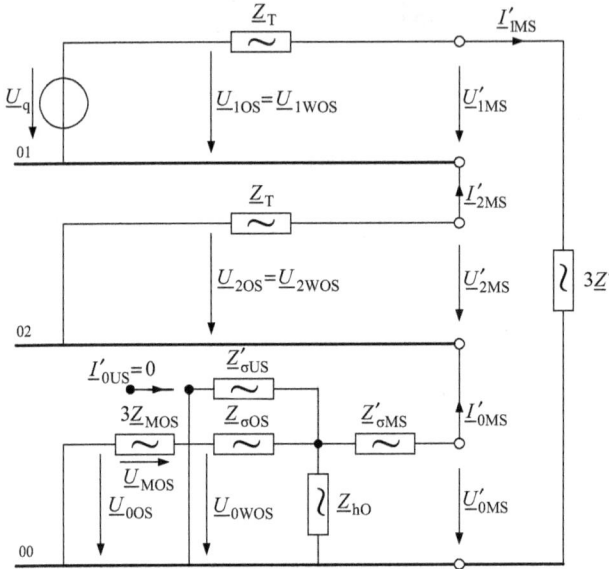

Abb. 5.44: Ersatzschaltung in Symmetrischen Koordinaten für einen YynOd-Dreischenkelkerntransformator mit einphasiger Belastung im Leiter a auf der Mittelspannungsseite

magnetische Durchflutung in einem Schenkel gleich null ist. Die Anwendung der Fensterbedingungen auf die beiden Fenster des Dreischenkelkerntransformators in Abbildung 5.45 liefert mit den Wicklungsströmen:

$$w_{OS} \begin{bmatrix} 1 & 0 & 0 \\ -1 & 1 & 0 \\ 0 & -1 & 1 \end{bmatrix} \begin{bmatrix} \underline{I}_{aWOS} \\ \underline{I}_{bWOS} \\ \underline{I}_{cWOS} \end{bmatrix} + w_{US} \begin{bmatrix} \underline{I}_{aUS} = -\underline{I} \\ -\underline{I}_{aUS} = \underline{I} \\ 0 \end{bmatrix} = \begin{bmatrix} 0 \\ 0 \\ 0 \end{bmatrix}$$

$$\Leftrightarrow \begin{bmatrix} \underline{I}_{aWOS} \\ \underline{I}_{bWOS} \\ \underline{I}_{cWOS} \end{bmatrix} = \frac{w_{US}}{w_{OS}} \begin{bmatrix} \underline{I} \\ 0 \\ 0 \end{bmatrix}$$

(5.67)

bzw. mit den Klemmenströmen:

$$\begin{bmatrix} \underline{I}_{aOS} \\ \underline{I}_{bOS} \\ \underline{I}_{cOS} \end{bmatrix} = \begin{bmatrix} -1 & 1 & 0 \\ 0 & -1 & 1 \\ 1 & 0 & -1 \end{bmatrix} \begin{bmatrix} \underline{I}_{aWOS} \\ \underline{I}_{bWOS} \\ \underline{I}_{cWOS} \end{bmatrix} = \frac{w_{US}}{w_{OS}} \begin{bmatrix} -\underline{I} \\ 0 \\ \underline{I} \end{bmatrix}$$

(5.68)

Die resultierenden magnetischen Durchflutungen in den Schenkeln ergeben sich zu null:

$$\begin{bmatrix} \underline{\Theta}_a \\ \underline{\Theta}_b \\ \underline{\Theta}_c \end{bmatrix} = w_{OS} \begin{bmatrix} \underline{I}_{aWOS} \\ \underline{I}_{bWOS} \\ \underline{I}_{cWOS} \end{bmatrix} + w_{US} \begin{bmatrix} \underline{I}_{aUS} \\ \underline{I}_{bUS} \\ \underline{I}_{cUS} \end{bmatrix} = w_{US} \begin{bmatrix} \underline{I} \\ 0 \\ 0 \end{bmatrix} + w_{US} \begin{bmatrix} -\underline{I} \\ 0 \\ 0 \end{bmatrix} = \begin{bmatrix} 0 \\ 0 \\ 0 \end{bmatrix}$$

(5.69)

Das Durchflutungsgleichgewicht wird durch einen Strom in der Oberspannungswicklung auf dem selben Schenkel hergestellt. Die entsprechenden Klemmenströme zeigen auf der Oberspannungsseite eine Belastung in den Leitern a und c (siehe Abbildung 5.45).

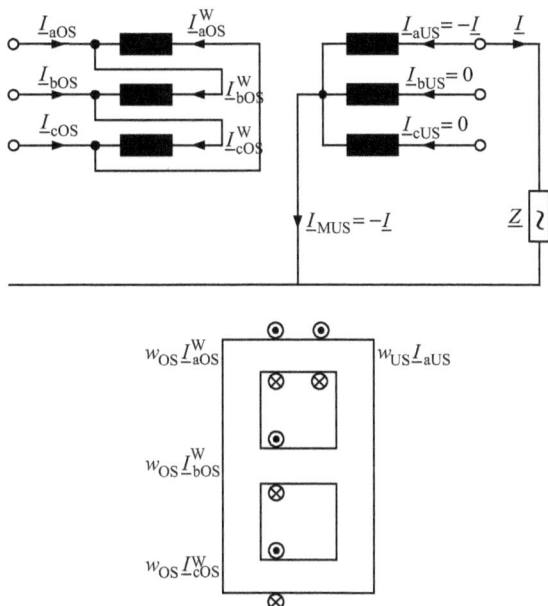

Abb. 5.45: Dyn5-Dreischenkelkerntransformator mit einphasiger Belastung im Leiter a auf der Unterspannungsseite (oben) und zugehörige magnetische Durchflutungen (unten)

Bei Betrachtung des Transformators mit den Symmetrischen Komponenten ergibt sich die Ersatzschaltung in Abbildung 5.46 mit dem typischen Kurzschlusszweig im Nullsystem für die Dreieckschaltung auf der Oberspannungsseite des Transformators. Setzt man wieder einen hinsichtlich der Spannungen idealen Transformator voraus, so werden die Spannungen des Nullsystems gleich null. Das Wicklungsspannungssystem bleibt symmetrisch. Der Transformator ist vollständig sternpunktbelastbar. Dies gilt unabhängig davon, welcher Eisenkern verwendet wird. Ein solcher Transformator wird typischerweise als Ortsnetztransformator (siehe Abschnitt 5.4.5) eingesetzt, um die vorhandenen einphasigen Belastungen und Einspeisungen in der NS-Ebene über den Außenleiter und den Sternpunkt anschließen zu können.

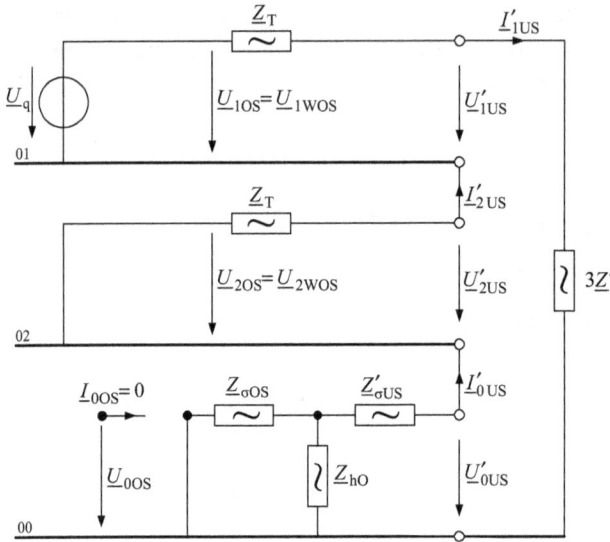

Abb. 5.46: Ersatzschaltung in Symmetrischen Koordinaten für einen Dyn5-Dreischenkelkerntransformator mit einphasiger Belastung im Leiter a auf der Unterspannungsseite

5.8.5 Sternpunktbelastbarkeit Yzn5-Transformator mit Drei- und Fünfschenkelkern

Eine vollständige Sternpunktbelastbarkeit zeigt auch der Yzn5-Transformator (siehe Abbildung 5.47).

Das Gleichgewicht der magnetischen Durchflutungen wird durch die Aufteilung der Wicklungen eines Stranges auf zwei Schenkel und die Gegenreihenschaltung dieser Wicklungen erreicht. Jede Teilwicklung findet auf der Oberspannungsseite eine entgegengesetzte magnetische Durchflutung. Bei einer einphasigen Belastung auf der Unterspannungsseite werden somit bei einem hinsichtlich der Spannungen idealen Transformator gleich große Ströme in den entsprechenden Strangwicklungen der Oberspannungsseite induziert, die unmittelbar ein Gleichgewicht der magnetischen Durchflutungen herstellen. Dies ergibt sich aus dem Knotenpunktsatz für die OS-Wicklung und den Fensterbedingungen $w_{USI} = w_{USII} = w_{US}/2$:

$$
w_{OS} \begin{bmatrix} 1 & -1 & 1 \\ -1 & 1 & 0 \\ 0 & -1 & 1 \end{bmatrix} \begin{bmatrix} \underline{I}_{aOS} \\ \underline{I}_{bOS} \\ \underline{I}_{cOS} \end{bmatrix} + \frac{w_{US}}{2} \begin{bmatrix} 0 \\ -2\underline{I}_{aUSII} = 2\underline{I} \\ \underline{I}_{cUS} = -\underline{I} \end{bmatrix} = \begin{bmatrix} 0 \\ 0 \\ 0 \end{bmatrix}
$$

$$
\Leftrightarrow \begin{bmatrix} \underline{I}_{aOS} \\ \underline{I}_{bOS} \\ \underline{I}_{cOS} \end{bmatrix} = \frac{w_{US}}{2w_{OS}} \begin{bmatrix} \underline{I} \\ -\underline{I} \\ 0 \end{bmatrix}
$$

(5.70)

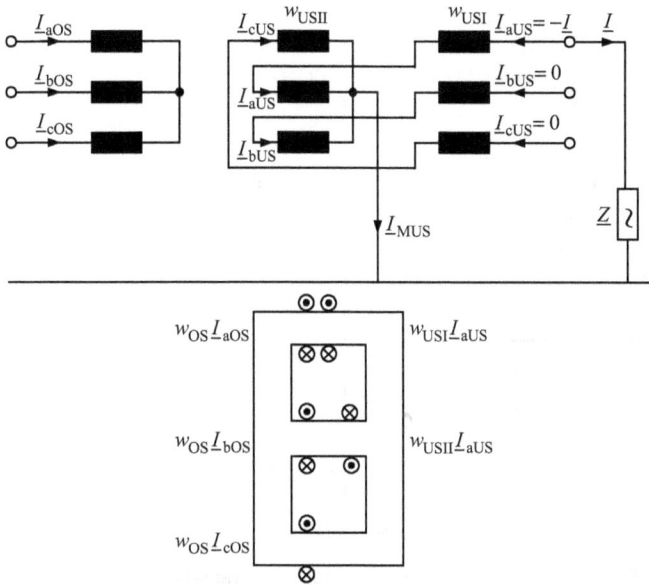

Abb. 5.47: Yzn5-Dreischenkelkerntransformator mit einphasiger Belastung im Leiter a auf der Unterspannungsseite (oben) und zugehörige magnetische Durchflutungen (unten)

Die resultierenden magnetischen Durchflutungen in den Schenkeln ergeben sich zu null:

$$
\begin{bmatrix} \underline{\Theta}_a \\ \underline{\Theta}_b \\ \underline{\Theta}_c \end{bmatrix} = w_{OS} \begin{bmatrix} \underline{I}_{aOS} \\ \underline{I}_{bOS} \\ \underline{I}_{cOS} \end{bmatrix} + \frac{w_{US}}{2} \begin{bmatrix} \underline{I}_{aUS} \\ \underline{I}_{bUS} \\ \underline{I}_{cUS} \end{bmatrix} - \frac{w_{US}}{2} \begin{bmatrix} \underline{I}_{cUS} \\ \underline{I}_{aUS} \\ \underline{I}_{bUS} \end{bmatrix}
$$

$$
= \frac{w_{US}}{2} \begin{bmatrix} \underline{I} \\ -\underline{I} \\ 0 \end{bmatrix} + \frac{w_{US}}{2} \begin{bmatrix} \underline{I}_{aUS} = -\underline{I} \\ -\underline{I}_{aUS} = \underline{I} \\ 0 \end{bmatrix} = \begin{bmatrix} 0 \\ 0 \\ 0 \end{bmatrix}
\tag{5.71}
$$

Die Betrachtung mit den Symmetrischen Komponenten führt auf die Ersatzschaltung in Abbildung 5.48. Bei Annahme eines hinsichtlich der Spannungen idealen Transformators ergibt sich wieder ein Kurzschlusszweig für das Nullsystem des Transformators, womit die Spannungen des Nullsystems gleich null werden. Das Wicklungsspannungssystem bleibt symmetrisch. Der Transformator ist vollständig sternpunktbelastbar. Dies gilt unabhängig davon, welcher Eisenkern verwendet wird. Ein solcher Transformator wird ebenfalls typischerweise als Ortsnetztransformator (siehe Abschnitt 5.4.5) eingesetzt, um die vorhandenen einphasigen Belastungen und Einspeisungen in der NS-Ebene über den Außenleiter und den Sternpunkt anschließen zu können.

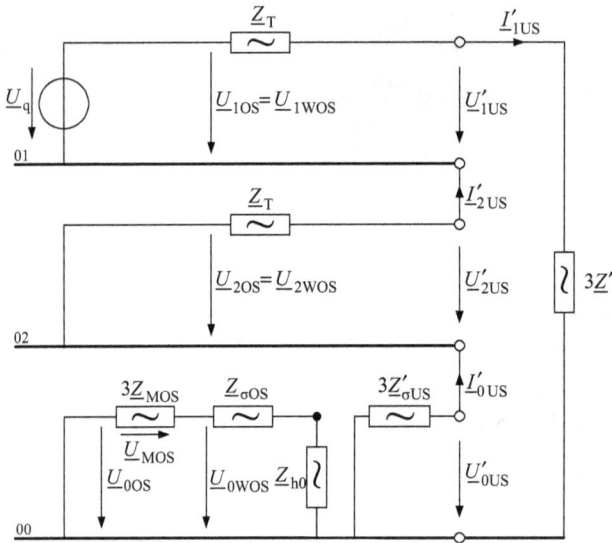

Abb. 5.48: Ersatzschaltung in Symmetrischen Koordinaten für einen Yzn5-Transformator mit einphasiger Belastung im Leiter a auf der Unterspannungsseite

5.9 Dreiwicklungstransformator

Bei Dreiwicklungstransformatoren kann die dritte Wicklung (US-Wicklung) als Leistungswicklung (siehe Abbildung 5.49) oder auch als Ausgleichswicklung ausgeführt sein (siehe Abbildung 5.50).

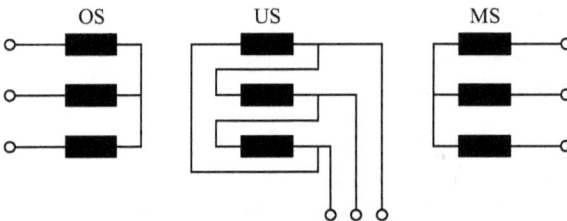

Abb. 5.49: Dreiwicklungstransformator mit Leistungswicklung

Im Gegensatz zu Zweiwicklungstransformatoren werden auf dem Typenschild eines Dreiwicklungstransformators drei Bemessungsleistungen S_{rTOS}, S_{rTMS} und S_{rTUS} für die OS-, MS- und US-Wicklung angegeben, die aus den Bemessungsspannungen und -strömen der OS-, MS- und US-Wicklung berechnet werden und unterschiedlich groß sein können. Dabei ergibt der Mittelwert der Bemessungsleistungen aller Wicklungen eine ungefähre Abschätzung der Baugröße von Drei- oder auch Mehrwicklungstransformatoren als Volltransformatoren.

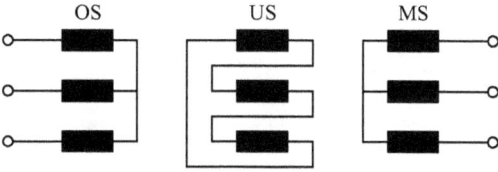

Abb. 5.50: Dreiwicklungstransformator mit Ausgleichswicklung

Die zwischen zwei Wicklungen übertragbaren Leistungen S_{rTOSMS}, S_{rTOSUS} und S_{rTMSUS} werden als Durchgangsleistungen bezeichnet. Sie ergeben sich aus der Bemessungsleistung der jeweils leistungsschwächeren Wicklung:

$$S_{\text{rTOSMS}} = \min(S_{\text{rTOS}}, S_{\text{rTMS}})$$

$$S_{\text{rTOSUS}} = \min(S_{\text{rTOS}}, S_{\text{rTUS}})$$

$$S_{\text{rTMSUS}} = \min(S_{\text{rTMS}}, S_{\text{rTUS}})$$

(5.72)

Die Ersatzschaltung eines Dreiwicklungstransformators für das Mitsystem in Abbildung 5.51 ergibt sich aus der für einen Zweiwicklungstransformator in Abbildung 5.24 bzw. Abbildung 5.25 durch die Ergänzung einer zusätzlichen Streureaktanz für die dritte Wicklung und die Ergänzung eines zusätzlichen idealen Übertragers mit einem entsprechenden Übersetzungsverhältnis.

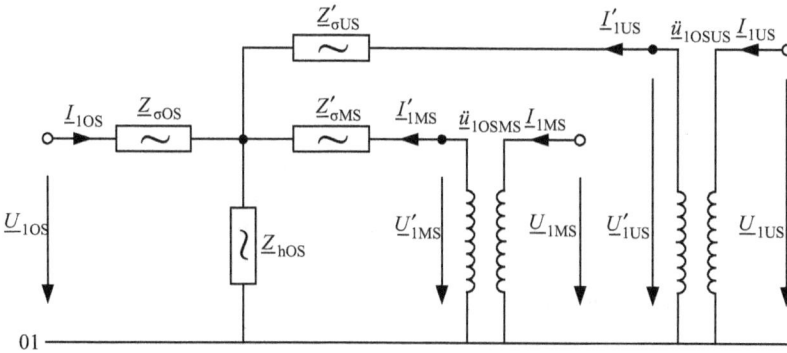

Abb. 5.51: Ersatzschaltung für das Mitsystem eines Dreiwicklungstransformators mit auf die Oberspannungsseite umgerechneten mittel- und unterspannungsseitigen Größen

Die Spannungen, Ströme und Impedanzen können mit den Übersetzungsverhältnissen $\underline{\ddot{u}}_{\text{OSMS}}$, $\underline{\ddot{u}}_{\text{OSUS}}$ und $\underline{\ddot{u}}_{\text{MSUS}}$ auf die OS-, MS- oder US-Seite analog zu Gl. (5.23) umgerechnet werden. Für die Umrechnung auf die OS-Seite gilt:

$$\underline{U}'_{\text{MS}} = \underline{\ddot{u}}_{\text{OSMS}} \cdot \underline{U}_{\text{MS}}, \quad \underline{I}'_{\text{MS}} = \frac{1}{\underline{\ddot{u}}^{*}_{\text{OSMS}}} \underline{I}_{\text{MS}} \quad \text{und}$$

$$\underline{Z}'_{\text{MS}} = \ddot{u}^{2}_{\text{OSMS}} \cdot \underline{Z}_{\text{MS}} = \underline{\ddot{u}}_{\text{OSMS}} \cdot \underline{\ddot{u}}^{*}_{\text{OSMS}} \cdot \underline{Z}_{\text{MS}}$$

(5.73)

und:

$$\underline{U}'_{US} = \underline{ü}_{OSUS} \cdot \underline{U}_{US} , \quad \underline{I}'_{US} = \frac{1}{\underline{ü}^*_{OSUS}} \underline{I}_{US} \quad \text{und}$$

$$\underline{Z}'_{US} = \underline{ü}^2_{OSUS} \cdot \underline{Z}_{US} = \underline{ü}_{OSUS} \cdot \underline{ü}^*_{OSUS} \cdot \underline{Z}_{US} \tag{5.74}$$

Entsprechend gelten für die Umrechnungen auf die MS-Seite:

$$\underline{U}'_{OS} = \frac{1}{\underline{ü}_{OSMS}} \cdot \underline{U}_{OS} , \quad \underline{I}'_{OS} = \underline{ü}^*_{OSMS} \cdot \underline{I}_{OS} \quad \text{und}$$

$$\underline{Z}'_{OS} = \frac{1}{\underline{ü}^2_{OSMS}} \underline{Z}_{OS} = \frac{1}{\underline{ü}_{OSMS} \cdot \underline{ü}^*_{OSMS}} \underline{Z}_{OS} \tag{5.75}$$

und:

$$\underline{U}'_{US} = \underline{ü}_{MSUS} \cdot \underline{U}_{US} , \quad \underline{I}'_{US} = \frac{1}{\underline{ü}^*_{MSUS}} \underline{I}_{US} \quad \text{und}$$

$$\underline{Z}'_{US} = \underline{ü}^2_{MSUS} \cdot \underline{Z}_{US} = \underline{ü}_{MSUS} \cdot \underline{ü}^*_{MSUS} \cdot \underline{Z}_{US} \tag{5.76}$$

und auf die US-Seite:

$$\underline{U}'_{OS} = \frac{1}{\underline{ü}_{OSUS}} \cdot \underline{U}_{OS} , \quad \underline{I}'_{OS} = \underline{ü}^*_{OSUS} \cdot \underline{I}_{OS} \quad \text{und}$$

$$\underline{Z}'_{OS} = \frac{1}{\underline{ü}^2_{OSUS}} \underline{Z}_{OS} = \frac{1}{\underline{ü}_{OSUS} \cdot \underline{ü}^*_{OSUS}} \underline{Z}_{OS} \tag{5.77}$$

und:

$$\underline{U}'_{MS} = \frac{1}{\underline{ü}_{MSUS}} \cdot \underline{U}_{MS} , \quad \underline{I}'_{MS} = \underline{ü}^*_{MSUS} \cdot \underline{I}_{MS} \quad \text{und}$$

$$\underline{Z}'_{MS} = \frac{1}{\underline{ü}^2_{MSUS}} \underline{Z}_{MS} = \frac{1}{\underline{ü}_{MSUS} \cdot \underline{ü}^*_{MSUS}} \underline{Z}_{MS} \tag{5.78}$$

Die Impedanzen der Ersatzschaltung des Dreiwicklungstransformators werden durch die Ergebnisse von drei Kurzschlussversuchen und eines Leerlaufversuchs bestimmt. Bei den Kurzschlussversuchen, die grundsätzlich entsprechend der in Abschnitt 5.6.1 beschriebenen Vorgehensweise durchgeführt werden, bleibt jeweils ein Klemmenpaar leerlaufend. Er ergibt sich unter Berücksichtigung von Abbildung 5.51:

$$\underline{Z}_{OSMS} = \underline{Z}_{OS} + \underline{Z}'_{MS} = (u_{rOSMS} + ju_{xOSMS}) \frac{3U^2_B}{S_{rTOSMS}} \tag{5.79}$$

$$\underline{Z}_{OSUS} = \underline{Z}_{OS} + \underline{Z}'_{US} = (u_{rOSUS} + ju_{xOSUS}) \frac{3U^2_B}{S_{rTOSUS}} \tag{5.80}$$

$$\underline{Z}_{MSUS} = \underline{Z}'_{MS} + \underline{Z}'_{US} = (u_{rMSUS} + ju_{xMSUS}) \frac{3U^2_B}{S_{rTMSUS}} \tag{5.81}$$

bzw.

$$\begin{bmatrix} \underline{Z}_{OSMS} \\ \underline{Z}_{OSUS} \\ \underline{Z}_{MSUS} \end{bmatrix} = \begin{bmatrix} 1 & 1 & 0 \\ 1 & 0 & 1 \\ 0 & 1 & 1 \end{bmatrix} \begin{bmatrix} \underline{Z}_{OS} \\ \underline{Z}'_{MS} \\ \underline{Z}'_{US} \end{bmatrix} \tag{5.82}$$

mit (siehe Gl. (5.29) und Gl. (5.31)):

$$u_{kOSMS} = \sqrt{u_{rOSMS}^2 + u_{xOSMS}^2}\,, \quad u_{kOSUS} = \sqrt{u_{rOSUS}^2 + u_{xOSUS}^2} \quad \text{und}$$

$$u_{kMSUS} = \sqrt{u_{rMSUS}^2 + u_{xMSUS}^2} \tag{5.83}$$

und:

$$u_{rOSMS} = \frac{P_{VkrOSMS}}{S_{rTOSMS}}\,, \quad u_{rOSUS} = \frac{P_{VkrOSUS}}{S_{rTOSUS}} \quad \text{und} \quad u_{rMSUS} = \frac{P_{VkrMSUS}}{S_{rTMSUS}} \tag{5.84}$$

sowie der Bezugsspannung U_B, die kennzeichnet, auf welche Spannungsebene die Elemente der Ersatzschaltung bezogen werden sollen. Bei Bezug auf die Oberspannungsseite des Dreiwicklungstransformators (wie in Abbildung 5.51 und in den Gln. (5.79)–(5.82)) gilt:

$$U_B = U_{rTOS}/\sqrt{3} \tag{5.85}$$

Aus den Gln. (5.79) bis (5.81) bzw. aus Gl. (5.82) berechnen sich bei Bezug auf die Oberspannungsseite die Elemente der Ersatzschaltung in Abbildung 5.51 zu:

$$\begin{bmatrix} \underline{Z}_{OS} \\ \underline{Z}'_{MS} \\ \underline{Z}'_{US} \end{bmatrix} = \frac{1}{2} \begin{bmatrix} 1 & 1 & -1 \\ 1 & -1 & 1 \\ -1 & 1 & 1 \end{bmatrix} \begin{bmatrix} \underline{Z}_{OSMS} \\ \underline{Z}_{OSUS} \\ \underline{Z}_{MSUS} \end{bmatrix} \tag{5.86}$$

Die mit Gl. (5.86) berechneten Ersatzschaltungselemente können teilweise negative Reaktanzen und auch negative Widerstandswerte erhalten. Diese Werte liegen in der Wahl der Ersatzschaltung begründet und repräsentieren das Betriebsverhalten des Dreiwicklungstransformators.

Die Hauptfeldreaktanz und auch der Eisenverlustwiderstand werden ganz analog zum Vorgehen beim Zweiwicklungstransformator über einen Leerlaufversuch bestimmt (siehe Abschnitt 5.6.2).

Die Ersatzschaltung für das Gegensystem entspricht wieder der des Mitsystems mit dem Unterschied, dass die Übersetzungsverhältnisse konjugiert komplex zu denen des Mitsystems sind (vgl. Abschnitt 5.5.2).

Für den Aufbau der Nullsystemersatzschaltung des Dreiwicklungstransformators gelten dieselben Überlegungen und dieselbe Vorgehensweise wie für die Nullsystemersatzschaltung des Zweiwicklungstransformators (siehe Abschnitt 5.5.3). Die Bestimmung der Ersatzschaltungselemente erfolgt analog zu den Ausführungen in Abschnitt 5.6.3).

5.10 Parallelbetrieb von Transformatoren

Beim Parallelbetrieb von Transformatoren (siehe Abbildung 5.52) ist dafür zu sorgen, dass keine (zu großen) Ausgleichsströme in der/den Masche(n) zwischen den Transformatoren entstehen und eine möglichst gleichmäßige Auslastung der parallelen Transformatoren erfolgt.

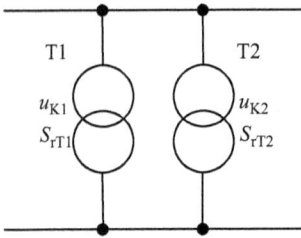

Abb. 5.52: Parallelbetrieb von zwei Transformatoren

Für die Parallelschaltung sind dann die folgenden Bedingungen zu erfüllen:
- gleiche Schaltgruppe,
- gleiche Übersetzungsverhältnisse,
- annähernd gleiche Kurzschlussspannungen und
- Verhältnis der Bemessungsscheinleistungen nicht größer als 3:1.

Legt man die vereinfachten Ersatzschaltungen für die Transformatoren in Abbildung 5.25 zu Grunde und berücksichtigt, dass die ober- und die unterspannungsseitigen Spannungen $\underline{U}_{OS}$ und $\underline{U}_{US}$ für die beiden parallelen Transformatoren gleich sind, ergibt sich mit der daraus resultierenden Strangersatzschaltung in Abbildung 5.53:

$$
\begin{aligned}
\underline{U}_{OS} &= \underline{Z}_{T1}\underline{I}_{T1OS} + \underline{U}'_{T1US} = \underline{Z}_{T1}\underline{I}_{T1OS} + \underline{ü}_{T1}\underline{U}_{US} \\
&= \underline{Z}_{T2}\underline{I}_{T2OS} + \underline{U}'_{T2US} = \underline{Z}_{T2}\underline{I}_{T2OS} + \underline{ü}_{T2}\underline{U}_{US} \\
&= \underline{Z}_{T2}\underline{I}_{T2OS} + \underbrace{\frac{\underline{ü}_{T2} - \underline{ü}_{T1}}{\underline{ü}_{T1}}\underline{ü}_{T1}\underline{U}_{US}}_{\Delta\underline{U}_q} + \underline{ü}_{T1}\underline{U}_{US}
\end{aligned}
\tag{5.87}
$$

Damit kann die Ersatzschaltung in Abbildung 5.54 für die Anordnung aufgebaut werden, aus der man erkennt, dass sich bei ungleichen Schaltgruppen und/oder ungleichen Übersetzungsverhältnissen ($\underline{ü}_{T1} \neq \underline{ü}_{T2}$) ein durch die Spannungsdifferenz $\Delta\underline{U}_q$

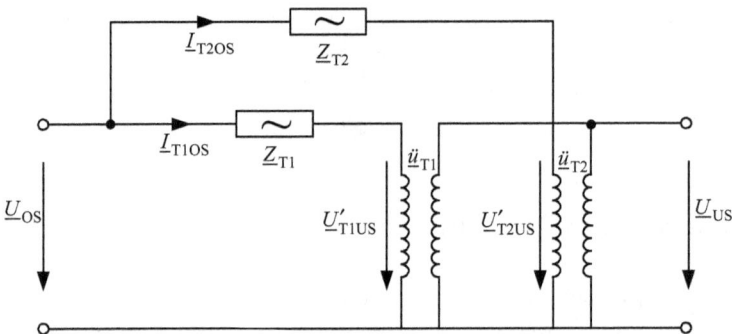

Abb. 5.53: Strangersatzschaltung für den Parallelbetrieb von zwei Zweiwicklungstransformatoren

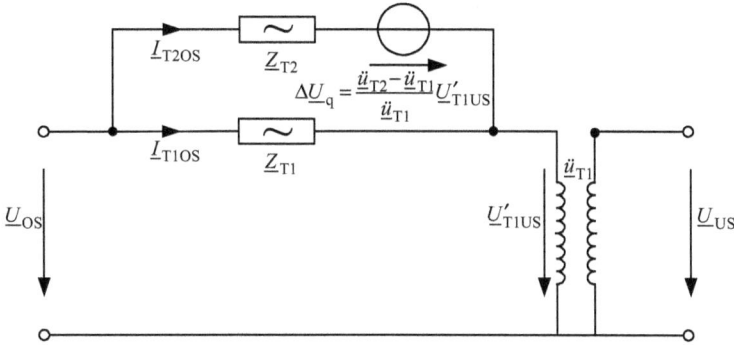

Abb. 5.54: Strangersatzschaltung mit innerer Spannungsquelle für den Parallelbetrieb von zwei Zweiwicklungstransformatoren

entstehender Kreisstrom zwischen den beiden Transformatoren ausbildet, der zu zusätzlichen Verlusten, Blindleistungsbedarf und Belastungen führt.

Annähernd gleiche Kurzschlussspannungen und Bemessungsscheinleistungen sorgen für eine gleichmäßige Auslastung der Transformatoren. Dies erkennt man mit Hilfe der Stromteilerregel (siehe Band 1, Abschnitt 8.6), nach der sich die Ströme umgekehrt proportional zu den Impedanzen aufteilen:

$$\frac{\underline{I}_{T1OS}}{\underline{I}_{T2OS}} = \frac{\underline{Z}_{T2}}{\underline{Z}_{T1}} \Rightarrow \frac{I_{T1OS}}{I_{T2OS}} = \frac{Z_{T2}}{Z_{T1}} = \frac{u_{k2}}{u_{k1}} \cdot \frac{U_{rT2OS}^2/S_{rT2OS}}{U_{rT1OS}^2/S_{rT1OS}} = \frac{u_{k2}}{u_{k1}} \cdot \frac{S_{rT1OS}}{S_{rT2OS}} \tag{5.88}$$

Grundsätzlich lassen sich durch den Betrieb mit zwei parallelen Transformatoren ab einer bestimmten Auslastung die Verluste reduzieren. Die Betriebsverluste eines einzelnen Transformators ergeben sich aus (siehe Abschnitt 5.7.4):

$$P_{V1} = P_{Vlr} + P_{Vkr}\left(\frac{I}{I_{rT}}\right)^2 \tag{5.89}$$

Für die im Parallelbetrieb mit zwei gleichen Transformatoren entstehenden Verluste gilt:

$$P_{V2} = 2P_{Vlr} + 2P_{Vkr}\left(\frac{I}{2I_{rT}}\right)^2 \tag{5.90}$$

Abbildung 5.55 zeigt die von der Belastung abhängigen bezogenen Gesamtverluste von einem Transformator bzw. von zwei parallelen gleichen Transformatoren. Man erkennt, dass ab einer bestimmten Belastung der Betrieb mit zwei parallelen Transformatoren die geringeren Gesamtverluste erzeugt. Bei geringeren Belastungen erübrigt sich aufgrund des dann großen Einflusses der spannungsabhängigen Verluste der Parallelbetrieb.

Aus dem Gleichsetzen der Gesamtverluste P_{V1} von einem Transformator mit denen von zwei parallelen gleichen Transformatoren P_{V2} lässt sich der Umschaltstrom

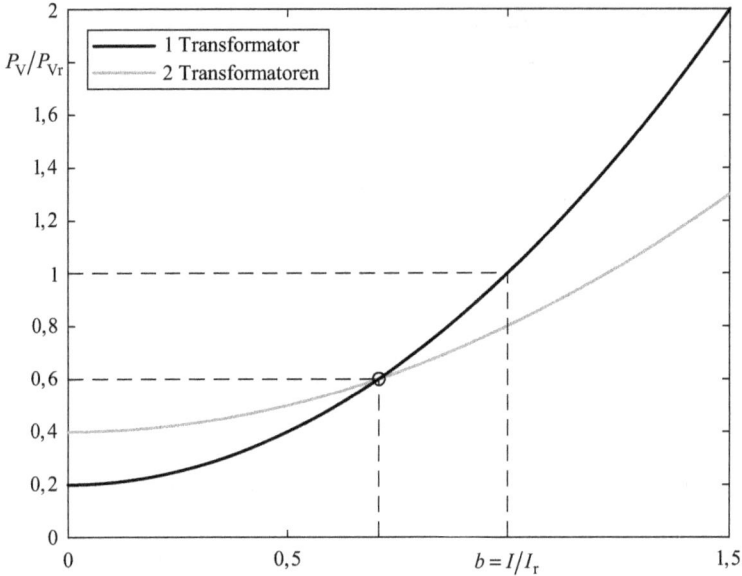

Abb. 5.55: Bezogene Verluste von einem Transformator bzw. zwei parallelen gleichen Transformatoren

bestimmen, ab dem ein Parallelbetrieb geringere Verluste verursachen würde. Es gilt:

$$P_{V1} = P_{Vlr} + P_{Vkr} \left(\frac{I}{I_{rT}} \right)^2 = P_{V2} = 2P_{Vlr} + 2P_{Vkr} \left(\frac{I}{2I_{rT}} \right)^2$$

$$\Leftrightarrow \quad \frac{I}{I_{rT}} = \sqrt{\frac{2P_{Vlr}}{P_{Vkr}}} = \sqrt{2a} = \sqrt{2} \cdot b_{opt}$$

(5.91)

5.11 Spartransformator

Beim Spartransformator (auch Autotransformator) ist ein Teil der sogenannten Stamm-wicklung der ober- und der unterspannungsseitigen Wicklung gemeinsam (siehe Abbildung 5.56 links). Dieser Teil wird auch als Parallelwicklung (Index 2 in Abbildung 5.56) und die in Reihe geschaltete Wicklung als Reihenwicklung (Index 1 in Abbildung 5.56) bezeichnet. Es wird somit nicht wie beim Volltransformator die gesamte Leistung induktiv über den Eisenkreis und über die elektromagnetische Induktion von einer Wicklung auf die andere Wicklung sondern teilweise auch galvanisch über eine elektrische Verbindung über eine gemeinsame Impedanz übertragen. Eine ggf. vorhandene dritte Wicklung ist eine Ausgleichswicklung, die ausschließlich induktiv mit den beiden anderen Teilwicklungen gekoppelt ist (siehe Abbildung 5.56 rechts).

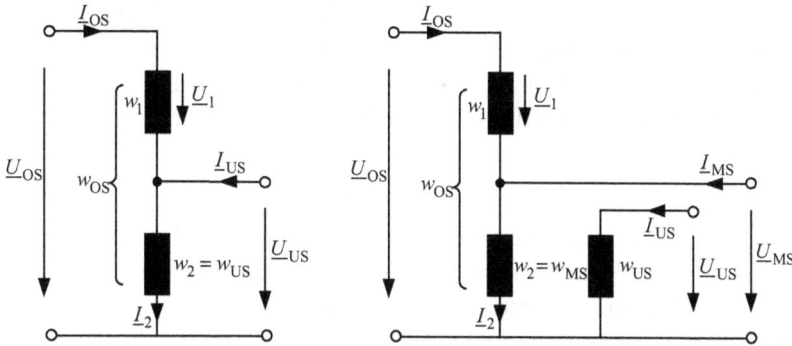

Abb. 5.56: (Zweiwicklungs-)Spartransformator (links) und Dreiwicklungsspartransformator/Spartransformator mit Ausgleichswicklung (rechts)

Spartransformatoren ermöglichen bei gleicher Bemessungsleistung eine geringere Baugröße und Masse und damit auch entsprechende Kosteneinsparungen. Sie werden im Netzbetrieb als Drehstrombänke (drei Einphasenspartransformatoren) mit Dreiecksausgleichswicklung zur Kupplung von 380- und 220-kV-Netzen eingesetzt (siehe Abschnitt 5.4.3) und werden stets in Sternschaltung ausgeführt. Elektrisch zeichnen sie sich durch einen geringeren Spannungsabfall und geringere Verluste aufgrund einer geringeren relativen Kurzschlussspannung u_k gegenüber Volltransformatoren aus, wodurch aber auch höhere Kurzschlussströme im Fehlerfall auftreten. Auch würde bei einer Unterbrechung der Parallelwicklung die oberspannungsseitige Spannung an der Unterspannungsseite anliegen, weswegen sich diese Spannungen nicht zu stark unterscheiden sollten ($U_{rTOS}/U_{rTUS} \leq 2$).

5.11.1 Typ- und Durchgangsleistung

Die Baugröße eines Transformators wird generell durch die induktiv auf dem Eisenweg übertragene Scheinleistung bestimmt. Diese Leistung ist die sogenannte Typleistung. Sie berechnet sich dementsprechend aus den jeweiligen Bemessungsgrößen (Index r) der Wicklungsteile. Für die Typleistung des Spartransformators gilt:

$$S_{Typ} = \sqrt{3}U_{1r}I_{rTOS} = \sqrt{3}U_{rTUS}I_{2r} \tag{5.92}$$

Die Typleistung eines Spartransformators ist damit immer kleiner als die Bemessungs(schein)leistung S_{rT}. Die Bemessungsleistung ist ein formaler Wert, der sich jeweils aus den Bemessungswerten der Klemmengrößen der Ober-, Mittel- und Unterspannungsseite berechnet.

$$S_{rTOS} = \sqrt{3}U_{rTOS}I_{rTOS}\,, \quad S_{rTMS} = \sqrt{3}U_{rTMS}I_{rTMS} \quad \text{und} \quad S_{rTUS} = \sqrt{3}U_{rTUS}I_{rTUS} \tag{5.93}$$

Die Durchgangsleistung S_{rTOSUS} ist die von einer Klemme an eine andere Klemme übertragene Scheinleistung (hier OS-US) und entspricht damit dem Minimum der beiden Bemessungsleistungen des jeweiligen Klemmenpaars (vgl. Abschnitt 5.9). Beim Zweiwicklungstransformator haben beide Klemmenpaare die gleiche Bemessungsleistung, die damit auch die Bemessungsleistung und die Durchgangsleistung des Transformators angibt. Es gilt für die Bemessungsleistung für den Zweiwicklungstransformator:

$$S_{rT} = S_{rTOS} = S_{rTUS} = S_{rTOSUS} \tag{5.94}$$

Bei einem Mehrwicklungstransformator werden auf dem Typenschild die Bemessungsleistungen aller Wicklungen angegeben (vgl. Abschnitt 5.9), und die Durchgangsleistungen werden entsprechend Gl. (5.72) bestimmt.

Aus dem Verhältnis von Typ- zu Durchgangsleistung eines Spartransformators erkennt man, dass die induktiv übertragene Typleistung S_{Typ} und damit die erforderliche Baugröße kleiner wird, je kleiner die Differenz zwischen Ober- und Unterspannung wird:

$$\frac{S_{Typ}}{S_{rTOSUS}} = \frac{S_{Typ}}{S_{rT}} = \frac{\sqrt{3}\,U_{1r}I_{rTOS}}{\sqrt{3}\,U_{rTOS}I_{rTOS}} = \frac{U_{1r}}{U_{rTOS}} \approx \frac{U_{rTOS} - U_{rTUS}}{U_{rTOS}} = 1 - \frac{U_{rTUS}}{U_{rTOS}} \tag{5.95}$$

Um kleine Baugrößen erreichen zu können, dürfen sich damit die Spannungen auf der Ober- und Unterspannungsseite nicht zu stark unterscheiden ($U_{rTOS}/U_{rTUS} \leq 2$).

5.11.2 Ersatzschaltung für das Mitsystem

Aus der Ersatzschaltung für den Zweiwicklungsspartransformator in Abbildung 5.56 lässt sich eine T-Ersatzschaltung ableiten, wie sie auch für den herkömmlichen Transformator verwendet wird (vgl. Abbildung 5.24). Zunächst gilt für den Zweiwicklungsspartransformator in Abbildung 5.56:

$$\underline{U}_1 = \left(R_1 + j\omega \left(\frac{w_1^2}{R_{m\sigma 1}} + \frac{w_1^2}{R_{mh}} \right) \right) \underline{I}_{OS} + j\omega \frac{w_1 w_2}{R_{mh}} \underline{I}_2$$

$$= (R_1 + j(X_{\sigma 1} + X_h))\underline{I}_{OS} + j X_h \frac{w_2}{w_1}\underline{I}_2 \tag{5.96}$$

$$\underline{U}_{US} = j\omega \frac{w_2 w_1}{R_{mh}} \underline{I}_{OS} + \left(R_2 + j\omega \left(\frac{w_2^2}{R_{m\sigma 2}} + \frac{w_2^2}{R_{mh}} \right) \right) \underline{I}_2$$

$$= j\frac{w_2}{w_1} X_h \underline{I}_{OS} + \left(R_2 + j\frac{w_2^2}{w_1^2} \left(X'_{\sigma 2} + X_h \right) \right) \underline{I}_2 \tag{5.97}$$

mit den ohmschen Wicklungswiderständen sowie den auf die Wicklung 1 bezogenen Streu- und Hauptreaktanzen, die sich aus den magnetischen Widerständen $R_{m\sigma 1}$, $R_{m\sigma 2}$ und R_{mh} der magnetischen Streu- und Hauptwege berechnen und analog zu denen des Volltransformators (vgl. Gl. (5.5), Gl. (5.6) und Gl. (5.9)) definiert sind:

$$X_{\sigma 1} = \omega \frac{w_1^2}{R_{m\sigma 1}}, \quad X'_{2\sigma} = \omega \frac{w_1^2}{R_{m\sigma 2}} \quad \text{und} \quad X_h = \omega \frac{w_1^2}{R_{mh}} \tag{5.98}$$

Für die Klemmengrößen des Spartransformators gilt:

$$\underline{U}_{OS} = \underline{U}_1 + \underline{U}_{US} \quad \text{und} \quad \underline{I}_{OS} + \underline{I}_{US} = \underline{I}_2 \tag{5.99}$$

Damit folgt für die beiden Klemmenspannungen mit Hilfe von Gl. (5.99):

$$
\begin{aligned}
\underline{U}_{OS} &= \left(R_1 + \mathrm{j}\left(X_{\sigma 1} + X_h + \frac{w_2}{w_1}X_h \right) \right)\underline{I}_{OS} + \left(R_2 + \mathrm{j}\,\frac{w_2^2}{w_1^2}\left(X'_{\sigma 2} + X_h + \frac{w_1}{w_2}X_h \right) \right)\underline{I}_2 \\
&= \left(R_1 + R_2 + \mathrm{j}\left(X_{\sigma 1} + \frac{w_2^2}{w_1^2}X'_{\sigma 2} + \left(\frac{w_1 + w_2}{w_1}\right)^2 X_h \right) \right)\underline{I}_{OS} \\
&\quad + \left(R_2 + \mathrm{j}\,\frac{w_2^2}{w_1^2}\left(X'_{\sigma 2} + \frac{w_1 + w_2}{w_2}X_h \right) \right)\underline{I}_{US}
\end{aligned}
\tag{5.100}
$$

und:

$$\underline{U}_{US} = \left(R_2 + \mathrm{j}\,\frac{w_2^2}{w_1^2}\left(X'_{\sigma 2} + \left(\frac{w_1 + w_2}{w_2}\right)X_h \right) \right)\underline{I}_{OS} + \left(R_2 + \mathrm{j}\,\frac{w_2^2}{w_1^2}\left(X'_{\sigma 2} + X_h \right) \right)\underline{I}_{US} \tag{5.101}$$

Für die Beschreibung des Spartransformators mit einem T-Ersatzschaltbild und einen idealen Übertrager analog zu Abbildung 5.24 werden alle elektrischen Größen auf die Oberspannungsseite mit dem reellen Übersetzungsverhältnis $\ddot{u}$ umgerechnet:

$$\frac{\underline{U}'_{US}}{\underline{U}_{US}} = \ddot{u} \quad \text{und} \quad \frac{\underline{I}'_{US}}{\underline{I}_{US}} = \frac{1}{\ddot{u}} \tag{5.102}$$

Das Übersetzungsverhältnis $\ddot{u}$ ergibt sich bei Annahme eines hinsichtlich der Spannungen idealen Transformators aus der Spannungsteilerregel bei Leerlauf:

$$\ddot{u} = \frac{\underline{U}_{OS}}{\underline{U}_{US}} = \frac{w_{OS}}{w_{US}} = \frac{w_1 + w_2}{w_2} = 1 + \frac{w_1}{w_2} = 1 + \frac{1}{w_2/w_1} = 1 + \frac{1}{n_{21}} \tag{5.103}$$

Die Umstellung in eine Vierpolgleichung in Impedanzform (siehe Band 1, Abschnitt 7.4.1) liefert:

$$
\begin{aligned}
\underline{U}_{OS} &= \left(R_1 - \frac{w_1}{w_2}R_2 + \mathrm{j}\left(X_{1\sigma} - \frac{w_2}{w_1}X'_{2\sigma} \right) \right)\underline{I}_{OS} \\
&\quad + \frac{w_1 + w_2}{w_1}\left(\frac{w_1}{w_2}R_2 + \mathrm{j}\left(\frac{w_2}{w_1}X'_{2\sigma} + \frac{w_1 + w_2}{w_1}X_{1h} \right) \right)\left(\underline{I}_{OS} + \underline{I}'_{US} \right)
\end{aligned}
\tag{5.104}
$$

und:

$$
\begin{aligned}
\underline{U}'_{US} &= \frac{w_1 + w_2}{w_1}\left(\frac{w_1}{w_2}R_2 + \mathrm{j}\left(\frac{w_2}{w_1}X'_{2\sigma} + \frac{w_1 + w_2}{w_1}X_{1h} \right) \right)\left(\underline{I}_{OS} + \underline{I}'_{US} \right) \\
&\quad + \frac{w_1 + w_2}{w_1}\left(\frac{w_1^2}{w_2^2}R_2 + \mathrm{j}X'_{2\sigma} \right)\underline{I}'_{US}
\end{aligned}
\tag{5.105}
$$

Damit ergeben sich die Ersatzschaltung für den Zweiwicklungsspartransformator in Abbildung 5.57 und die diese Ersatzschaltung beschreibenden Gleichungen:

$$\underline{U}_{OS} = \underline{Z}_A \underline{I}_{OS} + \underline{Z}_C \left(\underline{I}_{OS} + \underline{I}'_{US} \right) \tag{5.106}$$

$$\underline{U}'_{US} = \underline{Z}_C \left(\underline{I}_{OS} + \underline{I}'_{US} \right) + \underline{Z}_B \underline{I}'_{US} \tag{5.107}$$

mit:

$$\underline{Z}_A = R_1 - \frac{w_1}{w_2} R_2 + j \left(X_{1\sigma} - \frac{w_2}{w_1} X'_{2\sigma} \right) = R_A + jX_A \tag{5.108}$$

$$\underline{Z}_B = \frac{w_1 + w_2}{w_1} \left(\frac{w_1^2}{w_2^2} R_2 + jX'_{2\sigma} \right) = R_B + jX_B \tag{5.109}$$

und:

$$\underline{Z}_C = \frac{w_1 + w_2}{w_1} \left[\frac{w_1}{w_2} R_2 + j \left(\frac{w_2}{w_1} X'_{2\sigma} + \frac{w_1 + w_2}{w_1} X_{1h} \right) \right] = R_C + jX_C \tag{5.110}$$

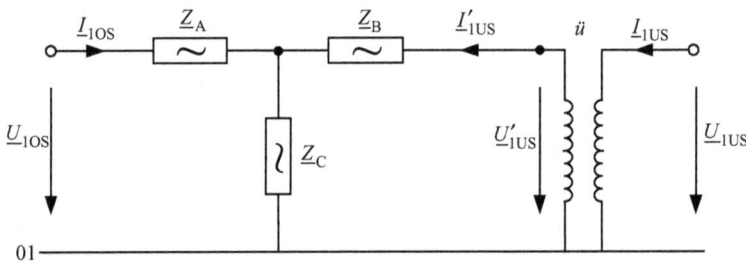

Abb. 5.57: T-Mitsystemersatzschaltung für den Zweiwicklungsspartransformator

5.11.3 Relative Bemessungskurzschlussspannung

Die Impedanzen $\underline{Z}_A$ und $\underline{Z}_B$ sind stark unterschiedlich. Zusammen bilden sie bei Vernachlässigung der „Hauptimpedanz" $\underline{Z}_C$ die im Kurzschluss wirksame Impedanz $\underline{Z}_{TST}$:

$$\underline{Z}_{TST} \approx \underline{Z}_A + \underline{Z}_B = R_A + jX_A + R_B + jX_B$$

$$= R_1 - \frac{w_1}{w_2} R_2 + \frac{w_1 + w_2}{w_1} \frac{w_1^2}{w_2^2} R_2 + j \left(X_{1\sigma} - \frac{w_2}{w_1} X'_{2\sigma} + \frac{w_1 + w_2}{w_1} X'_{2\sigma} \right) \tag{5.111}$$

$$= R_1 + R'_2 + j \left(X_{1\sigma} + X'_{2\sigma} \right)$$

Die auf die Oberspannungsseite bezogene Kurzschlussimpedanz $\underline{Z}_{TST}$ des Spartransformators in Gl. (5.111) hat den gleichen Wert wie die Kurzschlussimpedanz $\underline{Z}_T$ des Volltransformators in Gl. (5.31). Mit Hilfe dieses Ergebnisses lässt sich auch ein Vergleich

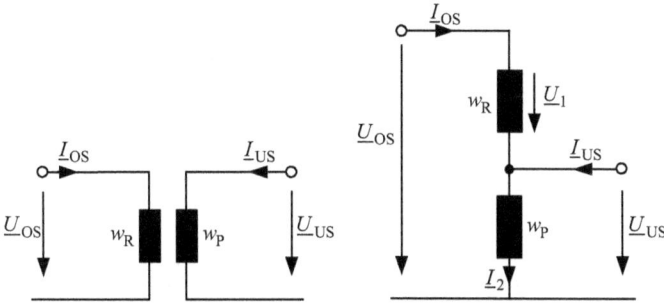

Abb. 5.58: Zweiwicklungsvoll- und -spartransformator gleicher Baugröße (Index R: Reihenwicklung, Index P: Parallelwicklung)

der relativen Bemessungskurzschlussspannung eines Zweiwicklungsspartransformators mit der eines Zweiwicklungsvolltransformators gleicher Baugröße, d. h. gleicher Typleistung, durchführen (siehe Abbildung 5.58).

Für die relative Bemessungskurzschlussspannung u_{kVT} eines Volltransformators (Index VT) gilt entsprechend Gl. (5.29) (vgl. Kurzschlussversuch entsprechend Abschnitt 5.6.1).

$$u_{kVT} = \frac{U_{kVT}}{U_{rTOS}/\sqrt{3}} = Z_k \frac{I_{rTOS}}{U_{rTOS}/\sqrt{3}} = Z_k \frac{I_{rR}}{U_{rR}/\sqrt{3}} \tag{5.112}$$

In Gl. (5.112) sind die Bemessungsgrößen für die Klemmengrößen durch die Bemessungsgrößen der Reihenwicklung auf der Oberspannungsseite ersetzt worden.

Entsprechend erhält man für den Spartransformator (Index ST):

$$u_{kST} = \frac{U_{kST}}{U_{rTOS}/\sqrt{3}} = Z_{kST} \frac{I_{rTOS}}{U_{rTOS}/\sqrt{3}} = Z_{kST} \frac{I_{rR}}{(U_{rR} + U_{rP})/\sqrt{3}} \tag{5.113}$$

Auch in Gl. (5.113) sind die Bemessungsgrößen der Reihen- (Index R) und der Parallelwicklung (Index P) an Stelle der Bemessungsgrößen für die Klemmengrößen eingesetzt worden.

Setzt man die relativen Bemessungskurzschlussspannungen ins Verhältnis, so erhält man:

$$u_{kST} = u_{kVT} \frac{U_{rR}}{U_{rR} + U_{rP}} = u_{kVT} \left(1 - \frac{U_{rP}}{U_{rR} + U_{rP}}\right) = u_{kVT} \left(1 - \frac{U_{rTUS}}{U_{rTOS}}\right) \tag{5.114}$$

Die relative Bemessungskurzschlussspannung bei Schaltung der beiden Wicklungen R und P als Spartransformator ist in Abhängigkeit vom Verhältnis ihrer Bemessungsspannungen kleiner als die relative Bemessungskurzschlussspannung bei Schaltung der beiden Wicklungen als Volltransformator.

Reziprok zu der relativen Bemessungskurzschlussspannung steigen die Dauerkurzschlussströme in der Schaltung als Spartransformator an. Für die Dauerkurzschlussströme auf den Oberspannungsseiten ergibt sich analog zu Abschnitt 5.7.3 für die Schaltungen als Voll- und Spartransformator:

$$I_{\text{kOSVT}} = \frac{I_{\text{rTOS}}}{u_{\text{kVT}}} = \frac{I_{\text{rR}}}{u_{\text{kVT}}} \quad \text{und} \quad I_{\text{kOSST}} = \frac{I_{\text{rTOS}}}{u_{\text{kST}}} = \frac{I_{\text{rR}}}{u_{\text{kST}}} \tag{5.115}$$

Für das Verhältnis der Dauerkurzschlussströme erhält man:

$$\frac{I_{\text{kOSST}}}{I_{\text{kOSVT}}} = \frac{u_{\text{kVT}}}{u_{\text{kST}}} = \frac{1}{1 - \dfrac{U_{\text{rP}}}{U_{\text{rR}} + U_{\text{rP}}}} = \frac{1}{1 - \dfrac{U_{\text{rTUS}}}{U_{\text{rTOS}}}} \tag{5.116}$$

Nach Umrechnung auf die Unterspannungsseiten mit den entsprechenden Übersetzungsverhältnissen in Gl. (5.23) bzw. Gl. (5.103) erhält man für die Dauerkurzschlussströme auf den Unterspannungsseiten in Abhängigkeit von den Bemessungsgrößen des Spartransformators:

$$\frac{I_{\text{kUSST}}}{I_{\text{kUSVT}}} = \frac{I_{\text{kOSST}}}{I_{\text{kOSVT}}} \frac{\ddot{u}_{\text{ST}}}{\ddot{u}_{\text{VT}}} = \frac{1}{1 - \dfrac{U_{\text{rP}}}{U_{\text{rR}} + U_{\text{rP}}}} \frac{\dfrac{U_{\text{rR}} + U_{\text{rP}}}{U_{\text{rP}}}}{\dfrac{U_{\text{rR}}}{U_{\text{rP}}}}$$

$$= \frac{1}{1 - \dfrac{U_{\text{rTUS}}}{U_{\text{rTOS}}}} \frac{U_{\text{rTOS}}}{U_{\text{rTOS}} - U_{\text{rTUS}}} = \frac{1}{1 - \left(\dfrac{U_{\text{rTUS}}}{U_{\text{rTOS}}}\right)^2} \tag{5.117}$$

Die relative Bemessungskurzschlussspannung wird beim Spartransformator im gleichen Verhältnis wie die Typleistung/Baugröße reduziert. So würde z. B. ein 380/220-kV-Zweiwicklungsvolltransformator mit einer relativen Bemessungskurzschlussspannung von $u_{\text{kVT}} = 20\,\%$ und einer Typleistung von 200 MVA in einer Schaltung als Spartransformator eine Erhöhung der Durchgangsleistung von 200 MVA auf 475 MVA bei einer gleichzeitigen Reduzierung der Bemessungskurzschlussspannung auf $u_{\text{kVT}} = 8,4\,\%$ ermöglichen. Man kann mit dem Einsatz von Spar- anstatt Volltransformatoren in der HöS-Ebene die mit der Baugröße wachsenden relativen Bemessungskurzschlussspannungen wieder auf für den Netzbetrieb günstigere Werte reduzieren. Dabei sind das Anwachsen der Kurzschlussströme (siehe Gl. (5.116) bzw. Gl. (5.117)) und die daraus resultierenden größeren thermischen und mechanischen Beanspruchungen (siehe Band 3, Kapitel 7) zu beachten.

5.12 Regeltransformator

Regeltransformatoren dienen in den elektrischen Energieversorgungsnetzen der Spannungsregelung (vgl. Band 1, Abschnitt 16.5) und der Steuerung der Leistungsflüsse. Durch die stufenweise Änderung ihres Übersetzungsverhältnisses mit in der Regel auf der Oberspannungsseite angebrachten Stufenschaltern kann eine sogenannte Längs-, Quer- oder Schrägregelung durchgeführt werden. Dabei wählt der Stufenschalter unterschiedliche Anzapfungen der oberspannungsseitigen Wicklung über mechanische Lastumschalter oder auch über Thyristoren an.

5.12.1 Längsregelung

Bei der Längsregelung werden entweder über eine in Reihe mit der Stammwicklung geschaltete Reglerwicklung mit mehreren Anzapfungen (direkt regelbarer Transformator) oder über einen leistungsschwächeren Zusatztransformator Zusatzspannungen $\Delta \underline{U}_\nu$ (ν = a, b, c) in Längsrichtung der jeweiligen Strangspannung eingebracht (siehe Abbildung 5.59 links). Unter der Annahme, dass die Widerstände gegenüber den Reaktanzen in den Stromnetzen zu vernachlässigen sind, dies ist in den HS- und HöS-Netzen gegeben, wird deutlich, dass durch diese Zusatzspannungen die Blindströme zu beeinflussen sind (siehe Abbildung 5.59 rechts).

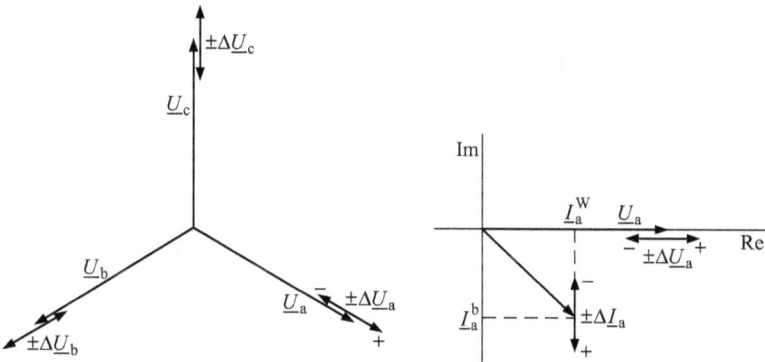

Abb. 5.59: Transformator mit Längsregelung: Spannungsdreieck mit Zusatzspannungen (links) und Wirkung der Zusatzspannungen (rechts)

5.12.2 Querregelung

Bei der Querregelung werden Zusatzspannungen eingebracht, die einen Phasenunterschied von ±90° zur jeweiligen Strangspannung aufweisen (siehe Abbildung 5.60 links). Bei erneuter Annahme, dass die Widerstände gegenüber den Reaktanzen vernachlässigt werden können, erkennt man, dass durch diese Zusatzspannungen die Wirkströme und damit die Wirkleistungsflüsse beeinflusst werden können (siehe Abbildung 5.60 rechts).

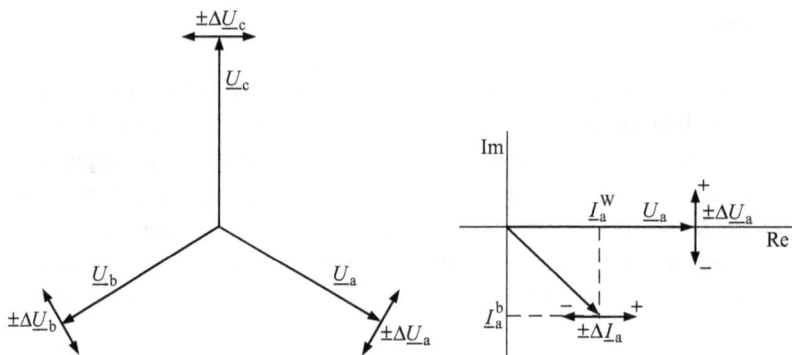

Abb. 5.60: Transformator mit Querregelung: Spannungsdreieck mit Zusatzspannungen (links) und Wirkung der Zusatzspannungen (rechts)

5.12.3 Schrägregelung

Bei der Schrägregelung werden Zusatzspannungen mit einem Phasenunterschied von ±60° bzw. ±120° zur jeweiligen Strangspannung eingebracht (siehe Abbildung 5.61 links). Mit der erneuten Annahme der Vernachlässigung der ohmschen Widerstände gegenüber den Reaktanzen wird deutlich, dass mit einer Schrägregelung sowohl der Wirk- als auch der Blindstrom und damit der Wirk- und Blindleistungsfluss beeinflusst werden können (siehe Abbildung 5.61 rechts).

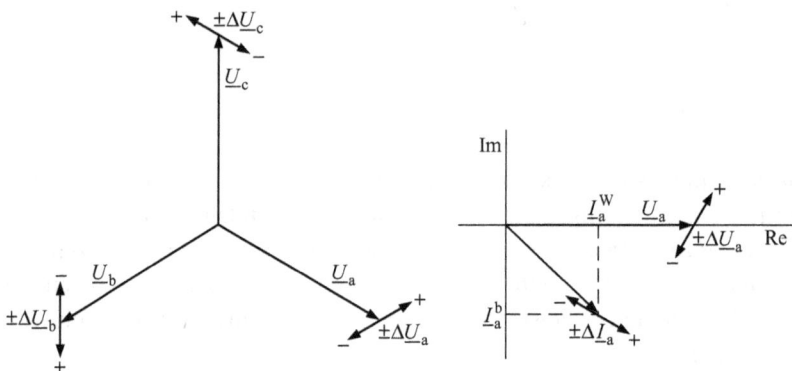

Abb. 5.61: Transformator mit 60°-Schrägregelung: Spannungsdreieck mit Zusatzspannungen (links) und Wirkung der Zusatzspannungen (rechts)

6 Leitungen: Freileitungen und Kabel

6.1 Übersicht

Für die Übertragung von elektrischer Energie im Übertragungsnetz (380- und 220-kV-Ebene = Höchstspannungsebene (HöS-Ebene)) und im Verteilungsnetz (110-kV-, MS- und NS-Ebene) können grundsätzlich die Hochspannungs-Drehstrom-Übertragung (HDÜ) oder die Hochspannungs-Gleichstrom-Übertragung (HGÜ) eingesetzt werden (siehe Abbildung 6.1).

Bei Ausführung einer Übertragungsstrecke als HDÜ oder HGÜ können für beide Übertragungstechniken sowohl Freileitungen, (Erd-)Kabel oder prinzipiell auch gasisolierte Übertragungsleitungen (GIL) eingesetzt werden (siehe Abbildung 6.2).

Die HGÜ kann entweder in Form der klassischen, auf Thyristoren basierenden HGÜ mit Gleichstromzwischenkreis (Line Commutated Converter (LCC)) oder in Form der selbstgeführten, auf IGBT (insulated-gate bipolar transistor, deutsch: Bipolartransistor mit isolierter Gate-Elektrode) basierenden HGÜ mit Gleichspannungszwischenkreis (Voltage Source Converter (VSC)) ausgeführt werden, wobei für die Netzausbaumaßnahmen heute vornehmlich nur noch die VSC-HGÜ aufgrund ihrer gegenüber der

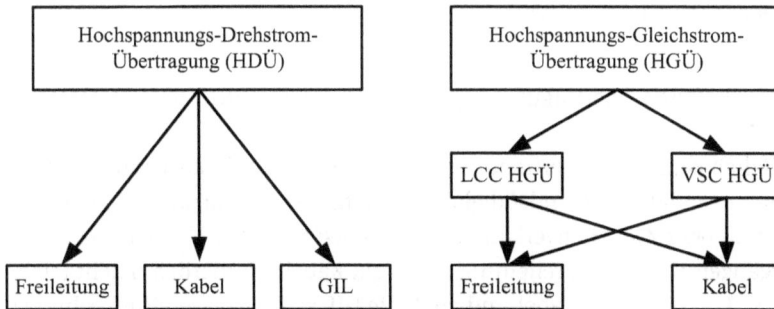

Abb. 6.1: Übersicht Energieübertragung mit HDÜ und HGÜ

Abb. 6.2: Freileitung (links, Quelle: TenneT TSO GmbH), Kabelanlage (Mitte, Quelle: Amprion GmbH) und GIL-Anlage Palexpo, Genf, Schweiz

https://doi.org/10.1515/9783110548600-006

Abb. 6.3: Kabel-Freileitung-Übergangsanlage mit Kabelendverschlüssen, Überspannungsableitern und Abspannportal, Quelle: Amprion GmbH

LCC-HGÜ vorteilhafteren Übertragungseigenschaften für eine HGÜ in Betracht gezogen wird.

Grundsätzlich kann eine Übertragungsstrecke auch gemischt ausgeführt werden z. B. aus mehreren Freileitungs- und Kabelabschnitten. Man spricht dann üblicherweise von einer Teil- oder Zwischenverkabelung, die entsprechende Übergangsanlagen an den Übergängen von einer Freileitung zu einem Kabel erforderlich macht (siehe Abbildung 6.3). Freileitungen, Kabel und auch die GIL stellen ausgereifte Techniken dar, die sich aber hinsichtlich ihrer Betriebserfahrungen und Betriebseigenschaften unterscheiden.

Im deutschen Übertragungsnetz und auch im vermaschten kontinentalen Verbundsystem der ENTSO-E dominieren eindeutig Drehstromfreileitungen. Sie besitzen in Deutschland einen Anteil an der Stromkreislänge der 220- und 380-kV-Leitungsverbindungen von mehr als 99 % (siehe Abbildung 6.4). Der in der Abbildung erkennbare Anstieg des Verkabelungsgrades von unter 1 % in 2013 auf fast 5 % in 2015 ist auf die Berücksichtigung der HGÜ-Kabelverbindungen für die Anbindung der Offshore-Windparks zurückzuführen.

Drehstrom-HöS-Kabel werden allgemein auf kurzen Strecken und hauptsächlich in großstädtischen Bereichen (z. B. in Berlin) eingesetzt. Die GIL ist in Deutschland und auch weltweit bislang nur für kurze Trassen verwendet worden und besitzt dem-

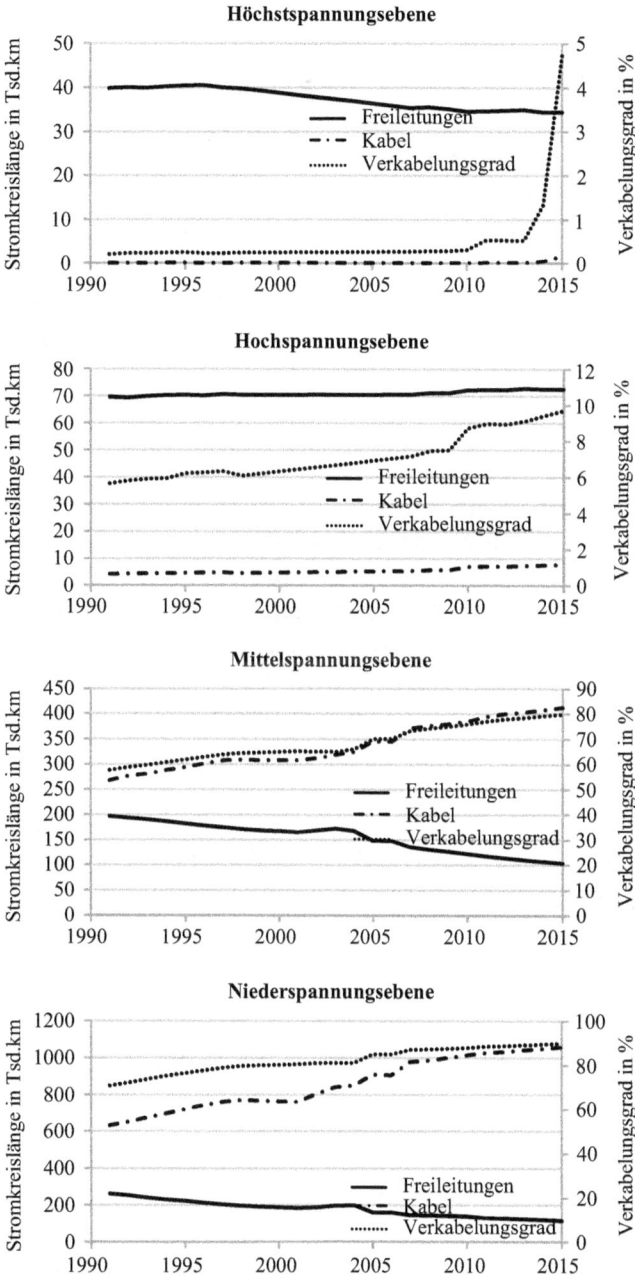

Abb. 6.4: Stromkreislänge und Verkabelungsgrad der HöS-, HS-, MS- und NS-Ebene in den Jahren 1991 – 2015 Quelle: BDEW, Werte 1999 – 2006 interpoliert [18]

zufolge sehr kurze Stromkreislängen. Die größte in Europa befindliche GIL-Anlage mit einer Länge von ca. 900 m ist die unterirdisch verlegte zweisystemige GIL in Kelsterbach, Deutschland. Aufgrund der weltweit nur geringen gebauten Leitungslängen und der dadurch bedingten geringen Betriebserfahrungen mit dieser Technologie, ihrer für den Bau vergleichsweise sehr hohen Investitionen und aufgrund der Verwendung des als klimaschädlich eingestuften Gases SF_6 als Isoliergas (ca. 20 % SF_6 und 80 % N_2 bei einem Druck von 7 bar) werden GIL im Folgenden nicht weiter betrachtet.

In den Verteilungsnetzen zeigen sich demgegenüber je nach Spannungsebene unterschiedlich große Anteile der Freileitungen und Kabel an der gesamten Stromkreislänge, die ihrerseits mit abnehmender Spannung auf fast 1,1 Mio. km Stromkreislänge in der NS-Ebene ansteigt (siehe Abbildung 6.4). Dies liegt zum einen daran, dass die NS- und MS-Leitungen in Siedlungs- und städtischen Bereichen unterirdisch verlaufen sollen. Zum anderen zeigen in diesen Spannungsebenen Kabel auch elektrisch bessere Übertragungseigenschaften als Freileitungen.

Die LCC-HGÜ und die VSC-HGÜ werden dominierend für sogenannte Punkt-zu-Punkt-Verbindungen und dabei vor allem als Seekabelverbindungen und zur Kopplung asynchroner Netze (z. B. Netze mit unterschiedlichen Frequenzen) eingesetzt, bzw. werden sie dort verwendet, wo die technischen Grenzen der HDÜ erreicht werden. In Deutschland ist seit 1994 die Seekabelverbindung Baltic Cable zwischen Deutschland und Schweden in Betrieb, die als monopolare LCC-HGÜ ausgeführt ist. Die VSC-HGÜ wird in Deutschland bislang für den Netzanschluss der „Hochsee"-Windparks eingesetzt, die sich in der deutschen Bucht außerhalb der 12-Seemeilen-Zone in der ausschließlichen Wirtschaftszone (AWZ) befinden. Sie soll zukünftig auch im Rahmen des deutschen Onshore-Netzausbaus verwendet werden. Acht der 43 Vorhaben im Gesetz über den Bundesbedarfsplan (BBPlG) sind als Pilotprojekte für die HGÜ gekennzeichnet, wovon fünf dieser HGÜ-Vorhaben vorrangig für die Umsetzung mit Erdkabeln ausgewiesen sind [19].

Im Folgenden wird die Ausführung einer HDÜ-Verbindung als Freileitung und als (Erd-)Kabel beschrieben.

6.2 Drehstrom-Freileitung

Die erste HDÜ-Freileitung wurde bereits 1891 mit einer Spannung von 15 kV von Lauffen am Neckar nach Frankfurt am Main erfolgreich eingesetzt. Im Jahr 1952 erfolgte dann der Betrieb der ersten Freileitung für eine Spannung von 380 kV in Schweden für die 950 km lange Strecke von Harspränget nach Halsberg. Die maximale Übertragungsleistung betrug 460 MW. In Deutschland wurde zwar bereits 1929 mit der Errichtung der Rheinleitung Brauweiler-Hoheneck die erste 380-kV-Freileitung gebaut, die aber zunächst nur mit einer Spannung von 220 kV betrieben wurde. Erst 1958 wurde diese Leitung umgerüstet und auf dem Abschnitt Rommerskirchen-Hoheneck mit einer Spannung von 380 kV betrieben.

6.2.1 Aufbau von Freileitungen

Der grundsätzliche Aufbau einer Freileitung ist in Abbildung 6.5 dargestellt. Eine Freileitung besteht aus den Masten, die über den jeweiligen Bodenverhältnissen angepasste Fundamente verfügen, den Leiterseilen, den Isolatoren und einem oder mehreren Blitzschutzseilen, die mit den Masterdungen verbunden sind.

Entlang der Freileitung ist zur Einhaltung der Isolationsabstände ein von hoch wachsendem Bewuchs und Bebauung freizuhaltender Schutzstreifen vorzusehen. Dieser Schutzstreifen ist in der Mitte eines Spannfeldes bzw. dort wo der größte Leiterseildurchhang auftritt am größten, da dort die Leiterseile maximal ausschwingen können. Berücksichtigt man einen Sicherheitsabstand beträgt die Schutzstreifenbreite für eine typische 380-kV-Freileitung mit Donaumastgestänge ca. 70 m (siehe Abbildung 6.6).

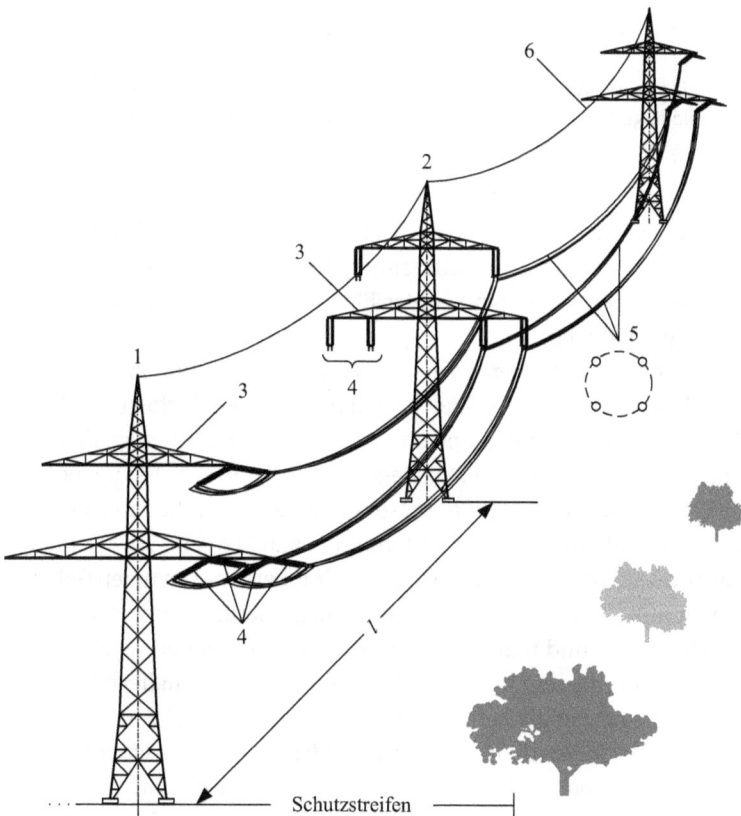

Abb. 6.5: Aufbau einer Freileitung: 1 Abspannmast, 2 Tragmast, 3 Traverse, 4 Isolatorketten, 5 Leiterseile im Viererbündel, 6 Erd- oder Blitzschutzseil und l Spannfeldlänge

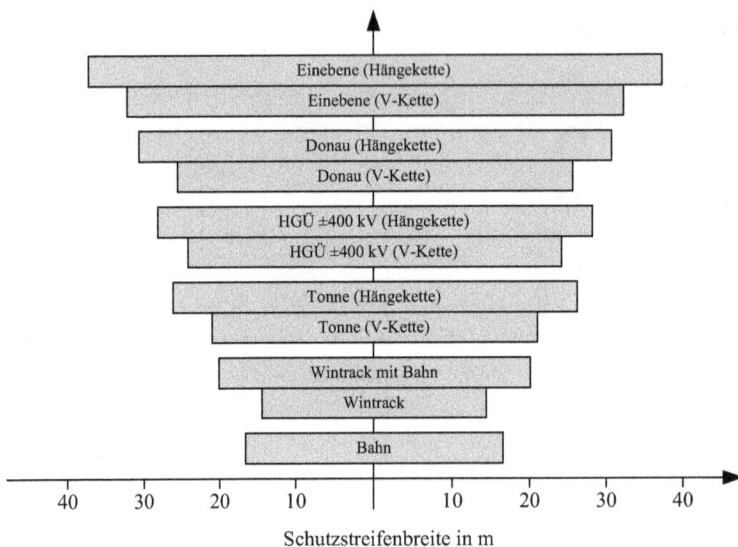

Abb. 6.6: Schutzstreifenbreite bei 400 m Spannfeldlänge, Leiterzugspannung 46 N/mm², für Wintrack-Mast: Spannfeldlänge 400 m, Leiterzugspannung 57 N/mm², für Bahnstrommast: Spannfeldlänge 300 m, Leiterzugspannung 46 N/mm² [20]

Im Schutzstreifen bestehen Nutzungseinschränkungen. Eine landwirtschaftliche Nutzung ist aber unterhalb der Trasse bei Einhaltung der Mindest-Isolationsabstände zulässig. In Industriegebieten ist ebenfalls unter Einhaltung der Mindest-Isolationsabstände eine Bebauung möglich.

Die Beherrschung der Spannungen zwischen den Leiterseilen und zwischen den Leiterseilen und der Umgebung (z. B. Gebäude oder hoher Bewuchs) erfolgt durch ausreichend lang dimensionierte Isolatoren und große Isolationsabstände gegenüber der Umgebung. Die nicht isolierten „blanken" Leiterseile werden durch die umgebende Luft isoliert. Dadurch ergeben sich sehr große Isolationsabstände, die ihrerseits entsprechend große Maste und Trassenbreiten erforderlich machen. Für 380-kV-Freileitungen beträgt der Mindestabstand der Leiterseile zur Erdoberkante im freien Gelände 7,80 m. Mit Rücksicht auf z. B. größere landwirtschaftliche Geräte und z. B. auch zur Begrenzung der elektrischen und magnetischen Felder werden in der Regel größere Bodenabstände ausgeführt, die durchschnittlich bei ungefähr 12,00 m liegen.

Auf der anderen Seite besitzt die Luft als Isoliermedium die Vorteile, dass sie sich ständig erneuert und auch keiner Alterung wie z. B. die festen Isolationsstoffe bei den Kabeln unterliegt. Insbesondere im Netzbetrieb wird dieser Selbstheilungseffekt bei fehlerbedingten Überschlägen in Form von Lichtbögen durch Anwendung der sogenannten Automatischen Wiedereinschaltung (AWE, siehe Band 3, Abschnitt 8.7) ausgenutzt. Durch kurzzeitiges Ausschalten der Freileitung erhält der Lichtbogen keine Energie mehr und verlöscht, die Luft strömt nach und die Leitung ist wieder elektrisch

isoliert und kann nach wenigen Sekunden Unterbrechungszeit wieder in Betrieb genommen werden.

Des Weiteren wird die durch den Stromfluss im Leiter entstehende Verlustwär-
me durch Konvektion (siehe Band 1, Abschnitt 12.2) abgeführt, so dass kein Wärme-
stau entstehen kann. Dadurch kann die Freileitung zeitlich begrenzt überlastet werden. Insbesondere in windstarken und/oder kalten Zeiten kann durch die dann bessere Wärmeabfuhr auch eine höhere Übertragungskapazität der Freileitung ermöglicht
werden (siehe Abbildung 6.7).

Die Freileitung wird normgerecht für eine Umgebungstemperatur von 35 °C und
eine Windgeschwindigkeit von 0,6 m/s trassiert, womit sich für einen Viererbündelleiter mit Aluminium-/Stahl-Leiterseilen (ACSR) 562-Al1/49-St1A (560/50) eine Übertragungskapazität von 2822 MVA und ein maximaler Strom von 4×1072 A bei 380 kV
ergibt. Bei z. B. einer Umgebungstemperatur von 10 °C und einer Windgeschwindigkeit von 3,0 m/s erhöht sich die Übertragungskapazität der Leitung auf 5342 MVA bei
einem maximalen Strom von 4×2029 A. Diese Eigenschaft kann im Netzbetrieb durch
das sogenannte Leiterseilmonitoring ausgenutzt werden, und die Leitung kann in Abhängigkeit von den Umgebungsbedingungen stärker ausgelastet werden, was insbesondere in Gebieten mit hohen Windstromeinspeisungen ausgenutzt wird. Hierfür ist
es dann aber erforderlich, alle weiteren Betriebsmittel (z. B. Stromwandler, Schutz-
geräteeinstellungen, etc.) dieses Stromkreises für die höhere Stromtragfähigkeit aus-
zulegen. Ebenso erhöhen sich die Verluste bei einem Betrieb mit höheren Strömen
aufgrund der quadratischen Abhängigkeit vom Strom erheblich.

6.2.2 Maste

Man unterscheidet bei Freileitungsmasten zwischen Tragmasten, Abspannmasten
und weiteren Sondermasten. Tragmaste tragen über die Isolatoren bzw. Isolatorketten
nur das Gewicht der Leiterseile. Abspannmaste müssen stabiler ausgeführt werden,
da sie die Seilzugkräfte über die dann näherungsweise waagerecht liegenden Isolatoren aufnehmen müssen (siehe Abbildung 6.5). Mit Winkelabspannmasten werden
Richtungsänderungen entlang einer Trasse durchgeführt.

Maste werden so ausgelegt, dass sie die auftretenden Seilzugkräfte auch bei Auftreten von zusätzlichen Wind- und Eislasten sicher beherrschen. Die Spannfeldlän-
gen, d. h. die Abstände zwischen den Masten hängen u. a. von der Geländetopologie
ab und betragen üblicherweise für die 380-kV-Ebene zwischen 300 bis 500 m. Weltweit existiert eine Vielzahl unterschiedlicher Maste, dabei hängen die Abmessungen
der Maste grundsätzlich von der gewählten Mastform, der Spannungsebene und der
Anzahl der aufgehängten Drehstromsysteme ab.

In Deutschland werden bevorzugt Stahlgittermaste mit dem sogenannten Donau-
Mastbild verwendet (siehe Abbildung 6.8). Die Masthöhe dieser Maste beträgt bei Auf-

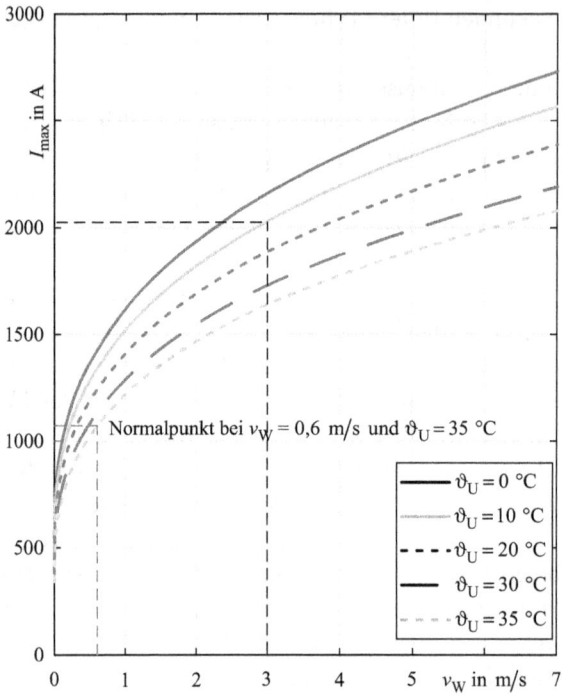

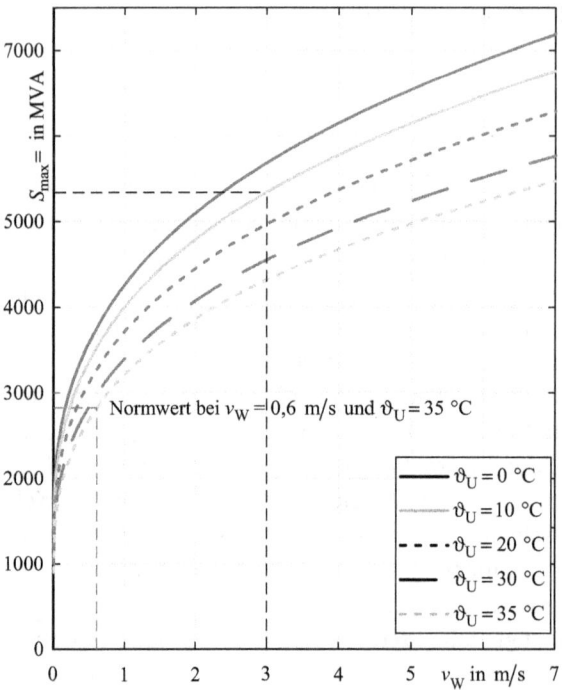

Abb. 6.7: Strombelastbarkeit Aluminium-Stahl-Leiterseil Typ 562-AL1/49-ST1A (oben) und Übertragungskapazität einer 380-kV-Freileitung mit Viererbündelleiter mit Leiterseil Typ 562-AL1/49-ST1A (unten) in Abhängigkeit von der Windgeschwindigkeit v_W und der Umgebungstemperatur ϑ_U bei einer maximalen Leiterseiltemperatur von 80 °C

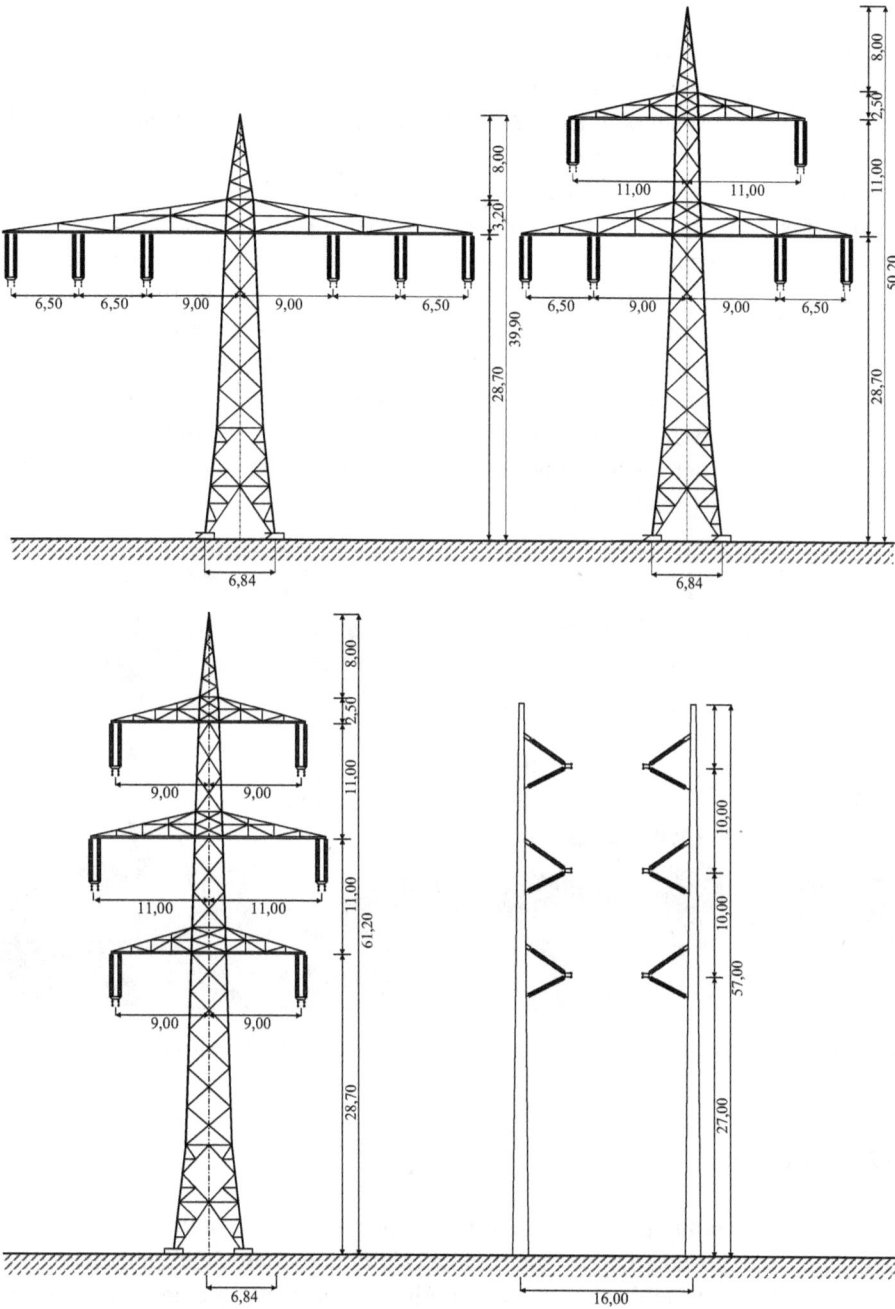

Abb. 6.8: Größenvergleich (Angaben in m) verschiedener Freileitungsmaste für jeweils zwei Drehstromsysteme: Einebenenmast (oben links), Donaumast (oben rechts), Tonnenmast (unten links) und Wintrack W2S400 (unten rechts) [21]

nahme von zwei Drehstromsystemen, einer Nennspannung von 380 kV und bei einer Regelspannweite von etwa 400 m etwas mehr als 50 m.

In Abhängigkeit von dem Landschaftsbild und der Topologie und zur Minderung von möglichen Konflikten können z. B. zur Minimierung der Trassenbreite (z. B. in Waldgebieten) ein Tonnenmast oder für eine geringere Leitungshöhe (z. B. für die Querung von Vogelschutzgebieten) ein Einebenenmast eingesetzt werden. Für z. B. die Kreuzung von Gewässern oder von größeren Verkehrswegen (siehe Abschnitt 6.2.7) werden auch sogenannte Weitabspannmaste mit wesentlich größeren Masthöhen eingesetzt.

Neben diesen Stahlgittermasten gibt es eine Vielzahl von alternativen Masttypen, insbesondere sogenannte Kompaktmaste wie den Wintrack-Mast (siehe Abbildung 6.8). Hiermit wird versucht, die Trassenbreite, Sichtbarkeit und auftretende Magnetfelder zu verringern. Durch die dann erforderliche engere Leiterseilführung entstehen aber verschiedene Einschränkungen, z. B. bei der Wartung und Instandhaltung sowie bei der Netzführung. Darüber hinaus existieren auch Speziallösungen für besondere Orte (siehe Abbildung 6.9).

Abb. 6.9: Freileitungsmast an der Interstate 4 in der Nähe von Disneyland in Orlando, Florida, USA

6.2.3 Leiterseile

In der Höchstspannungsebene werden für die dort üblichen Leiterquerschnitte aus Gewichts- und Kostengründen sogenannte Aluminium-Stahl-Seile eingesetzt. Sie bestehen aus einer Stahlseilseele, um die Aluminiumdrähte in einer oder in mehreren Lagen mit unterschiedlichen Schlagrichtungen aufgebracht sind (siehe Abbildung 6.10). Das Stahlseil ist für die Aufnahme der auftretenden Zugkräfte und zur Begrenzung des Durchhangs des Leiterseils erforderlich. Aufgrund seines wesentlich höheren elektrischen Widerstandes trägt es kaum zur Stromleitung bei. Der Strom-

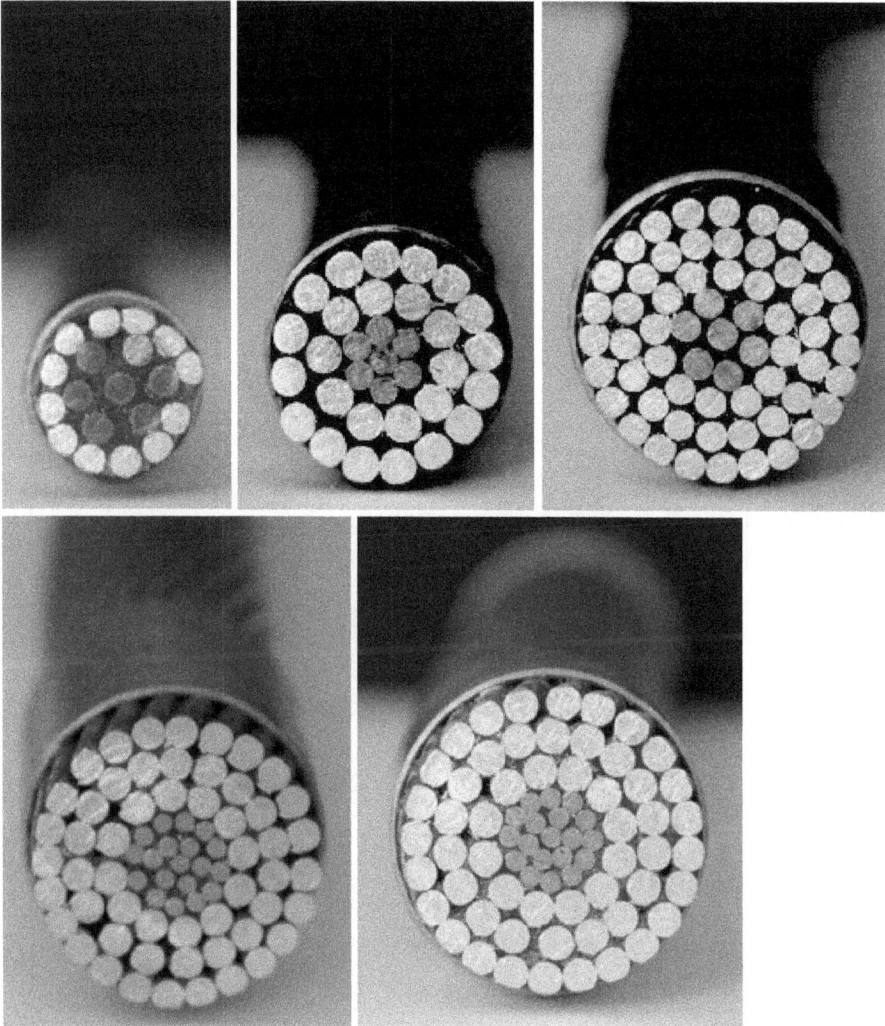

Abb. 6.10: Aufbau von Aluminium-Stahl-Freileitungsseilen[1] vom Typ AL1/ST1A nach DIN EN 50182, von links oben nach rechts unten: 51-Al1/30-St1A (eine Lage Al mit 12 Drähten und 7 St-Drähten), 243-Al1/39-St1A (zwei Lage Al mit 26 Drähten und 7 St-Drähten), 434-Al1/56-St1A (drei Lage Al mit 54 Drähten und 7 St-Drähten), 562-Al1/49-St1A (drei Lage Al mit 48 Drähten und 7 St-Drähten), 679-Al1/86-St1A (drei Lage Al mit 54 Drähten und 19 St-Drähten).

transport erfolgt über die Aluminiumdrähte. Bei der Kennzeichnung von Leiterseilen werden neben der Angabe der Materialien auch die Querschnittsflächen angegeben (siehe z. B. Tabelle 6.1).

---

1 Die in den Bildern sichtbare außen anliegende Metallmanschette gehört nicht zu den Leiterseilen, sondern dient der Verhinderung eines Entdrehens und Auseinanderfallens der hier gezeigten kurzen Leiterseilstücke.

Tab. 6.1: Kennzeichnung und Daten von Leiterseilen am Beispiel Aluminium-Stahl-Seile Typ AL1/ST1A nach DIN EN 50182, Auszug aus [23]

Bezeichnung	149-AL1/ 24-ST1A	172-AL1/ 40-ST1A	184-AL1/ 30-ST1A	209-AL1/ 34-ST1A	212-AL1/ 49-ST1A	231-AL1/ 30-ST1A	243-AL1/ 39-ST1A	264-AL1/ 34-ST1A	304-AL1/ 49-ST1A	305-AL1/ 39-ST1A	339-AL1/ 30-ST1A	382-AL1/ 49-ST1A
alte Bezeichnung	150/25	170/40	185/30	210/35	210/50	230/30	240/40	265/35	300/50	305/40	340/30	380/50
Al-Querschnitt in mm²	148,9	171,8	183,8	209,1	212,1	230,9	243,1	263,7	304,3	304,6	339,3	381,7
St-Querschnitt in mm²	24,2	40,1	29,8	34,1	49,5	29,8	39,5	34,1	49,5	39,5	29,8	49,5
Gesamtquerschnitt in mm²	173,1	211,8	213,6	243,2	261,5	260,8	282,5	297,7	353,7	344,1	369,1	431,2
Al-Drähte: Anzahl/Durchmesser in Stk/mm	26/2,70	30/2,70	26/3,00	26/3,20	30/3,00	24/3,50	26/3,45	24/3,74	26/3,86	54/2,68	48/3,00	54/3,00
St-Drähte: Anzahl/Durchmesser in Stk/mm	7/2,10	7/2,70	7/2,33	7/2,49	7/3,00	7/2,33	7/2,68	7/2,49	7/3,00	7/2,68	7/2,33	7/3,00
Durchmesser Seele/ Leiter in mm	6,30/ 17,10	8,10/ 18,9	6,99/ 19,0	7,47/ 20,3	9,00/ 21,0	6,99/ 21,0	8,04/ 21,8	7,47/ 22,4	9,00/ 24,4	8,04/ 24,1	6,99/ 25,0	9,00/ 27,0
Gesamtseilgewicht in kg/km	600,8	788,2	741	844,1	973,1	870,9	980,1	994,4	1227,3	1151,2	1171,2	1442,5
rechnerische Seilbruchkraft in kN	53,67	74,89	65,27	73,36	92,46	72,13	85,12	81,04	105,09	96,8	91,71	121,3
Gleichstromwiderstand in Ohm/km	0,194	0,1683	0,1571	0,1381	0,1363	0,125	0,1188	0,1095	0,0949	0,0949	0,0852	0,0758
praktischer E-Modul in N/mm²	77000	82000	77000	77000	82000	74000	77000	74000	77000	70000	62000	70000
Längenausdehnungskoeffizient in 1/K	1,89E-05	1,78E-05	1,89E-05	1,89E-05	1,78E-05	1,96E-05	1,89E-05	1,96E-05	1,89E-05	1,93E-05	2,05E-05	1,93E-05
Dauerstrombelastbarkeit in A	470	520	535	590	610	630	645	680	740	740	790	840

Tab. 6.1: (Fortsetzung)

Bezeichnung	386-AL1/ 34-ST1A	434-AL1/ 56-ST1A	449-AL1/ 39-ST1A	490-AL1/ 64-ST1A	494-AL1/ 34-ST1A	AL1/ 45-ST1A	550-AL1/ 71-ST1A	562-AL1/ 49-ST1A	571-AL1/ 39-ST1A	653-AL1/ 45-ST1A	679-AL1/ 86-ST1A	1046-AL1/ 45-ST1A
alte Bezeichnung	385/35	435/55	450/40	490/65	495/35	510/45	550/70	560/50	570/40	650/45	680/85	1045/45
Al-Querschnitt in mm²	386	434,3	448,7	490,3	494,4	510,5	549,7	561,7	571,2	653,5	678,6	1045,6
St-Querschnitt in mm²	34,1	56,3	39,5	63,6	34,1	45,3	71,3	49,5	39,5	45,3	86	45,3
Gesamtquerschnitt in mm²	420,1	490,6	488,2	553,8	528,4	555,8	620,9	611,2	610,6	698,8	764,5	1090,9
Al-Drähte: Anzahl/Durchmesser in Stk/mm	48/3,20	54/3,20	48/3,45	54/3,40	45/3,74	48/3,68	54/3,60	48/3,86	45/4,02	45/4,30	54/4,00	72/4,30
St-Drähte: Anzahl/Durchmesser in Stk/mm	7/2,49	7/3,20	7/2,68	7/3,40	7/2,49	7/2,87	7/3,60	7/3,00	7/2,68	7/2,87	19/2,40	7/2,87
Durchmesser Seele/Leiter in mm	7,47/ 26,7	9,60/ 28,8	8,04/ 28,7	10,2/ 30,6	7,47/ 29,9	8,61/ 30,7	10,8/ 32,4	9,00/ 32,2	8,04/ 32,2	8,61/ 34,4	12,0/ 36,0	8,61/ 43,0
Gesamtseilgewicht in kg/km	1333,6	1641,3	1549,1	1852,9	1632,6	1765,3	2077,2	1939,5	1887,1	2159,9	2549,7	3248,2
rechnerische Seilbruchkraft in kN	102,56	133,59	119,05	150,81	117,96	133,31	166,32	146,28	136	156,18	206,56	218,92
Gleichstromwiderstand in Ohm/km	0,0749	0,0666	0,0644	0,059	0,0584	0,0566	0,0526	0,0515	0,0506	0,0442	0,0426	0,0277
praktischer E-Modul in N/mm²	62000	70000	62000	70000	61000	62000	70000	62000	61000	61000	68000	60000
Längenausdehnungskoeffizient in 1/K	2,05E-05	1,93E-05	2,05E-05	1,93E-05	2,09E-05	2,05E-05	1,93E-05	2,05E-05	2,09E-05	2,09E-05	1,94E-05	2,17E-05
Dauerstrombelastbarkeit in A	850	900	920	960	985	995	1020	1040	1050	1120	1150	1580

Damit bestimmen die Anzahl der Aluminiumdrahtschichten und der daraus resultierende Querschnitt die Übertragungskapazität und die Größe des elektrischen Widerstandes und damit z. B. auch die hieraus resultierenden Stromwärmeverluste bei der Energieübertragung.

Die Auswahl der Leiterseile und die Auslegung der Freileitung haben u. a. so zu erfolgen, dass die Leiterseildurchhänge auch bei Erreichen der maximal zulässigen Temperatur für den Dauerbetrieb, die typischerweise bei 80 °C liegt, die vorgeschriebenen Mindestabstände einhalten und den minimal zulässigen Bodenabstand nicht unterschreiten. Bei der Maximaltemperatur ist der Durchhang aufgrund der temperaturabhängigen Längenänderung der Leiterseile maximal und damit auslegungsbestimmend.

Für Drehstrom-HöS-Leitungen werden in der Regel für eine Erhöhung des Leiterseilquerschnitts und damit der Stromtragfähigkeit und der Übertragungskapazität Bündelleiter eingesetzt. Jeder Leiter eines Drehstromsystems wird dabei durch zwei, drei oder vier parallel geschaltete Leiterseile ersetzt, die in regelmäßigen Abständen mit Abstandshaltern versehen sind (siehe Abbildung 6.11). Weitere Vorteile sind kleinere elektrische Randfeldstärken, wodurch die elektromagnetischen Emissionen, die Geräuschentwicklung und die Koronaverluste verringert werden.

Um Ermüdungserscheinungen in den Seilen und an den Aufhängungen zu vermeiden und um das Risiko von Ermüdungsbrüchen zu senken, müssen mechanische Schwingungen, die sich windbedingt oder durch elektrische Stromkräfte entlang der Leiterseile ausbilden, gedämpft werden. Dies kann zum einen durch eine Optimierung des Seildurchhanges, zum anderen durch die Installation dämpfend wirkender Zusatzmassen (Schwingungsdämpfer) erfolgen (siehe Abbildung 6.12).

Um höhere Übertragungsleistungen und auch niedrigere Seilgewichte erreichen zu können, werden auch Hochtemperaturleiterseile eingesetzt. Man unterscheidet zwei Arten von Hochtemperaturleiterseilen. Zum einen sind dies die TAL-Leiterseile aus speziell behandeltem temperaturbeständigem Aluminium, die sich im Aufbau nicht von konventionellen Leiterseilen unterscheiden, aber für maximale Temperaturen von bis zu 150 °C zugelassen werden können. Durch die höheren Temperaturen ist der Durchhang dieser Seile größer als der von Standardseilen, wodurch gegebenenfalls die vorhandenen Maste erhöht und deren Statik bzgl. der größeren Seilzugkräfte angepasst werden müssen.

Zum anderen sind dies Hochtemperaturleiterseile, die bei größeren Seiltemperaturen keine übermäßige Längendehnung und damit keine erhöhten Seildurchhänge aufweisen. Dies wird durch Aluminiumleiterseile mit einem Kern aus einem Kohlefaserwerkstoff (sog. Aluminium Conductor Composite Core (ACCC)) oder einem Kern aus einem Keramikfaser-Aluminium-Verbundwerksstoff (sog. Aluminium Conductor Composite Reinforced (ACCR)) erreicht.

Hochtemperaturseile ermöglichen z. B. eine Ertüchtigung auf höhere Übertragungsleistungen von vorhandenen Leitungstrassen. Durch die höheren Ströme und den bei höheren Temperaturen vergrößerten Leiterseilwiderstand entsteht dann aber

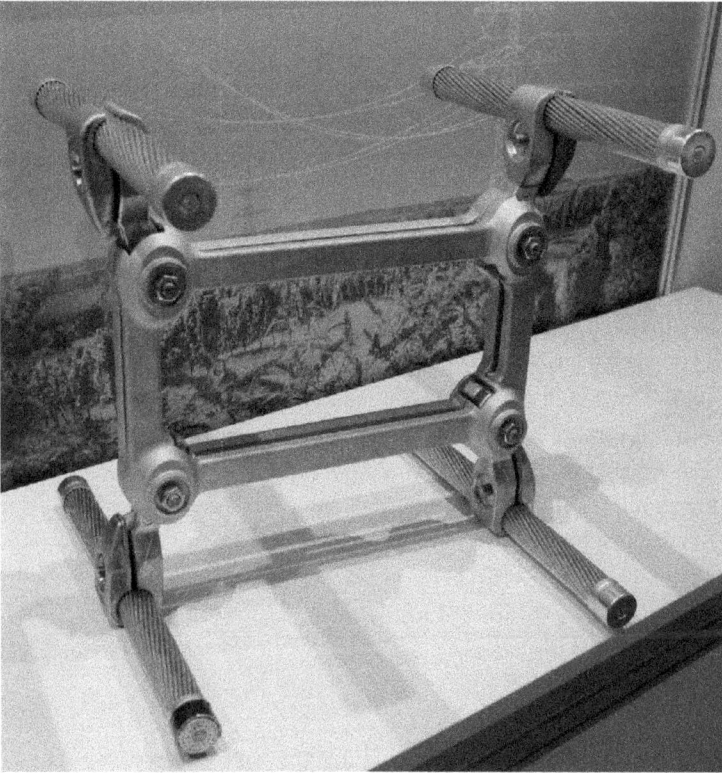

Abb. 6.11: Vierer-Bündelleiter mit Abstandshalter, Quelle: TenneT TSO GmbH

Abb. 6.12: Schwingungsdämpfer, Quelle: TenneT TSO GmbH

ein erheblicher Zuwachs der stromabhängigen Übertragungsverluste, die sich proportional zum Leiterseilwiderstand und zum Quadrat des Stromes verhalten.

6.2.4 Erdseil

Drehstromfreileitungen werden mit einem oder mehreren Leiterseilen an der Mastspitze (Erdseile) ausgestattet, die über den Mast mit der Masterdungsanlage verbunden sind und damit Erdpotential besitzen. Der Hauptzweck des Erdseils besteht im Schutz der Leiterseile vor direkten Blitzeinschlägen durch das Aufspannen eines Blitzschutzraums, in dem die Wahrscheinlichkeit, dass ein Blitz direkt in eines der Leiterseile einschlägt, erheblich reduziert wird (siehe Abbildung 6.13). Der Blitzschutzraum wird näherungsweise durch die Segmente zweier Kreise begrenzt, die durch die Erdseilaufhängung am Mast laufen und den Erdboden als Tangente haben. Der Radius der Kreise ist das Doppelte der Aufhängehöhe h_E des Erdseils am Mast. Werden mehrere Erdseile eingesetzt, dann bildet sich unter jedem einzelnen Erdseil ein Blitzschutzraum entsprechend Abbildung 6.13 aus, wodurch der geschützte Gesamtraum entsprechend vergrößert wird. Die Wahrscheinlichkeit, dass ein Blitz direkt in eines der Leiterseile einschlägt wird hierdurch erheblich reduziert. Man schätzt, dass dennoch 1–2 % der Blitze in die Leiterseile einschlagen [2].

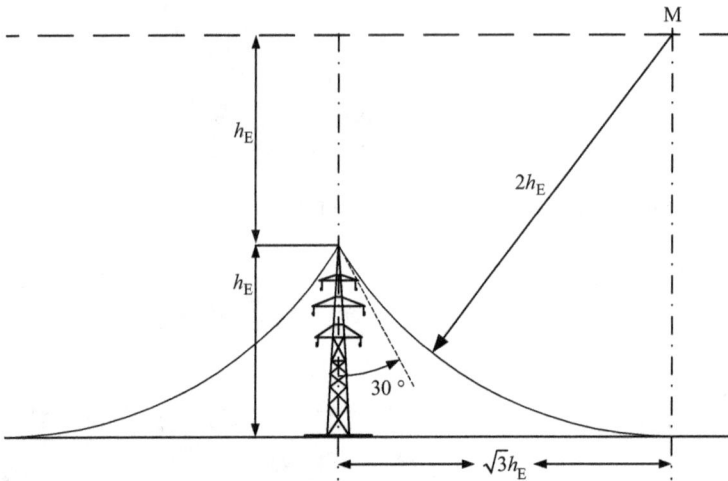

Abb. 6.13: Blitzschutzraum unterhalb eines Erdseils nach [3]

In die Erdseile können auch Lichtwellenleiter integriert werden (siehe Abbildung 6.14), die zur Datenübertragung eingesetzt werden. Damit kann zum einen eine zentrale Fernüberwachung und Steuerung von betriebseigenen Schalt- und Umspannanlagen der Netzbetreiber durchgeführt werden. Zum anderen können diese kommerziell durch Vermietung z. B. an Mobiltelefonnetzbetreiber vermarktet werden.

Abb. 6.14: Erdseil mit integriertem Lichtwellenleiter, Quelle: TenneT TSO GmbH

6.2.5 Isolatoren und Armaturen

Als Isolatoren werden in der Höchstspannungsebene Hängeisolatoren eingesetzt. In Deutschland werden hierbei zumeist sogenannte Langstabisolatoren aus Porzellan verwendet (siehe Abbildung 6.15). Für Spannungen über 110 kV werden diese zu Ketten von zwei (i. d. R. 220 kV) bis drei (i. d. R. 380 kV) Isolatoren zusammengefügt. Neuerdings werden auch Verbundisolatoren aus glasfaserverstärkten Kunststoffen mit Silikongummiüberzug genutzt (siehe Abbildung 6.16).

Abb. 6.15: 380-kV-Dreifachtragkette für Viererbündel mit Lichtbogenschutzarmaturen, Quelle: Amprion GmbH

Die Isolatoren von Freileitungen sind sowohl mechanischen als auch elektrischen Belastungen ausgesetzt und müssen daher so ausgelegt werden, dass beide Beanspruchungen sicher beherrscht werden. Der gewählte Aufbau aus einzelnen Kappen dient dazu, dass die Kriechstrecke entlang des Isolators möglichst lang wird. Hierdurch soll erreicht werden, dass auch verschmutzte Isolatoren (z. B. durch Wasser, Salz oder andere Einflüsse) der Betriebsspannung standhalten, und so die elektrische Isolation gegen die geerdeten Masten sichergestellt wird [11].

Abb. 6.16: 380-kV-Doppeltragketten für Zweierbündel, links: Silikontragketten mit Lichtbogen-schutzringen im Vordergrund und Keramiktragketten mit Lichtbogenschutzringen im Hintergrund, Quelle: Amprion GmbH, rechts: Silikontragketten mit Lichtbogenschutzarmaturen, Quelle: TenneT TSO GmbH

Als Hochspannungsarmaturen werden sämtliche Zubehörteile bezeichnet. Diese teilen sich gemäß [24] in Leiterseil- und Isolatorzubehörteile sowie Schutzarmaturen auf. Zu den Leiterseilzubehörteilen gehören neben verschiedenen Klemmen und Verbindern auch die Schwingungsdämpfer, Abstandshalter, Flugwarnkugeln, Vogelschutzmarkierungen und Radarmarker. Zu den Isolatorzubehörteilen zählen Abstandshalter, verschiedene Klemmen und weitere spezielle Teile.

Die Schutzarmaturen haben die Aufgabe den Isolator gegen die Einwirkungen von Lichtbögen zu schützen und die Potentialverteilung längs des Isolators zu verbessern. Außerdem sollen sie die Randfeldstärken im Bereich der Klemmen reduzieren und hierdurch Sprüherscheinungen und Funkstörungen vermindern. Sie müssen so konstruiert sein, dass sie den im Fehlerfall entstehenden Lichtbogen möglichst schnell übernehmen und vom Isolator wegführen. Hierdurch soll eine thermische Beschädigung der Isolatoroberfläche verhindert werden.

6.2.6 Mastfundament und bauliche Maßnahmen

Vor Beginn der Errichtung einer Drehstrom-HöS-Freileitung ist auf der gesamten Trassenlänge der Schutzstreifen von hohem Bewuchs (Bäumen) frei zu machen. Die Maststandorte sind darüber hinaus auch von niedrigem Bewuchs (z. B. Büsche) zu befreien. An diesen Standorten ist anschließend jeweils eine Arbeitsfläche von etwa 40 m × 40 m für die Montage des Mastes einzurichten und zu sichern sowie eine temporäre Zuwegung von etwa 4 m Breite durch Bohlen, Bauplatten, Baggermatten oder gegebenenfalls Baustraßen einzurichten.

Als Fundament (siehe Abbildung 6.17 und Abbildung 6.18) werden entweder Bohrfundamente, Rammpfahlgründungen oder vor Ort aus Fertigbeton gegossene Stufen-

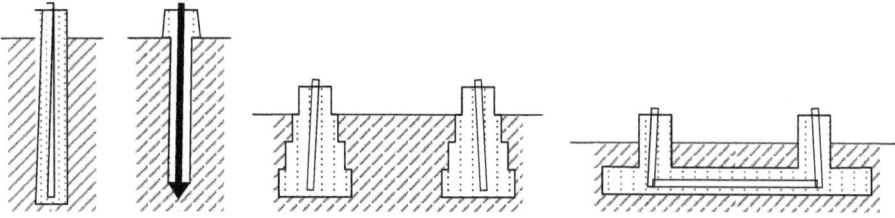

Abb. 6.17: Mastgründungen: Bohr-, Rammpfahl-, Stufen- und Plattenfundament [3]

Abb. 6.18: Mastgründungen während der Bauphasen: Bohr- (links oben und links Mitte), Rammpfahl- (rechts oben), Stufen- (links unten) und Plattenfundament (rechts unten), Quelle: TenneT TSO GmbH

fundamente eingesetzt. In Sonderfällen kommen auch Plattenfundamente zum Einsatz. Die Auswahl eines Fundaments und dessen Bemessung hängen u. a. von den aufzunehmenden Zug-, Druck- und Querkräften, der Tragfähigkeit des Baugrundes, der Dimensionierung des Tragwerkes und auch von der zur Verfügung stehenden Bauzeit ab.

Das Bohrfundament wird für standfeste und bis zur Gründungssohle wasserfreie Böden eingesetzt. Dabei wird jeder Fuß der vier Eckstiele des Mastes mit Beton in einer eigenen Bohrung im Erdboden befestigt (siehe Abbildung 6.18 links oben und links Mitte).

Rammpfahlgründungen (siehe Abbildung 6.18 rechts oben) werden für Böden verwendet, in denen tragfähige Bodenschichten erst in größerer Tiefe auftreten oder der Erdboden stark wasserhaltig ist. Rammpfahlfundamente besitzen Stahlrohre mit einer vergrößerten Pfahlspitze, die in den Boden getrieben werden. Die dabei entstehenden Hohlräume werden mit Flüssigbeton ausgefüllt.

Beim Stufenfundament (siehe Abbildung 6.18 links unten) wird für jeden Eckstiel des Mastes ein einzelnes zur Betonersparnis abgestuftes, zumeist rundes und unbewehrtes Einzelfundament hergestellt. Die Größe der Baugrube beträgt je nach Größe des Fundaments und Tragfähigkeit des Bodens ca. 100 bis 400 m². Das Stufenfundament ist die klassische Gründungsart für Freileitungsmaste.

Das Plattenfundament besteht aus den an den vier Ecken des Maststandortes aufgestellten Fußeckstielen, auf die später das Unterteil des Mastes montiert wird, und einer Bewehrung für den Stahlbeton, die als Korb um die Fußeckstiele verlegt und mit Beton vergossen wird (siehe Abbildung 6.18 rechts unten).

Bei allen Fundamenttypen stehen oberhalb der Erdoberkante die vier in der Regel runden Fundamentköpfe mit einem Durchmesser von ca. 1,0–1,2 m für die Anbringung der Eckstiele des Mastes zur Verfügung. Damit wird an jedem Maststandort eine Oberfläche von ca. 4–8 m² versiegelt.

Die Gesamtgröße der Platten- und Stufenfundamente beträgt abhängig von den Bodenverhältnissen und dem gewählten Masttyp zwischen etwa 10 m × 10 m und 20 m × 20 m mit einer Gründungstiefe von ca. 2,80 m.

Nach der Errichtung des Fundaments werden die einzelnen Segmente eines Freileitungsmastes direkt an der Baustelle aus einzelnen Bauteilen aus verzinktem Stahl vormontiert und in der Regel mit Hilfe eines Autokranes aufgestellt (siehe Abbildung 6.19).

Nach dem Aufstellen der Maste erfolgt der Einzug der Leiterseile (siehe Abbildung 6.20), wobei zunächst in einem ersten Schritt leichtere Hilfsseile und dann in einem zweiten Schritt die Zugseile eingezogen werden. Die Leiterseile werden auf Seiltrommeln mit Seillängen bis zu 3000 m an die Baustelle geliefert und werden mit einer Seilwinde von den Spulen auf die Maste gezogen, wobei dies gemeinsam für alle Teilleiter eines Bündels erfolgt. Für die Trommelplätze bzw. die Standorte für die Seilzugwinden werden eine temporäre Zuwegung und ein Flächenbedarf von ca. 450 m² benötigt.

Abb. 6.19: Errichtung Freileitungsmast, Quelle: TenneT TSO GmbH

Nach Abschluss des Leiterseileinzugs wird die Einstellung des Durchhangs durchgeführt (siehe Abbildung 6.21).

Abb. 6.20: Leiterseilzug, Quelle: Amprion GmbH

Abb. 6.21: Einstellung des Leiterseildurchhangs am Abspannmast, Quelle: Amprion GmbH

6.2.7 Querung von Verkehrswegen, Gewässern und Waldgebieten

Mit Freileitungen können Verkehrswege und Gewässer in der Regel überspannt werden. Für besonders weite Strecken oder sehr große Durchfahrhöhen stehen Sondermaste zur Verfügung, wie z. B. die zwei Abspannmaste mit Höhen von 76 m und 62 m und die zwei Tragmaste von jeweils 227 m Höhe in Tonnenmastbauweise für die Elbekreuzung von vier 380-kV-Drehstromsystemen bei Stade (siehe Abbildung 6.22). Damit wird eine Durchfahrthöhe von 75 m bei einer Spannweite von etwa 1170 m ermöglicht.

Abb. 6.22: Tragmast der Elbekreuzung bei Stade, Quelle: TenneT TSO GmbH

Für die Querung von Waldgebieten mit Freileitungen kann die Breite des Schutzstreifens, der von hochwachsendem Bewuchs freizuhalten ist und typischerweise eine Breite von ca. 70 m aufweist (siehe Abschnitt 6.2.1), durch die Wahl der Mastform und der Spannweite beeinflusst werden.

Besondere örtliche Bedingungen erfordern besondere Mastbauweisen mit entsprechenden Fundamenten (siehe z. B. Abbildung 6.23).

Abb. 6.23: Tragmast am Hoover-Staudamm; Nevada und Arizona, USA, Quelle: M. Hofmann

6.3 Drehstromkabel

Parallel zu den Freileitungen wurden auch Kabel entwickelt. Man unterscheidet generell zwischen Nachrichten- oder Kommunikationskabeln und Energiekabeln (Starkstromkabel), die im Folgenden behandelt werden.

6.3.1 Übersicht

Das erste Energiekabel wurde bereits 1880 als Gleichstromkabel, das mit Guttapercha isoliert war, eingesetzt. Ab 1890 wurde das erste Wechselstromkabel mit einer mit Isoliermasse getränkten Papierisolierung für eine Spannung von 10 kV entwickelt. Es folgten die Entwicklung von Dreileiterkabeln sowie von Ölkabeln, Gasaußen- und Gasinnendruckkabeln. Seit 1940 werden Kabel mit einer Kunststoffisolierung verwendet. Tabelle 6.2 zeigt eine Gegenüberstellung der Betriebserfahrungen von HDÜ- und HGÜ-Freileitungen und -Kabeln.

Tab. 6.2: Betriebserfahrungen HDÜ- und HGÜ-Freileitungen und -Kabel

	Freileitung	Kabel
Betriebserfahrung HDÜ	380-kV-HDÜ: seit 1952 500-kV-HDÜ: seit 1958 735-kV-HDÜ: seit 1964	380-kV-HDÜ, MI-Kabel: seit 1950 380-kV-HDÜ, VPE: seit 1986 550-kV-HDÜ, MI: seit 1974 550-kV-HDÜ, VPE: seit 2000
Betriebserfahrung HGÜ	400-kV-HGÜ: seit 1964 500-kV-HGÜ: seit 1970 1100-kV-HGÜ: 2016 Auftrag	200-kV-HGÜ, MI-Kabel: seit 1950 300-kV-HGÜ, VPE: seit 2006 500-kV-HGÜ, MI-Kabel: seit 1975 500-kV-HGÜ, VPE: 2014, Prototyp

Im Jahr 1952 wurde in Schweden das erste 380-kV-Kabel mit einer Papier-Öl-Isolierung (Ölkabel) entwickelt und eingesetzt. Die bezüglich der Umweltauswirkungen vorteilhafteren Kabel mit einer Isolation aus Polyethylen (PE-Kabel) oder vernetztem Polyethylen (VPE-Kabel) wurden Ende der 60er-Jahre für Spannungen bis 220 kV entwickelt. Das erste 380-kV-VPE-Drehstrom-Kabel der Welt wurde 1986 in Serienreife produziert.

HöS-Drehstrom-Kabelsysteme werden vornehmlich in großstädtischen Bereichen oder als Seekabelverbindungen auf kurzen Strecken (< 30 km) eingesetzt.

Kabel werden entsprechend ihrer Nennspannungen (Strangspannung U_0/verkettete Spannung U_n) wie folgt unterschieden:

- NS-Kabel: U_0/U_n = 0,6 kV/1 kV,
- MS-Kabel: U_0/U_n = 3,6 kV/6 kV bis U_0/U_n = 18 kV/30 kV,
- HS-Kabel: U_0/U_n > 18 kV/30 kV (typische Werte sind U_0/U_n = 64 kV/110 kV) und
- HöS-Kabel: U_0/U_n > 64 kV/110 kV.

Man unterscheidet bei den Energiekabeln zwischen Einleiter- und Dreileiterkabeln. Für die NS-Ebene stehen auch Vier- und Fünfleiterkabel zur Verfügung, die als zusätzliche Leiter einen Neutralleiter (N) und einen PE-Schutzleiter (PE) mitführen [25] (vgl. Band 1, Abschnitt 9.1).

Zu einer vollständigen Kabelanlage gehören weiterhin die Muffengruben bzw. -bauwerke, Endverschlüsse, Messwandler, Kompensations- und ggf. Kühlanlagen sowie Monitoringsysteme, Teilentladungsmesseinrichtungen und Schutzsysteme [25].

6.3.2 Aufbau von Energiekabeln und Aufbauelemente

Energiekabel können grundsätzlich aus den folgenden Aufbauelementen bestehen, wobei in Abhängigkeit von der Spannungsebene und dem geplanten Einsatzgebiet des Kabels nicht immer alle Aufbauelemente vorhanden sind [25]:

- Leiter,
- Isolation,
- Mantel,
- Feldbegrenzung und Schirmung und
- weitere Elemente mit mechanischen und stützenden Funktionen.

6.3.2.1 Leiter
Als Leitermaterialien werden Aluminium (Al) bevorzugt in der NS- und MS-Ebene und Kupfer (Cu) bevorzugt in der HS-und HöS-Ebene eingesetzt, wobei die Auswahl insbesondere in der HS- und HöS-Ebene aufgrund der größeren Leiterquerschnitte stark von den aktuellen Weltmarktpreisen für Al und Cu beeinflusst wird. Cu zeichnet sich durch einen geringeren spezifischen Widerstand aus, während Al wesentlich leichter

Tab. 6.3: Eigenschaften der Leiterwerkstoffe Aluminium (Al) und Kupfer (Cu)

Leiterwerkstoff	spezifische Leitfähigkeit κ bei 20 °C in mΩ/mm^2	Temperaturkoeffizient α in 1/K	Dichte ρ in g/cm^3
Kupfer (Cu)	58	0,0039	8,9
Aluminium (Al)	36	0,0040	2,7

ist (siehe Tabelle 6.3). So benötigt man aufgrund des geringeren spezifischen elektrischen Leitwerts für einen gleichen ohmschen längenbezogenen Widerstand einen etwa 1,6-fachen Leiterquerschnitt A aus Al im Vergleich zu Cu. Die längenbezogene Masse m' beträgt dennoch nur ca. 50 % der längenbezogenen Masse eines Cu-Leiters. Ein Nachteil von Al ist, dass es deutlich empfindlicher gegen Korrosion ist als Kupfer.

$$\frac{R'_{Al}}{R'_{Cu}} = \frac{\kappa_{Cu} A_{Al}}{\kappa_{Al} A_{Cu}} = 1 \quad \Rightarrow \quad A_{Al} = \frac{\kappa_{Al}}{\kappa_{Cu}} A_{Cu} \approx 1,61\, A_{Cu} \tag{6.1}$$

und:

$$\frac{m'_{Al}}{m'_{Cu}} = \frac{\rho_{Al}}{\rho_{Cu}} \cdot \frac{A_{Al}}{A_{Cu}} \quad \Rightarrow \quad m'_{Al} = \frac{\rho_{Al}}{\rho_{Cu}} \cdot \frac{\kappa_{Cu}}{\kappa_{Al}} m'_{Cu} \approx 0,49\, m'_{Cu} \tag{6.2}$$

Die Form der Leiter unterscheidet sich hinsichtlich des Einsatzgebiets und der für die jeweilige Stromtragfähigkeit erforderlichen Leiterquerschnittsfläche. Man unterscheidet entsprechend Abbildung 6.24 zwischen runden, ovalen und sektorförmigen Leitern, die jeweils eindrähtig oder mehrdrähtig ausgeführt sein können.

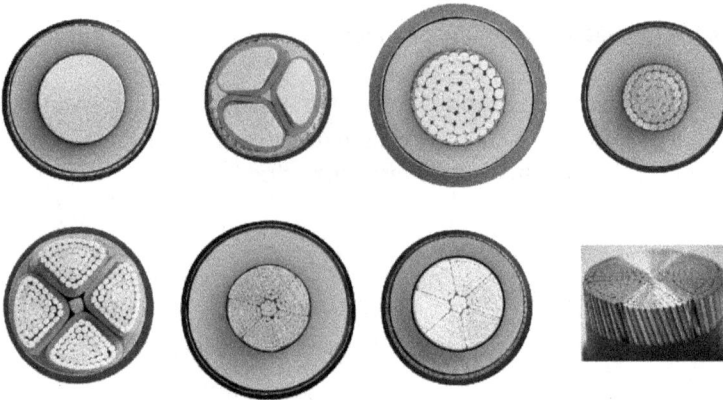

Abb. 6.24: Leiterformen, von links oben nach rechts unten: rund eindrähtig (RE) Aluminium, sektorförmig eindrähtig (SE) Aluminium, rund mehrdrähtig (RM) Aluminium, rund mehrdrähtig (RM) Kupfer, sektorförmig mehrdrähtig (SM) Aluminium, Millikenleiter rund mehrdrähtig Kupfer, Millikenleiter rund mehrdrähtig Aluminium, Millikenleiter rund mehrdrähtig Kupfer, Quelle: Nexans Deutschland GmbH

Für große Leiterquerschnitte ab 1000 mm^2 werden diese als sogenannte Millikan-Leiter ausgeführt. Hierbei wird der Leiter aus mehrdrähtigen sektorförmigen Teilleitern zusammengesetzt, wobei diese gegeneinander elektrisch isoliert sind. Eine andere Möglichkeit, einen stromverdrängungsarmen Leiter aufzubauen, besteht darin, die einzelnen Leiterdrähte mit einer isolierenden Lackschicht zu überziehen und den Leiter zu verseilen. Eine Stromverdrängung tritt bereits bei Netzfrequenz durch den Haut- bzw. Skineffekt (siehe Abbildung 6.25) und den Nahe- bzw. Proximityeffekt (siehe Abbildung 6.26) auf, die jeweils zu einer Vergrößerung des ohmschen Leiterwiderstands und damit der Stromwärmeverluste führen (siehe Abschnitt 6.5.1.2). Die in den Leiter eindringenden elektrischen und magnetischen Wechselfelder erzeugen im Leiter Wirbelströme, die die sie verursachenden Felder schwächen. In der Folge nimmt die Stromdichte im Leiter von außen nach innen exponentiell ab.

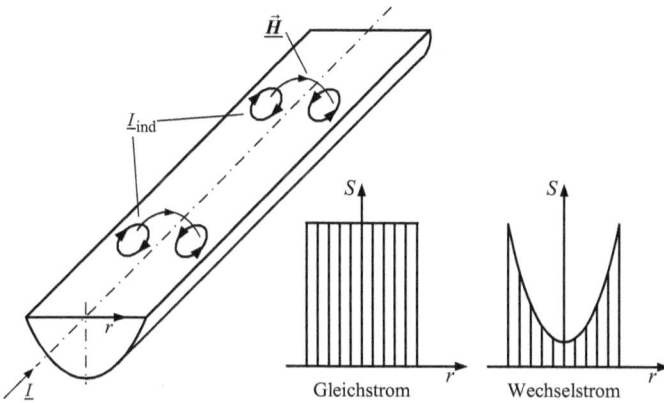

Abb. 6.25: Haut- bzw. Skineffekt

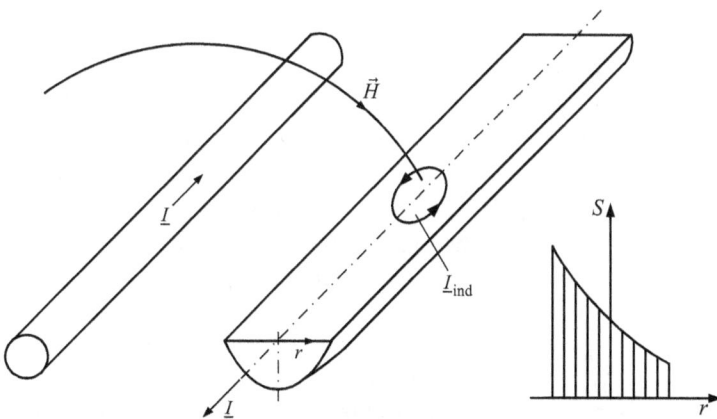

Abb. 6.26: Nahe- bzw. Proximity-Effekt

6.3.2.2 Elektrische Isolation

Die elektrische Isolation des Leiters gegenüber dem Erdpotential und den anderen Leitern erfolgt über das Dielektrikum. Dielektrika sind entweder homogen oder geschichtet aufgebaut und müssen die Isolation nicht nur bei der maximal dauernd anstehenden Spannung sondern auch bei inneren und äußeren Überspannungen gewährleisten. Neben guten Isolationseigenschaften sollen sie geringe dielektrische Verluste, möglichst keine Teilladungen und gute mechanische Eigenschaften aufweisen. Die dielektrischen Verluste werden durch den temperaturabhängigen Verlustfaktor $\tan \delta$ beschrieben, der den Zusammenhang zwischen dem ohmschen und kapazitiven Stromanteil herstellt. Er kann mit der Ersatzschaltung für ein Dielektrikum in Abbildung 6.27 und dem zugehörigen Zeigerbild erklärt werden.

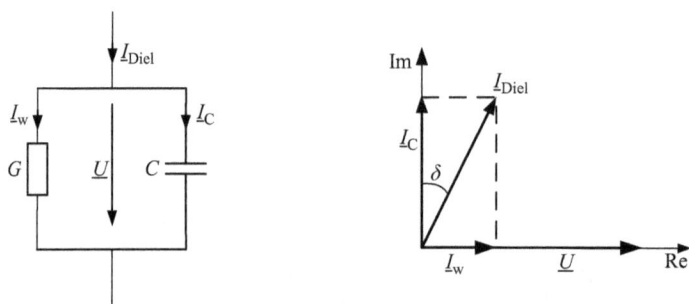

Abb. 6.27: Ersatzschaltung für ein Dielektrikum und zugehöriges Zeigerbild

Es gilt für die Beträge der Teilströme und damit für den Zusammenhang zwischen dem Leitwert und der Suszeptanz:

$$I_\text{w} = \tan \delta I_\text{C} = \frac{G}{\omega C} I_\text{C} \quad \Rightarrow \quad G = \tan \delta \cdot \omega C \tag{6.3}$$

Teilentladungen treten an Inhomogenitäten bei hohen elektrischen Feldstärken auf, wie z. B. an den Grenzschichten zwischen dem Dielektrikum und den Leitschichten (siehe Abschnitt 6.3.2.4) oder in Hohlräumen innerhalb des Dielektrikums. Sie führen zu einer Schädigung des Dielektrikums, einer Verringerung der Isolationsstrecke und daraus folgend zu einer Reduzierung der Lebensdauer der Isolation.

Die am weitesten verbreitete klassische Isolation für Energiekabel ist mit Öl, synthetischen Isolierstoffen oder mit Masse getränktes Papier. Sie stellt eine Schichtenisolation dar. „Masse" bezeichnet einen Isolierstoff aus organischen Ölen und Harzen mit dem die Papierisolation getränkt wird. Sie ist sehr zähflüssig (hohe Viskosität) und wird für NS-, MS- und HS-Kabel verwendet. Entsprechende Kabel werden auch als Massekabel bezeichnet. Sie wurden in Deutschland in der MS-Ebene eingesetzt. In der HS- und HöS-Ebene wurden sie in Stahlrohre eingezogen und als Gasinnen- und Gasaußendruckkabel ausgeführt und betrieben (siehe unten).

Mit dünnflüssigem Öl getränkte Papierkabel (Ölkabel, siehe Abbildung 6.28) werden in der HS- und HöS-Ebene eingesetzt. Das unter einem Druck von 1,5 bis 8 bar stehende Öl soll dafür sorgen, dass keine Hohlräume entstehen und damit keine Teilentladungen entstehen. Das Öl kann bei Erwärmung durch Ölkanäle fließen und außen durch Ölausgleichsgefäße aufgenommen werden.

Abb. 6.28: HöS- und HS-Ölkabel (Vordergrund: NÖKLD2Y 1 × 1200 RMS 127/220 kV mit 12 mm Hohlleiter, Hintergrund: NÖKUDE2Y 1 × 630 64/110 kV mit 12 mm Hohlleiter), Quelle: Nexans Deutschland GmbH.

Abb. 6.29: Dreiadriges 110-kV-Gasaußendruckkabel NPKDVFSt2Y 3×800 OM 64/110 kV, Quelle: Nexans Deutschland GmbH.

Gasaußendruckkabel sind in einem mit Stickstoff gefüllten und unter einem Druck von ca. 15 bar stehenden Stahlrohr eingezogen (siehe Abbildung 6.29). In der mit einem hochviskosen synthetischen Öl getränkten Papierisolation können aufgrund dieses äußeren Drucks keine Hohlräume und damit keine Teilentladungen entstehen.

Bei den Gasinnendruckkabeln (siehe Abbildung 6.30) kann die Masse der Papierisolation nicht nach außen abwandern. Entstehende Hohlräume werden durch den Gasdruck von ca. 15 bar mit Stickstoff gefüllt. Der hohe Gasdruck setzt die Einsetzspannung soweit herauf, dass Teilentladungen nicht mehr auftreten können.

Abb. 6.30: Dreiadriges 110-kV-Gasinnendruckkupferkabel NIVFSt2Y 3 × 300 RM 64/110 kV, Quelle: Nexans Deutschland GmbH

Papierisolierungen führen zu einem hohen Kabelgewicht, erfordern spezialisierte Kabelmonteure und sind empfindlich gegen Feuchtigkeit. Man hat aber schon sehr lange Betriebserfahrungen mit papierisolierten Kabeln sammeln können, die auch eine hohe elektrische Festigkeit aufweisen. Sie sind aber heute bei Kabelneu- und Kabelersatzbauten durch VPE-Kabel weitgehend verdrängt worden.

Abb. 6.31: Rohrkabel 2XSFL2YFGST2Y 3 × 1 × 300 RM/50 64/110 kV, Quelle: Nexans Deutschland GmbH

Bei einer Erneuerung einer Gasaußen- oder Gasinnendruckkabelanlage werden heute keine Kabel mit einer Papierisolierung sondern drei verseilte Einleiter-VPE-Kunststoffkabel in das Stahlrohr eingezogen. Um dem Querschnitt des Stahlrohrs genügen und den Einzug ermöglichen zu können, werden diese VPE-Kabel mit einer geringeren Isolationsschichtdicke ausgeführt. Man bezeichnet diese VPE-Kabel dann als Rohrkabel (siehe Abbildung 6.31).

Energiekabel mit einer VPE-Isolation (VPE = Vernetztes Polyethylen, engl. XLPE = crosslinked Polyethylene) werden nahezu ausschließlich in der MS-Ebene und auch weitgehend in der HS- und HöS-Ebene eingesetzt (siehe Abbildung 6.32). Sie sind sehr empfindlich gegenüber Teilentladungen und sind deshalb sehr aufwendig mit sehr reinen Materialien herzustellen. VPE-Isolationen reagieren sehr empfindlich auf Feuchtigkeit, weswegen sie in der HS- und HöS-Ebene weitere Aufbauelemente zur Gewährleistung einer Quer- und Längswasserdichtigkeit aufweisen (siehe Abschnitt 6.3.2.5).

PVC-isolierte Kabel (siehe Abbildung 6.33) sind günstige Kabel, sie werden aber aufgrund ihres hohen Verlustfaktors (siehe Tabelle 6.4) fast ausschließlich in der NS-

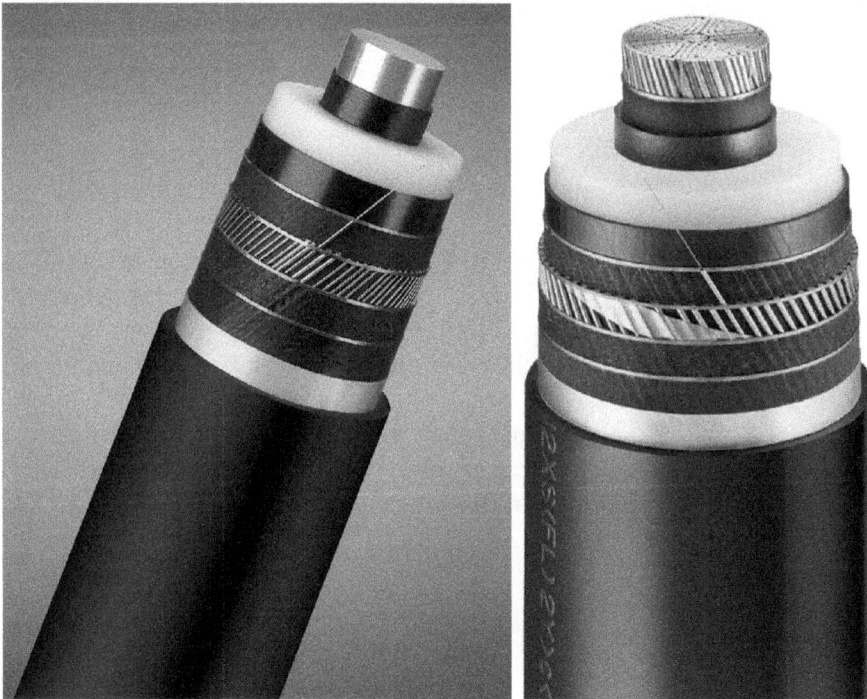

Abb. 6.32: Eindrähtiges VPE-isoliertes 110-kV-Aluminiumleiterkabel A2XS(FL)2Y RE 64/110 kV, Schirmbereich längs- und querwasserdicht (links), 380-kV-Einleiterkabel mit Millikenleiter rund mehrdrähtig Kupfer 2XS(FL)2Y 1 × 2000 RMS/250 2x2FO 220/380 kV (rechts), Quelle: Nexans Deutschland GmbH

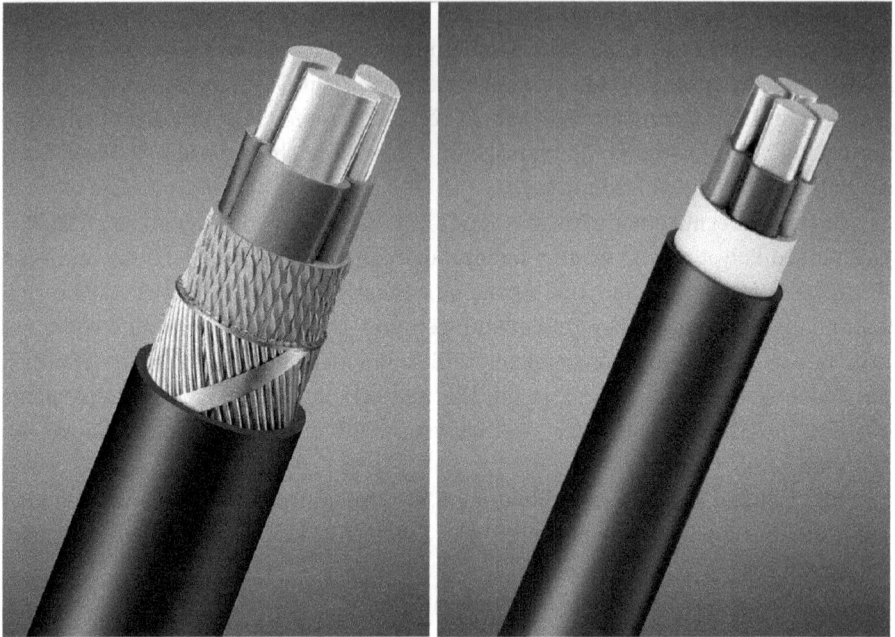

Abb. 6.33: PVC-NS-Drei- und Vierlleiterkabel (links: NAYCWY 3 × 185 SE/185 0,6/1 kV, rechts: NAYY 4 × 150 SE 0,6/1 kV), Quelle: Nexans Deutschland GmbH

Ebene eingesetzt, wo sie bereits seit den 70er-Jahren dominierend und die Standardkabel sind.

Isolationen aus Polyethylen (PE) sind in den 1960er-Jahren eingeführt worden, konnten sich aber, auch aufgrund von Anfangsschwierigkeiten, nicht gegenüber VPE-Isolationen durchsetzen. Kabel mit einer Kunststoffisolation aus Ethylene-Prophylene-Rubbor (EPR) werden in Deutschland so gut wie gar nicht eingesetzt und werden deshalb nicht weiter betrachtet.

In Tabelle 6.4 sind einige wichtige physikalische und technische Eigenschaften der wichtigsten Isolationsstoffe zusammengefasst. Aus dem Vergleich wird ebenfalls die hohe Bedeutung von VPE aufgrund seines geringen Verlustfaktors und der vergleichsweise hohen zulässigen Leitertemperaturen deutlich.

Tab. 6.4: Eigenschaften von Isolationen [26]

Material	Papier/Öl	VPE	PVC	PE	EPR
spez. Widerstand ρ in Ω cm	10^{15}	10^{16}	$10^{11} \ldots 10^{14}$	10^{17}	10^{15}
Verlustfaktor $\tan \delta$	$3 \ldots 9 \cdot 10^{-3}$	$< 0,4 \cdot 10^{-3}$	$< 80 \cdot 10^{-3}$	$< 0,4 \cdot 10^{-3}$	$5 \cdot 10^{-3}$
Permittivität ε_r	3,5	2,3	$3 \ldots 5$	2,3	3
zul. Leitertemperatur im Dauerbetrieb in °C	$60 \ldots 80$	90	70	70	90
zul. Leitertemperatur bei Kurzschluss in °C	$140 \ldots 160$	250	$140 \ldots 160$	150	250

6.3.2.3 Mantel

Der Kabelmantel dient dem Schutz vor Feuchtigkeit sowie vor mechanischen, thermischen und chemischen Einwirkungen. Er wird bei kunststoff- und papierisolierten Kabeln aus PVC oder PE gefertigt. Ältere papierisolierte Kabel besitzen noch einen Mantel aus bitumenimprägnierter Jute.

6.3.2.4 Feldbegrenzung und Schirmung

Für die Begrenzung, Vergleichmäßigung und Steuerung der elektrischen Feldstärke werden elektrisch leitfähige Schichten in die Kabel ab der MS-Ebene eingebracht (siehe Abbildung 6.34), die für einen radialen und gleichmäßigen Feldverlauf im Dielektrikum sorgen sollen.

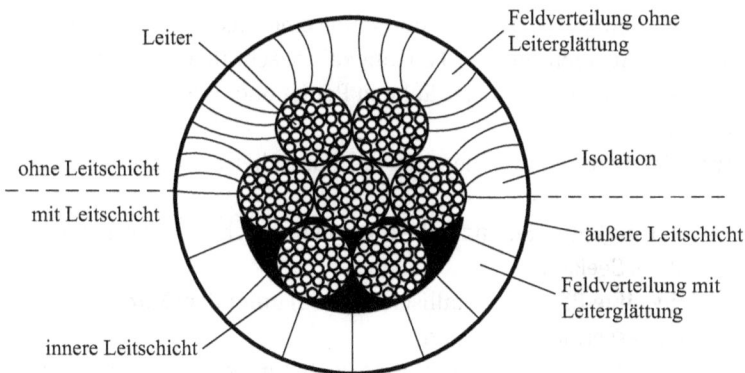

Abb. 6.34: Elektrisches Feld im Dielektrikum ohne (oben) und mit (unten) einer äußeren und inneren Leitschicht

Hierfür werden leitfähige oder metallisolierte Papiere (Hochstädter Folie) ggf. für die äußere Leitschicht zusammen mit Aluminiumbändern, Kunststoffen mit hohem Rußanteil oder leitfähigen Textilbändern je nach Art des Isolationsmaterials eingesetzt.

Eine elektrische Schirmung ist ebenfalls ab der MS-Ebene erforderlich. Ihre Aufgabe ist zum einen die Potentialsteuerung und die Begrenzung des elektrischen Feldes. Zum anderen soll der Schirm die Lade- (siehe Abschnitt 6.7.5) und Ableitströme sowie in Fehlerfällen die Fehlerströme abführen, wofür er eine ausreichende Stromtragfähigkeit und Kurzschlussfestigkeit benötigt. Damit reduziert er bei beidseitiger Erdung des Schirms auch das äußere Magnetfeld und bietet einen Berührungsschutz. Der Schirm besteht üblicherweise aus mehreren Aufbauelementen (Schirmkonstruktion), die die äußere Leitschicht, leitfähige Bänder, Kupferdrähte und -bänder (Querleitwendel), Metallhüllen und eine Stahldrahtbewehrung umfassen kann. Er erhöht damit auch die mechanische Festigkeit des Kabels, z. B. bei der Legung. Der Schirm kann einseitig oder beidseitig geerdet werden (siehe Abschnitt 6.3.2.8).

In den Schirm kann ein Lichtwellenleiter für ein Temperaturmonitoring des Kabels eingefügt werden, um damit lokale Temperaturerhöhungen erkennen und das Kabel schützen zu können. Eine über die maximal thermisch zulässige Temperatur hinausgehende Temperatur führt zu einem Lebensdauerverlust. Sie kann aber auch zur lokalen Zerstörung des Kabels führen.

6.3.2.5 Weitere mechanische und stützende Elemente

Zu den Elementen mit einer weiteren mechanischen und/oder stützenden Funktion zählen:
- Zwickelfüllung (Beilauf): Die Zwickelfüllung wird in den inneren Bereich von mehradrigen Kabeln eingebracht und übernimmt eine mechanische Funktion, kann aber auch die Ausbreitung von Feuchtigkeit beschränken. Sie besteht je nach Kabelart aus Kunststoff oder ölgetränktem Papier oder Jute.
- Aufpolsterelemente,
- weitere innere und äußere Schutzhüllen zum mechanischen Schutz und zum Korrosionsschutz,
- Bewehrung (Armierung) zum Schutz bei sehr hohen mechanischen Beanspruchungen, wie z. B. bei Seekabeln,
- metallische verschweißte Bänder (metallische Sperre) unter dem Mantel zur Herstellung einer Querwasserdichtigkeit und
- Einbringung von quellfähigem Material (z. B. in der Schirmkonstruktion) zur Verhinderung der Ausbreitung von Feuchtigkeit in Längsrichtung des Kabels (Längswasserdichtigkeit).

6.3.2.6 Kennzeichnung von Energiekabeln

Energiekabel sind durch Kabelkennzeichen entsprechend [27] in regelmäßigen Abständen zu kennzeichnen. Die Großbuchstaben und Ziffern beschreiben von links nach rechts den Kabelaufbau von innen (Leiter) nach außen (Mantel) und geben die Nennspannung des Kabels an. Tabelle 6.5 enthält eine Auswahl von Kennzeichen für kunststoffisolierte Kabel.

In Abbildung 6.35 ist am Beispiel des MS-VPE-Einleiterkabels in Abbildung 6.36 die Kabelkennzeichnung mit Kurzzeichen erläutert.

Die angegebenen Spannungen sind die Kabelnennspannung U_0 zwischen Leiter und metallener Umhüllung oder Erde und die Kabelnennspannung $U_n = \sqrt{3}U_0$ zwischen den Außenleitern. Die Kabel dürfen damit für dieses Beispiel mit einer höchsten dauernd zulässigen Leiter-Leiter-Spannung von $U_m = 24\,\text{kV}$ (siehe Band 1, Abschnitt 15.2) betrieben werden.

Tab. 6.5: Auswahl von Kurzzeichen zur Kennzeichnung von kunststoff- und papierisolierten Kabeln [28]

Kurzzeichen	Erläuterung
N	Kabel nach den entsprechenden DIN-VDE-Bestimmungen
A	Leiter aus Aluminium
Y	Isolierung aus thermoplastischem Polyvinylchlorid (PVC)
2X	Isolierung aus vernetztem Polyethylen (VPE)
S	Schirm aus Kupfer
SE	Schirm aus Kupfer, bei dreiadrigen Kabeln über jeder einzelnen Ader aufgebracht
C	konzentrischer Leiter aus Kupfer
CW	konzentrischer Leiter aus Kupfer, wellenförmig aufgebracht
(F)	mit längswasserdichter Einbettung der Schirmdrähte mit PE-Außenmantel
(FL)	mit längs- und querwasserdichter Einbettung der Schirmdrähte (mit AL/PE Schichtenmantel)
F	Bewehrung aus Stahlflachdrähten
R	Bewehrung aus Stahlrunddrähten
GB	Gegen- oder Haltewendel aus Stahlband
Ergänzung für papierisolierte Kabel	
E	Schutzhülle mit eingebetteter Schicht aus Elastomerband oder Kunststofffolien
K	Bleimantel
B	Bewehrung aus Stahlband
A	Schutzhülle bzw. äußere Schutzhülle aus Faserstoffen
Y	PVC-Mantel
2Y	PE-Mantel
Leiterformen	
RE	rund, eindrähtig
RM	rund, mehrdrähtig
SE	sektorförmig, eindrähtig
SM	sektorförmig, mehrdrähtig

NA2XS(F)2Y 3×1×185 RM/25 12/20 kV

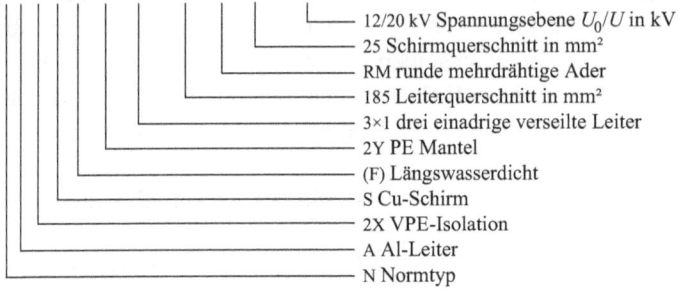

```
└─── 12/20 kV Spannungsebene $U_0/U$ in kV
└──── 25 Schirmquerschnitt in mm²
└───── RM runde mehrdrähtige Ader
└────── 185 Leiterquerschnitt in mm²
└─────── 3×1 drei einadrige verseilte Leiter
└──────── 2Y PE Mantel
└───────── (F) Längswasserdicht
└────────── S Cu-Schirm
└─────────── 2X VPE-Isolation
└──────────── A Al-Leiter
└───────────── N Normtyp
```

Abb. 6.35: Beispiel Kabelkennzeichnung mit Kurzzeichen für das MS-VPE-Einleiterkabel in Abbildung 6.36

Abb. 6.36: Kabel NA2XS(F)2Y 3 × 1 × 185 RM/25 12/20 kV, Quelle: Nexans Deutschland GmbH

6.3.2.7 Kabelgarnituren

Unter Kabelgarnituren wird die Anschluss- und Verbindungstechnik von Kabeln an andere Betriebsmittel und zwischen Kabeln verstanden. Man unterscheidet zwischen:

- Muffen, wobei hier noch zwischen den folgenden Muffentypen zu differenzieren ist:
  - Verbindungsmuffen (siehe Abbildung 6.37 und Abbildung 6.39),
  - Übergangsmuffen zum Verbinden von Kabeln ungleicher Bauart,
  - Abzweigmuffen zur Erstellung eines Kabelzweigs,
  - Reparaturmuffen zur Reparatur beschädigter Kabel und
  - Cross-Bonding-Muffen (siehe Abschnitt 6.3.2.9) zum Auskreuzen der Kabelmäntel an einer Kabelverbindungsstelle,
- Endverschlüssen zum Anschluss eines Kabels an Schaltanlagen oder Freileitungen (siehe Abbildung 6.38) und Endkappen zum Abschluss eines Kabelendes,
- Kabelstecker in Außen- oder Innenkonustechnik zum Anschluss an Schaltanlagen, Transformatoren oder auch Kabel,
- lösbare und nicht lösbare Kabelschuhe, Kabelbinder und Kabelschraubverbinder zum Erstellen von Kabelabzweigen und dem Anschluss von Kabeladern an andere Betriebsmittel und zur Verbindung von Kabeladern in der MS- und NS-Ebene.

HS- und HöS-Kabelgarnituren bestehen prinzipiell aus:
- Leiterverbindung,
- ggf. Schirmung,
- Isolation,
- ggf. Feldsteuerungsmaßnahmen und
- Schutzhülle.

Sie müssen zahlreichen elektrischen, chemischen, thermischen und mechanischen Anforderungen genügen, so dass dieselbe Betriebssicherheit und Verfügbarkeit wie die von Kabeln gewährleistet werden kann. Mit steigender Spannung und steigenden elektrischen Feldstärken steigen die Anforderungen an die Isolation und die

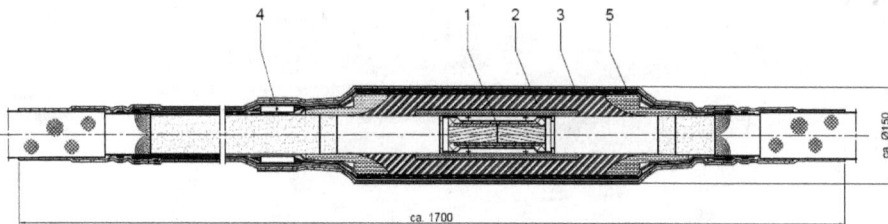

Abb. 6.37: Verbindungsmuffe Typ: VM123-A für einadrige 123-kV-VPE-Kabel (1: Leiterverbindung, 2: vorgefertigter Muffenkörper, 3: Elektroleitband, 4: Pressverbinder für Cu-Schirm, 5: Schrumpfschlauch), Quelle: Nexans Deutschland GmbH

Abb. 6.38: 110-kV-Kabelendverschluss, Quelle: Nexans Deutschland GmbH

Abb. 6.39: Muffengrube Randstad-380-kV-Kabelprojekt, Quelle: TenneT TSO GmbH

Feldsteuerung. In den Muffen und Endverschlüssen ist deshalb an den Übergängen aufgrund der hohen elektrischen Feldstärken eine Steuerung des elektrischen Feldes erforderlich. Feldstärkeüberhöhungen würden zu Teilentladungen führen, die ihrerseits die Kabelisolation über einen längeren Zeitraum zerstören und damit zum Ausfall des Kabels führen würden. Die Montage von Muffen und Endverschlüssen ist daher nur von Fachkräften mit ausreichender Erfahrung und unter möglichst reinen Bedingungen durchzuführen. Die Dauer für die Montage einer HöS-Muffe inklusive aller Vor- und Nacharbeiten kann beispielsweise mit etwa ein bis zwei Tagen abgeschätzt werden. Des Weiteren sollte in der HS- und HöS-Ebene parallel zu jedem Endverschluss ein Überspannungsableiter installiert werden, der die Kabel vor einlaufenden Überspannungen schützen soll.

Die HöS-Muffen sind des Weiteren aufgrund der thermisch bedingten Längenänderungen der Kabel mechanisch zu fixieren und können in zugänglichen Muffenbauwerken aus Beton (Fläche 10 m × 3 m, Tiefe bis zu 2 m) mit Mess- und Kontrolleinrichtungen (z. B. Anlagen zur Teilentladungsmessung) untergebracht werden. Sie können auch direkt in Sand gelegt werden oder z. B. auf Platten aus Beton oder Gerüsten befestigt werden (siehe Abbildung 6.39). Dabei werden die Abstände der Kabel für eine ausreichende Montagefreiheit auf einen Abstand von etwa 1,5 m vergrößert, und die Muffen der einzelnen Phasen versetzt angeordnet.

6.3.2.8 Erdung der Kabelschirme

Die Schirme von Energiekabeln sind mindestens auf einer Seite zu erden, damit sich eine gleichmäßige Feldverteilung im Kabel einstellt. Bei einer solchen einseitigen Erdung können keine Ströme im Kabelschirm fließen, und es entstehen im Kabelschirm keine stromabhängigen Verluste. Allerdings entstehen aufgrund der durch die Leiterströme im Kabelschirm induzierten Spannungen an der nicht geerdeten Seite des Kabelabschnitts von der Kabelabschnittslänge abhängige Berührungsspannungen. Zur Begrenzung der Berührungsspannungen auf zulässige Werte können nach entsprechenden Abschnittslängen spezielle Trennmuffen eingesetzt werden, mit denen der Schirm unterbrochen werden kann und dann eines der beiden offenen Schirmenden geerdet werden kann. Alternativ können an den nicht geerdeten Seiten der Kabelabschnitte Überspannungsableiter eingesetzt werden, die ebenfalls die Berührungsspannungen auf zulässige Werte begrenzen. U. a. aufgrund des zusätzlichen Aufwands für die Trennmuffen und die damit verbundene nicht mehr mögliche Verbindung der Erdungsanlagen der auf beiden Seiten der Kabelanlage vorhandenen Schaltanlagen, die einen zusätzlichen Aufwand für die Verbesserung der Erdungen der Schaltanlagen nach sich zieht, wird die einseitige Erdung von Kabelschirmen nur in wenigen Fällen verwendet [30].

Bei der beidseitigen Erdung fließen in den Kabelschirmen aufgrund der induzierten Spannungen Ströme, die zusätzliche Verluste in den Kabelschirmen erzeugen. Für die Reduzierung dieser Verluste werden die Kabelschirme ausgekreuzt (cross-bonding, siehe Abschnitt 6.3.2.9). Aufgrund der durchgehend verbundenen Kabelschirme sind auch die Erdungen der Schaltanlagen miteinander verbunden, wodurch sich Erdungsverhältnisse verbessern und sich bei unsymmetrischen Fehlern die Schritt- und Berührungsspannungen klein halten lassen. Die Schirme von MS-, HS- und HöS-Kabeln werden in der Regel beidseitig geerdet.

6.3.2.9 Cross-Bonding

Die Cross-Bonding-Muffen dienen zum Auskreuzen der metallischen Schirme der Kabel (siehe Abbildung 6.40) in für Wartungszwecke meist zugänglichen Cross-Bonding-Kästen. Sie werden zur Vermeidung von großen Schirmströmen und der damit verbundenen Schirmverluste eingesetzt. Zum Schutz vor hohen Überspannungen an den Schirmen sind ggf. an den Auskreuzungspunkten Überspannungsableiter gegen Erde vorzusehen.

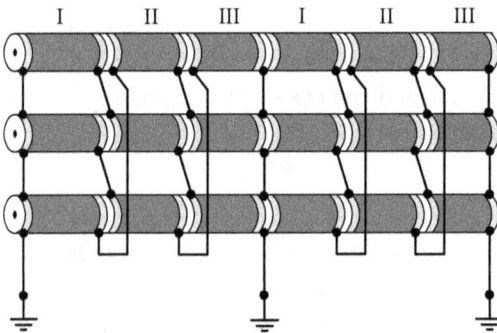

Abb. 6.40: Auskreuzen der Kabelschirme bei Drehstrom-Einleiterkabeln (Cross-Bonding)

Bei einem näherungsweise symmetrischen Betrieb eines Kabelsystems (symmetrisches Drehstromsystem) werden in den Kabelschirmen auf den einzelnen Abschnitten ebenfalls näherungsweise symmetrische Spannungen induziert, die gleiche Beträge aufweisen und um $\pm 2\pi/3$ zueinander phasenverschoben sind. Dadurch, dass die Kabelschirme der drei Leiter entlang eines vollständigen Cross-Bonding-Abschnitts miteinander in Reihe geschaltet sind, ergänzen sich die drei induzierten Spannungen näherungsweise zu null. Damit fließen bei einer beidseitigen Erdung auch keine Ströme in den Kabelschirmen bzw. können diese auf sehr kleine Werte begrenzt und damit die Schirmverluste klein gehalten werden.

Für die Durchführung des Cross-Bonding wird die Kabeltrasse in mehrere Cross-Bonding-Hauptabschnitte eingeteilt, wobei jeder dieser Hauptabschnitte drei Cross-Bonding-Unterabschnitte aufweist (in Abbildung 6.40 sind zwei Cross-Bonding-Hauptabschnitte dargestellt). Ein Cross-Bonding wird aufgrund des hohen Aufwands nur bei Drehstromkabeln in der HöS-Ebene, dann aber bereits ab der dreifachen Kabellieferlänge für eine Unterabschnittslänge (ca. 2,5 km), und zum Teil bei hochbelasteten Drehstromkabeln der HS-Ebene eingesetzt.

6.3.3 Kabeltransport und Kabellegung

Kabel werden in den Werken typischerweise auf Versandspulen gewickelt, die im Sprachgebrauch auch als Kabeltrommeln bezeichnet werden. In Abhängigkeit vom zulässigen Biegeradius des Kabels ist der Spulendurchmesser auszuwählen, der bis zu 2,8 m für Normspulen betragen kann und dann je nach Querschnitt bis zu etwa 3000 m Kabel aufnehmen kann. Für HS- und HöS-Kabel können auch größere Spulendurchmesser eingesetzt werden. HöS-Kabel werden aufgrund ihres großen Gewichtes und ihrer Abmessungen (Transportfähigkeit und Straßengängigkeit der Kabelspulen) in Längen von etwa 900 bis 1000 m (je nach Querschnitt) angeliefert. Gibt es bezüglich dieser Faktoren keine Einschränkungen können auch größere Längen geliefert werden.

Kabelsysteme werden entweder in einem Kabelgraben oder in einem in offener oder geschlossener Bauweise gebauten Kabeltunnel (typischerweise in städtischen Gebieten) gelegt.

6.3.3.1 Kabellegung in einem offenen Kabelgraben

Kabel sind gemäß Norm mindestens in einer Mindestliegetiefe von 0,6 m Sohlentiefe, unter Fahrbahnen 0,8 m, zu legen. Falls dies nicht möglich ist, sind bei geringeren Legetiefen die Kabel z. B. durch Platten zu schützen. Je nach Legetiefe sind darüber hinaus Mindestbreiten für die Kabelgräben einzuhalten.

Die Mindestabdeckung von HöS-Kabeln beträgt für eine mögliche weitere landwirtschaftliche Nutzung 1,50 m. Die Breite des Kabelgrabens hängt von der Anzahl der Kabelsysteme sowie von den System- und Leitermittenabständen ab. Die Ausführung des Kabelgrabens in der Bauphase hat entsprechend der „DIN 4124 Baugruben und Gräben" [31] zu erfolgen. Die Kabel werden üblicherweise nicht direkt in das Erdreich gelegt, sondern in sogenannte Kabelschutzrohre aus Stahl oder Kunststoff (PE-Rohre) eingezogen (siehe Abbildung 6.41 und Abbildung 6.42), um z. B. einen einfachen Tausch eines fehlerhaften Kabels durchführen und einen zusätzlichen mechanischen Schutz bieten zu können. Sie schränken allerdings die Abführung der durch die Leitungsverluste entstehenden Wärme ein. Kabelschutzrohre können auch zunächst als Leerrohre verlegt werden, um später weitere zusätzliche Kabelsysteme ohne weitere Erdarbeiten einziehen zu können.

Abbildung 6.43 zeigt drei beispielhafte Grabenprofile für die Legung von vier Drehstromkabelsystemen. Es ergeben sich je nach Grabenprofil unterschiedliche Trassenbreiten. In der Betriebszeit der Kabelanlage ist ein etwa 2 bis 5 m breiter Streifen links und rechts der Kabeltrasse von tiefwurzelnden Pflanzen (z. B. Bäumen) freizuhalten, um ein Einwachsen von Wurzeln in die Kabeltrasse zu verhindern. Während der Bauzeit entsteht für Baustraßen, die Lagerung von Bodenaushub, etc. ein zusätzlicher Platzbedarf. Der Aushub der Grabenprofile wird nur zum Teil zur Rückverfüllung verwendet, da ein Teil des Aushubs durch Bettungsmaterial (siehe unten) ersetzt wird.

Abb. 6.41: Links: 380-kV-Kabel mit Kabelschutzrohr, Quelle: TenneT TSO GmbH, Mitte: Kabel-schutzrohre für 110-kV-Kabelsysteme in Dreiecklegung mit oberhalb angeordneten Schutz-rohren für Signal- und Erdkabel, Quelle: Stromnetz Berlin GmbH, rechts: Kabelschutzrohre für 110-kV-Kabelsysteme, Quelle: Stromnetz Berlin GmbH

Abb. 6.42: Modellaufbau eines 380-kV-Grabenprofils für zwei Drehstromsysteme, Quelle: Amprion GmbH

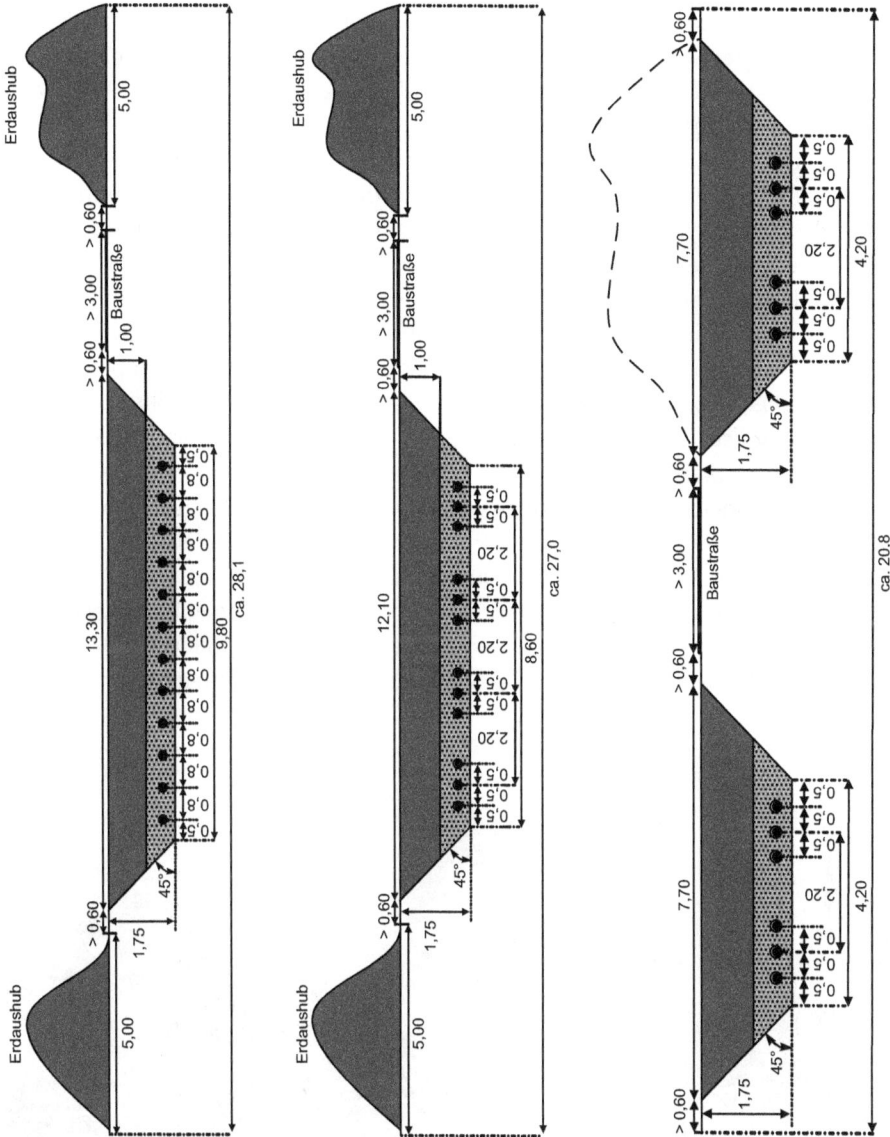

Abb. 6.43: Kabelgrabenprofile für vier 380-kV-Drehstromkabelsysteme während der Bauphase (Maße in m), äquidistante Kabellegung (oben), 2 × 2 Kabelsysteme äquidistant verlegt (Mitte) und 2 × 2 Kabelsysteme in getrennten Kabelgräben (unten) [22]

Damit entsteht ein erheblicher Transportbedarf mittels LKW. Hierfür und auch für Bagger, etc. muss in der Bauphase auf mindestens einer Seite des Kabelgrabens eine Baustraße errichtet werden.

Während der Bauzeit ist es bei stark wasserhaltigen Böden aufgrund der Dränagewirkung bei offenen Kabelgräben notwendig, eine Wasserhaltung vorzunehmen, um den Kabelgraben von Wasser frei zu halten, z. B. in Moorgebieten kann auch das beidseitige Spunden des Kabelgrabens notwendig werden.

Die in den Kabeln durch die elektrischen und dielektrischen Verluste entstehende Wärme ist möglichst gut an das umgebende Erdreich abzugeben. Dafür wird in Abhängigkeit von den vorliegenden Bodenverhältnissen um die Kabel bzw. um die PE-Rohre mit den Kabeln ein thermisch stabilisierendes Bettungsmaterial gefüllt. Dieses Material besteht entweder aus einem speziellen Sandgemisch mit einer bestimmten Körnung und Wärmeleitfähigkeit oder aus einem Gemisch aus Sand und Zement (Magerbeton), welches im Laufe der Zeit aushärtet und so eine feste Schicht bildet, oder es ist ein Flüssigboden einzusetzen, der den Stand der Technik darstellt und den geringsten spezifischen thermischen Widerstand (siehe Band 1, Abschnitt 12.5) von bis zu 0,4 mK/W aufweist.

Oberhalb der thermischen Bettung werden Kunststoff- oder Betonplatten oder einfacher Maschendraht sowie Trassenwarnbänder eingebracht, um eine mechanische Beschädigung der Kabel, z. B. durch Baumaschinen, zu verhindern.

Die Kabel werden mit Kabelzugwinden von den Kabeltrommeln abgezogen und in den Kabelgraben bzw. in die Leerrohre eingezogen (siehe Abbildung 6.44). Dabei dürfen die zulässigen Zugkräfte und Biegeradien nicht überschritten werden.

Abb. 6.44: Kabelzug bei einem 380-kV-Einleiterkabel, Quelle: TenneT TSO GmbH

Die Lieferlänge der Kabel wird durch die maximal zulässigen Abmessungen und Gewichte der Kabeltrommeln, die auf dem Transportweg zulässig sind, bestimmt. Bei einem spezifischen Gewicht von etwa 40 kg/m für ein 380-kV-Einleiterdrehstromkabel mit einem Querschnitt von 2500 mm² Kupfer ergibt sich für eine Lieferlänge von 900 m ein Gesamtgewicht für die Kabeltrommel von etwa 40 t. Die Kabeltrommel hat dann einen Durchmesser von etwa 4,40 m und eine Breite von 2,60 m. Ihr Transport stellt einen Schwertransport dar. Damit sind für eine Kabelanlage mit vier Drehstromsystemen ca. zwölf Schwertransporte je Trassenkilometer erforderlich.

6.3.3.2 Grabenlose Kabellegung

Alternativ zur Kabellegung im offenen Kabelgraben kann auch eine grabenlose Kabellegung für Kabelanlagen bis zur 110-kV-Ebene in gefrästen Schlitzen erfolgen, die insbesondere bei dafür geeigneten Trassen zu zeitlich kürzeren Kabellegungen führen kann und auch wirtschaftlicher ist.

Des Weiteren können Kabel im freien Gelände, in der Regel dann auch mehrere Kabel gleichzeitig, eingepflügt werden (ebenfalls bis zur 110-kV-Ebene), wodurch ebenfalls ein großer Zeitgewinn und wirtschaftliche Vorteile gegenüber der Kabellegung im offenen Graben erzielt werden können (siehe Abbildung 6.45). Bei beiden Verfahren ist aber eine vorherige Trassenerkundigung unverzichtbar, um u. a. Beschädigungen von vorhandenen Leitungen vermeiden zu können und z. B. scharfkantige Feldböden identifizieren zu können.

Abb. 6.45: Einpflügen von drei HS-Einleiterkabeln, Quelle: Avacon AG

6.3.3.3 Tunnellegung

HöS-Drehstromkabel werden insbesondere in großstädtischen Gebieten in wesentlich kostenintensiveren und aufwändigeren, ggf. begehbaren Tunnelbauwerken, wie z. B. in Berlin und auch in Madrid (siehe Abbildung 6.46) gelegt, wodurch die Kabelanlage für Reparaturen zugänglich ist und vor mechanischen Beschädigungen geschützt ist sowie durch eine Zwangskühlung die Übertragungsfähigkeit der Kabel erhöht werden kann.

Abb. 6.46: Tunnelbauwerk mit zwei 380-kV-Kabelsystemen, Kabelmuffe im Vordergrund rechts oben, Flughafen Madrid, Quelle: Amprion GmbH

Kabeltunnel werden entweder in geschlossener oder offener Bauweise erstellt. Ein in geschlossener Bauweise erstellter Tunnel wird entweder mit Tunnelbohrmaschinen oder durch Sprengen gebaut. Bei einer offenen Bauweise wird zunächst ein Graben erstellt und anschließend ein Tunnel entweder aus Fertigteilen eingebaut oder aus Beton gegossen.

6.3.4 Querung von Verkehrswegen

Kreisstraßen, Gemeindeverbindungsstraßen, etc. werden in der Regel in herkömmlicher Tiefbauweise gequert und nach der Kabellegung wiederhergestellt. Bedeutendere Straßen, wie z. B. Bundesstraßen oder Bundesautobahnen (Bundesfernstraßen), Bahnstrecken sowie Gewässer und Flüsse werden üblicherweise mit Bohrpress- oder Horizontalbohrverfahren (HDD-Horizontal Directional Drilling, (siehe Abbildung 6.47) in geschlossener Bauweise gequert. Dabei wird für HöS-Drehstromkabel für jeden Leiter eines Drehstromkabelsystems eine eigene Bohrung durchgeführt. Aufgrund der dabei entstehenden größeren Legetiefen können lokal thermische Engpässe, d. h. Beschränkungen der maximalen Übertragungskapazitäten aufgrund der thermischen Randbedingungen entstehen. Um diesen entgegenwirken zu können, werden die Kabelabstände im Bereich der Querung vergrößert, was allerdings auch schon durch das Bohrverfahren erforderlich wird. Dadurch werden die lokalen Magnetfelder um die Kabelanlage vergrößert. Mit dem Horizontalbohrverfahren können Querungslängen von etwa 3 km ermöglicht werden.

Abb. 6.47: HDD-Bohrung, Quelle: TenneT TSO GmbH

Auf beiden Seiten einer Horizontalbohrung sind Flächen für die Bohranlage, zur Lagerung des Rohrmaterials und für das Verschweißen der Rohrstücke, die in das Bohrloch eingezogen werden, vorzusehen. Des Weiteren ist für die Lagerung der fertigen Bohrstränge eine Fläche mit einer Breite von 5 m in Verlängerung der Bohrachse notwendig. Z. B. ist für eine Bohrlänge von ca. 1500 m eine 250-Tonnen-Bohranlage und ein Platzbedarf von ca. 50 m × 50 m auf beiden Seite der Horizontalbohrung erforderlich. Hinzu kommt der Platzbedarf für die Lagerung der Bohrstränge und für die beiden Baustraßen, die zu dem Start- und dem Zielpunkt der Bohrung führen müssen.

Insgesamt ist die Querung von Verkehrswegen oder Gewässern mit Kabelanlagen in der Regel aufwendiger und damit teurer als bei Freileitungen.

6.3.5 Kabelhochspannungsprüfung

HöS-Drehstrom-Kabel werden nach ihrer Legung oder nach einer Reparatur vor ihrer Inbetriebnahme einer Hochspannungsprüfung gemäß [32] unterzogen. Für die dabei vorgesehenen Prüfungen werden mobile Resonanzprüfanlagen eingesetzt (siehe Abbildung 6.48), die bislang für Prüflängen von maximal 20 km verfügbar sind. Die Hochspannungsprüfung stellt einen nicht unerheblichen Kostenfaktor und einen erheblichen logistischen Aufwand dar. Zum Beispiel hatte die Ausrüstung für die Kabelprüfungen einer 20 km 380-kV-Kabelanlage in London ein Gesamtgewicht von etwa

Abb. 6.48: Hochspannungsprüfung bei einem 380-kV-Kabel (Dänemark, Prüfspannung 410 kV, kapazitiver Ladestrom 132 A, Prüffrequenz 30 Hz, 4 Resonanzdrosseln (260 kV, 83 A, 16,2 H) zu zwei parallelen Kaskaden geschaltet, Quelle: IPH, a CESI company

150 Tonnen, die aus ganz Europa mit Hilfe von fünf Tiefladern vor Ort transportiert wurde [33].

6.4 Leitungsgleichungen im Frequenzbereich

Für ein infinitesimal kurzes Leitungsstück der Länge Δx kann mit der Ersatzschaltung in Abbildung 6.49 gerechnet werden, in dem die eigentlich kontinuierlich verteilten Leitungsparameter durch konzentrierte Elemente ersetzt werden. Diese konzentrierten Elementen berechnen sich dabei aus den Leitungsbelägen R', L', G' und C' und der Länge Δx des Leitungsstücks. Wenn die Leitungsbeläge entlang der gesamten Leitung konstant sind, spricht man auch von einer homogenen Leitung.

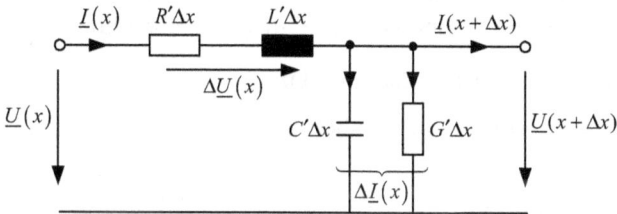

Abb. 6.49: Ersatzschaltung für ein Leitungsstück mit einer infinitesimal kurzen Leitungslänge Δx

Im Frequenzbereich gelten für dieses Leitungsstück die folgenden aus einem Maschen- und einem Knotensatz gebildeten Gleichungen, die die Änderungen der Leiter-Erde-Spannung und des Leitungsstromes entlang der Leitung beschreiben:

$$\Delta \underline{U}(x) = \underline{U}(x) - \underline{U}(x + \Delta x) = (R' + j\omega L')\Delta x\, I(x) \tag{6.4}$$

$$\Delta \underline{I}(x) = \underline{I}(x) - \underline{I}(x + \Delta x) = (G' + j\omega C')\Delta x \cdot \underline{U}(x + \Delta x) \tag{6.5}$$

Der Übergang zurück zu kontinuierlich verteilten Parametern mit $\Delta x \to 0$ liefert die sogenannten Leitungsgleichungen im Frequenzbereich:

$$\lim_{\Delta x \to 0} \frac{\underline{U}(x + \Delta x) - \underline{U}(x)}{\Delta x} = \frac{d\underline{U}(x)}{dx} = -(R' + j\omega L')I(x) \tag{6.6}$$

$$\lim_{\Delta x \to 0} \frac{\underline{I}(x + \Delta x) - \underline{I}(x)}{\Delta x} = \frac{d\underline{I}(x)}{dx} = -(G' + j\omega C')\underline{U}(x) \tag{6.7}$$

6.4.1 Lösung der Leitungsgleichungen, Wellenimpedanz und Ausbreitungskonstante

Die Ableitung von Gl. (6.6) nach x und das anschließende Einsetzen von Gl. (6.7) liefert eine Differentialgleichung zweiter Ordnung für die Spannung $\underline{U}(x)$, die mit dem

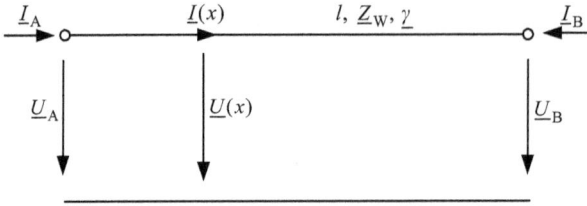

Abb. 6.50: Strom- und Spannungszählpfeile entlang einer Leitung mit der Leitungslänge l

Exponentialansatz gelöst werden kann:

$$\frac{\mathrm{d}^2\underline{U}(x)}{\mathrm{d}x^2} = (R' + \mathrm{j}\omega L')(G' + \mathrm{j}\omega C')\underline{U}(x) = \underline{Z}'\,\underline{Y}' \cdot \underline{U}(x) = \underline{\gamma}^2\underline{U}(x) \tag{6.8}$$

Die Lösung für die Spannung $\underline{U}(x)$ und den Strom $\underline{I}(x)$ ergibt sich nach dem Einsetzen der Randbedingungen, z. B. $\underline{U}\,(x = l) = \underline{U}_\mathrm{B}$ und $\underline{I}\,(x = l) = -\underline{I}_\mathrm{B}$ (siehe Abbildung 6.50):

$$\underline{U}(x) = \cosh(\underline{\gamma}x)\underline{U}_\mathrm{B} - \underline{Z}_\mathrm{W}\sinh(\underline{\gamma}x)\underline{I}_\mathrm{B} \tag{6.9}$$

$$\underline{I}(x) = \underline{Y}_\mathrm{W}\sinh(\underline{\gamma}x)\underline{U}_\mathrm{B} - \cosh(\underline{\gamma}x)\underline{I}_\mathrm{B} \tag{6.10}$$

bzw.:

$$\begin{bmatrix} \underline{U}(x) \\ \underline{I}(x) \end{bmatrix} = \begin{bmatrix} \cosh(\underline{\gamma}x) & -\underline{Z}_\mathrm{W}\sinh(\underline{\gamma}x) \\ \underline{Y}_\mathrm{W}\sinh(\underline{\gamma}x) & -\cosh(\underline{\gamma}x) \end{bmatrix} \begin{bmatrix} \underline{U}_\mathrm{B} \\ \underline{I}_\mathrm{B} \end{bmatrix} \tag{6.11}$$

mit der Wellenimpedanz $\underline{Z}_\mathrm{W}$ bzw. der Wellenadmittanz $\underline{Y}_\mathrm{W}$:

$$\underline{Z}_\mathrm{W} = \sqrt{\frac{R' + \mathrm{j}\omega L'}{G' + \mathrm{j}\omega C'}} = \frac{1}{\underline{Y}_\mathrm{W}} = \sqrt{\frac{\underline{Z}'}{\underline{Y}'}} \tag{6.12}$$

und der Ausbreitungskonstanten $\underline{\gamma}$:

$$\underline{\gamma} = \alpha + \mathrm{j}\beta = \sqrt{(R' + \mathrm{j}\omega\,L')(G' + \mathrm{j}\omega C')} = \sqrt{\underline{Z}' \cdot \underline{Y}'} \tag{6.13}$$

Die Wellenimpedanz hat typischerweise einen hohen ohmschen und einen kleinen kapazitiven Anteil. Die Ausbreitungskonstante setzt sich aus der sogenannten Dämpfungskonstanten α und der Phasenkonstanten β zusammen. Die Phasenkonstante hängt über die Wellenlänge λ und über die Frequenz f mit der Phasengeschwindigkeit v_W zusammen:

$$\lambda = \frac{2\pi}{\beta} \quad \text{und} \quad v_\mathrm{W} = \frac{\omega}{\beta} \quad \Rightarrow \quad v_\mathrm{W} = \lambda \cdot f \tag{6.14}$$

6.4.2 Sonderfall der verlustlosen Leitung

Für den Sonderfall der verlustlosen Leitung mit $R' = 0\,\Omega/\mathrm{km}$ und $G' = 0\,\mathrm{S/km}$ vereinfachen sich die Ausdrücke für die Wellenimpedanz $\underline{Z}_\mathrm{W}$ und die Ausbreitungskonstante $\underline{y}$ zu:

$$\underline{Z}_W = Z_W = \frac{1}{Y_W} = \sqrt{\frac{L'}{C'}} \tag{6.15}$$

$$\underline{y} = j\beta = j\omega \sqrt{L'C'} \tag{6.16}$$

Damit lässt sich die Lösung der Leitungsgleichungen in Gl. (6.11) ebenfalls vereinfachen:

$$\begin{bmatrix} \underline{U}(x) \\ \underline{I}(x) \end{bmatrix} = \begin{bmatrix} \cos(\beta x) & -jZ_W \sin(\beta x) \\ jY_W \sin(\beta x) & -\cos(\beta x) \end{bmatrix} \begin{bmatrix} \underline{U}_B \\ \underline{I}_B \end{bmatrix} \tag{6.17}$$

6.4.3 Sonderfall der verlustarmen Leitung

Für den Sonderfall der verlustlarmen Leitung mit $R' \ll \omega L'$ und $G' \ll \omega C'$ wird zum einen bei der Wellenimpedanz der kleine, in der Regel vernachlässigbare kapazitive Anteil deutlich:

$$\underline{Z}_W \approx \sqrt{\frac{L'}{C'}} \left(1 - j\frac{1}{2} \cdot \frac{R'}{\omega L'}\right) \approx \sqrt{\frac{L'}{C'}} \tag{6.18}$$

Zum anderen stellt sich für die Ausbreitungskonstante eine konstante Dämpfung und eine konstante Phasengeschwindigkeit ein:

$$\underline{y} = \alpha + j\beta \approx \frac{1}{2}\left(\frac{R'}{L'} + \frac{G'}{C'}\right)\sqrt{L'C'} + j\omega\sqrt{L'C'} \tag{6.19}$$

und:

$$v_W = \frac{\omega}{\beta} = \frac{1}{\sqrt{L'C'}} \tag{6.20}$$

Für typische HöS-Freileitungs- und HöS-Kabelparameter ergeben sich Phasengeschwindigkeiten und Wellenimpedanzen mit den in Tabelle 6.6 angegebenen Größenordnungen:

Tab. 6.6: Richtwerte für die Wellenimpedanz und Phasengeschwindigkeit von HS- und HöS-Freileitungen sowie HS- und HöS-Kabeln

Kenngröße bei 50 Hz	HS-/HöS-Freileitung	HS-/HöS-Kabel ($\varepsilon_r = 2,3\ldots 5,0$)
Wellenimpedanz Z_W	$230\,\Omega \ldots 400\,\Omega$	$45\,\Omega \ldots 55\,\Omega$
Phasengeschwindigkeit v_W	$> 0{,}95 c_0$ [1]	$\approx \frac{1}{3}c_0 - \frac{1}{2}c_0$

[1] Lichtgeschwindigkeit $c_0 \approx 300.000\,\text{km/s}$

6.5 Leitungsparameter

Die Leiter vom Drehstromleitungen sind sowohl induktiv und kapazitiv als auch über das widerstandsbehaftete Erdreich resistiv miteinander gekoppelt. Diese Kopplungen werden im Folgenden am Beispiel einer Einfachleitung beschrieben.

6.5.1 Ohmsch-induktive Kopplung

Die Leitungsgleichung in Gl. (6.6) schreibt sich für eine Einfachleitung mit einem Drehstromsystem unter Beachtung der ohmsch-induktiven Kopplungen zwischen den drei Leitern (siehe auch Band 1, Abschnitt 9.4) wie folgt:

$$\frac{\mathrm{d}}{\mathrm{d}x}\begin{bmatrix} \underline{U}_a \\ \underline{U}_b \\ \underline{U}_c \end{bmatrix} = -\begin{bmatrix} \underline{Z}'_{aa} & \underline{Z}'_{ab} & \underline{Z}'_{ac} \\ \underline{Z}'_{ba} & \underline{Z}'_{bb} & \underline{Z}'_{bc} \\ \underline{Z}'_{ca} & \underline{Z}'_{cb} & \underline{Z}'_{cc} \end{bmatrix}\begin{bmatrix} \underline{I}_a \\ \underline{I}_b \\ \underline{I}_c \end{bmatrix} \tag{6.21}$$

mit:

$$\underline{Z}'_{ik} = \underline{Z}'_{ki} \tag{6.22}$$

Für ein symmetrisches Drehstromsystem (siehe Band 1, Abschnitt 19.1) ergeben sich diagonal-zyklisch symmetrische Parametermatrizen:

$$\underline{Z}' = \begin{bmatrix} \underline{Z}'_s & \underline{Z}'_g & \underline{Z}'_g \\ \underline{Z}'_g & \underline{Z}'_s & \underline{Z}'_g \\ \underline{Z}'_g & \underline{Z}'_g & \underline{Z}'_s \end{bmatrix} = \boldsymbol{R}' + \mathrm{j}\omega\boldsymbol{L}' = \begin{bmatrix} R'_s & R'_g & R'_g \\ R'_g & R'_s & R'_g \\ R'_g & R'_g & R'_s \end{bmatrix} + \mathrm{j}\omega\begin{bmatrix} L'_s & L'_g & L'_g \\ L'_g & L'_s & L'_g \\ L'_g & L'_g & L'_s \end{bmatrix} \tag{6.23}$$

6.5.1.1 Impedanzbeläge von Freileitungen

Die Impedanzbeläge in der Matrix $\underline{Z}'$ hängen von der Geometrie der Freileitung, den Eigenschaften der Leiterseile und denen des widerstandsbehafteten Erdbodens ab. Die Selbst- und Gegenimpedanzbeläge können mit Hilfe der Abmessungen der Anordnung mit zwei Leitern und deren Spiegelleitern entsprechend Abbildung 6.51 angegeben werden.

Der Selbstimpedanzbelag $\underline{Z}'_{ii}$ setzt sich aus drei Anteilen zusammen:

$$\underline{Z}'_{ii} = R'_{ii}+\mathrm{j}\omega L'_{ii} = \underline{Z}'_{Li}+\underline{Z}'_{0ii}+\Delta\underline{Z}'_{ii} = R'_{Li}+\mathrm{j}\omega L'_{Li}+\mathrm{j}\omega\frac{\mu_0}{2\pi}\ln\left(\frac{2h_i}{r_i}\right)+\Delta R'_{ii}+\mathrm{j}\omega\Delta L'_{ii} \tag{6.24}$$

Dies sind:

– die innere Impedanz $\underline{Z}'_{Li}$ des Leiters, die aus dem magnetischen Feld im Leiter entsteht und über den Skineffekt (Abschnitt 6.3.2.1) zu frequenzabhängigen Widerstands- und Induktivitätsbelägen $R'_{Li}+\mathrm{j}\omega L'_{Li}$ führt. Für kreisförmige Leiter berechnen sich diese Beläge mit Hilfe von Besselfunktionen bzw. zugehörigen Potenreihenentwicklungen [34]. Im Bereich der Nennfrequenz ergibt sich nach Abbruch dieser Reihenwicklungen der folgende Ausdruck für den Belag der inneren

Impedanz:

$$\underline{Z}'_i = R'_i + j\omega L'_i \approx R'_{=} + j\omega \frac{\mu_0}{2\pi} \cdot \frac{1}{4} \tag{6.25}$$

mit dem Gleichstromwiderstand $R'_{=}$ des Leiters bei der Betriebstemperatur ϑ_b:

$$R'_{=} = \frac{1}{\kappa_{20} \cdot \pi \cdot r_i^2} \left(1 + \alpha_{20}\left(\vartheta_b - \vartheta_{20}\right)\right) \tag{6.26}$$

und dem Leiterradius r_i, der spezifischen Leitfähigkeit κ_{20} des Leiters bei der Bezugstemperatur ϑ_{20} und dem Temperaturkoeffizient α_{20}.

Liegt ein Bündelleiter mit n Bündelleitern vor, so reduziert sich bei Vernachlässigung der gegenseitigen magnetischen Beeinflussung der Stromverteilungen in den Teilleitern die innere Impedanz auf ihren n-ten Teil:

$$\underline{Z}'_i = R'_i + j\omega L'_i \approx \frac{1}{n}R'_{=} + j\omega \frac{\mu_0}{2\pi} \cdot \frac{1}{4n} \tag{6.27}$$

– die Impedanz durch das magnetische Feld in der Luft bei ideal leitfähigem Leiter und Erdboden. Sie lässt sich ausschließlich aus der Geometrie der Anordnung bestimmen (siehe Abbildung 6.51):

$$\underline{Z}'_{0ii} = j\omega \frac{\mu_0}{2\pi} N_{ii} = j\omega \frac{\mu_0}{2\pi} \ln\left(\frac{2h_i}{r_i}\right) \tag{6.28}$$

Für h_i wird typischerweise die mittlere Höhe $\overline{h}_i$ eingesetzt, die sich aus der Aufhängehöhe h_i der Leiterseile und dem mittleren Durchhang f im Jahresdurchschnitt ergibt:

$$\overline{h}_i = h_i - 0{,}7f \tag{6.29}$$

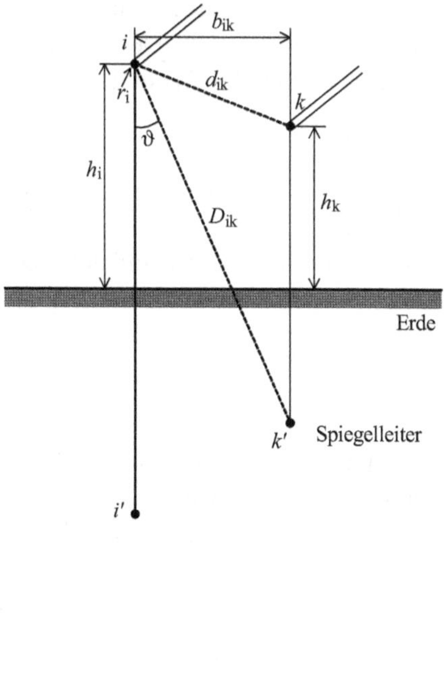

Abb. 6.51: Anordnung mit den zwei Leitern i und k und deren Spiegelleitern i' und k'

Bei Verwendung von Bündelleitern ist in Gl. (6.28) anstatt des Leiterradius r_i der Bündelleiterersatzradius r_B zu verwenden:

$$\underline{Z}'_0 = j\omega \frac{\mu_0}{2\pi} N_{ii} = j\omega \frac{\mu_0}{2\pi} \ln\left(\frac{2h_i}{r_B}\right) \tag{6.30}$$

mit dem Bündelleiterradius r_B:

$$r_B = \sqrt[n]{n \cdot r_i \cdot r_T^{n-1}} \tag{6.31}$$

und dem Radius r_T des fiktiven Kreises, auf dem die Teilleiter des Bündelleiters liegen (siehe Abbildung 6.52).

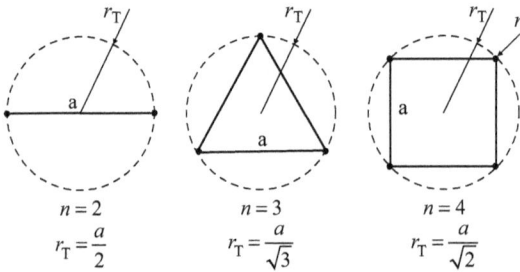

Abb. 6.52: Bestimmung des Radius r_T für 2er-, 3er- und 4er-Bündelleiter ($n = 2$, 3 oder 4)

– der Impedanz durch das magnetische Feld im widerstandsbehafteten Erdboden. Dieser Impedanzanteil ist ein Korrekturglied, das z. B. nach Carson [35] berechnet werden kann. Es enthält aufgrund der im Erdboden auftretenden Stromverdrängungseffekte ebenfalls frequenzabhängige Widerstands- und Induktivitätsbeläge $\Delta R'_{ii}$ und $\Delta L'_{ii}$. Sie können mit Hilfe von Reihenentwicklungen [35], [36] berechnet werden. Im Bereich der Nennfrequenz ergeben sich nach Abbruch der Reihenentwicklungen:

$$\Delta \underline{Z}'_{ii} = \Delta R'_{ii} + j\omega \Delta L'_{ii} = \omega \frac{\mu_0}{2\pi} \frac{\pi}{4} + j\omega \frac{\mu_0}{2\pi} \ln\left(\frac{D_E}{2h_i}\right) \tag{6.32}$$

mit der sogenannten Eindringtiefe D_E, die sich aus der Frequenz f und dem spezifischen Erdbodenwiderstand ρ_E sowie der Euler'schen Konstanten $C = \ln \gamma$ berechnet:

$$D_E = \frac{2e^{1/2}}{\gamma\sqrt{8\pi^2 10^{-7}}} \sqrt{\frac{m}{\Omega s}} \cdot \sqrt{\frac{\rho_E}{f}} \approx 659 \sqrt{\frac{m}{\Omega s}} \cdot \sqrt{\frac{\rho_E}{f}} \tag{6.33}$$

Mit einem typischen Wert von 100 Ωm für den spezifischen Erdbodenwiderstand ρ_E ergibt sich bei einer Frequenz $f = 50$ Hz eine Eindringtiefe von $D_E \approx 932$ m.

Für den resultierenden Selbstimpedanzbelag entsprechend Gl. (6.24) im Bereich der Netzfrequenz erhält man:

$$\underline{Z}'_{ii} = R'_{ii} + j\omega L'_{ii} = \frac{1}{n}\underline{R}' + \omega\frac{\mu_0}{2\pi}\frac{\pi}{4} + j\omega\frac{\mu_0}{2\pi}\left[\ln\left(\frac{D_E}{r_B}\right) + \frac{1}{4n}\right] \tag{6.34}$$

Der Gegenimpedanzbelag setzt sich aus zwei Anteilen zusammen.

$$\underline{Z}'_{ik} = R'_{ik} + j\omega L'_{ik} = \underline{Z}'_{0ik} + \Delta\underline{Z}'_{ik} = \Delta R'_{ik} + j\omega\frac{\mu_0}{2\pi}\ln\left(\frac{D_{ik}}{d_{ik}}\right) + j\omega\Delta L'_{ik} \tag{6.35}$$

Dies sind:

- der Impedanzbelag durch das magnetische Feld in der Luft bei ideal leitfähigen Leitern und Erdboden, der sich wieder aus der Geometrie der Anordnung in Abbildung 6.51 bestimmen lässt:

$$\underline{Z}'_{0ik} = j\omega\frac{\mu_0}{2\pi}N_{ik} = j\omega\frac{\mu_0}{2\pi}\ln\left(\frac{D_{ik}}{d_{ik}}\right) \tag{6.36}$$

- das Korrekturglied $\Delta\underline{Z}'_{ik}$ für die Berücksichtigung des widerstandsbehafteten Erdbodens, das ebenfalls wieder mit den Reihenentwicklungen aus [35], [36] bestimmt werden kann. Im Bereich der Nennfrequenz $f \approx f_n$ ergibt sich:

$$\Delta\underline{Z}'_{ik} = \Delta R'_{ik} + j\omega L'_{ik} = \omega\frac{\mu_0}{2\pi}\frac{\pi}{4} + j\omega\frac{\mu_0}{2\pi}\ln\left(\frac{D_E}{D_{ik}}\right) \tag{6.37}$$

mit der Eindringtiefe D_E in Gl. (6.33) und dem Abstand D_{ik} zwischen dem Leiter i und dem Spiegelleiter des Leiters k.

Für den resultierenden Gegenimpedanzbelag $\underline{Z}'_{ik}$ entsprechend Gl. (6.35) ergibt sich im Bereich der Nennfrequenz:

$$\underline{Z}'_{ik} = \omega\frac{\mu_0}{2\pi}\frac{\pi}{4} + j\omega\frac{\mu_0}{2\pi}\ln\left(\frac{D_E}{d_{ik}}\right) \tag{6.38}$$

Für eine vollständig verdrillte Freileitung (siehe Abschnitt 6.5.3), bei der jeder Leiter alle Mastpositionen auf einer idealerweise gleich langen Strecke belegt, gilt für den Selbst- und Gegenimpedanzbelag:

$$\begin{aligned}\underline{Z}'_s &= \frac{1}{3}\left(\underline{Z}'_{aa} + \underline{Z}'_{bb} + \underline{Z}'_{cc}\right) \\ &= \frac{1}{n}\underline{R}' + \omega\frac{\mu_0}{2\pi}\frac{\pi}{4} + j\omega\frac{\mu_0}{2\pi}\left[\ln\left(\frac{D_E}{r_B}\right) + \frac{1}{4n}\right]\end{aligned} \tag{6.39}$$

und:

$$\underline{Z}'_g = \frac{1}{3}\left(\underline{Z}'_{ab} + \underline{Z}'_{bc} + \underline{Z}'_{ca}\right) = \omega\frac{\mu_0}{2\pi}\frac{\pi}{4} + j\omega\frac{\mu_0}{2\pi}\ln\left(\frac{D_E}{\sqrt[3]{d_{ab}d_{bc}d_{ca}}}\right) \tag{6.40}$$

Für den Impedanzbelag des Mit- $\underline{Z}'_1$ und des Gegensystems $\underline{Z}'_2$ (siehe Band 1, Abschnitt 20.5) erhält man:

$$\underline{Z}'_1 = \underline{Z}'_2 = \underline{Z}'_s - \underline{Z}'_g = \frac{1}{n}\underline{R}' + j\omega\frac{\mu_0}{2\pi}\left[\ln\left(\frac{\sqrt[3]{d_{ab}d_{bc}d_{ca}}}{r_B}\right) + \frac{1}{4n}\right] \tag{6.41}$$

Der Einfluss des Erdbodens ist, wie es für ein symmetrisches Drehstromsystem zu erwarten ist, herausgefallen. Dieser Einfluss wirkt sich allerdings mit dem Faktor 3 auf den Impedanzbelag des Nullsystems $\underline{Z}'_0$ (siehe Band 1, Abschnitt 20.5) aus:

$$\underline{Z}'_0 = \underline{Z}'_s + 2\underline{Z}'_g = \frac{1}{n}R'_= + 3\omega\frac{\mu_0}{2\pi}\frac{\pi}{4} + j\omega\frac{\mu_0}{2\pi}\left[\ln\left(\frac{D_E^3}{r_B\left(\sqrt[3]{d_{ab}d_{bc}d_{ca}}\right)^2}\right) + \frac{1}{4n}\right] \quad (6.42)$$

Darüber hinaus haben auch das/die Erdseil(e) einen reduzierenden Einfluss auf die Nullsystemimpedanz (siehe z. B. [11]).

6.5.1.2 Impedanzbeläge von Kabeln

Der Widerstandsbelag von Kabeln hängt entscheidend vom Leitermaterial, Aluminium oder Kupfer, ab und setzt sich aus dem Gleichstromwiderstandsbelag bei Betriebstemperatur ϑ_b und einem Zusatzwiderstandsbelag $\Delta R'$ zusammen. Letzterer berücksichtigt die Vergrößerung des Widerstandsbelags durch den Skin- und den Proximity-Effekt sowie durch die Wirbelstrom- und Hystereseverluste im Schirm, Mantel und in der Bewehrung sowie, bei beidseitiger Erdung des Schirms, durch Stromwärmeverluste im Schirm. Es gilt:

$$\begin{aligned} R' &= R'_{20}(1 + \alpha_{20}(\vartheta_b - \vartheta_{20})) + \Delta R' \\ &= R'_{20}(1 + \alpha_{20}(\vartheta_b - \vartheta_{20}))(1 + y_S + y_P)(1 + \lambda_1 + \lambda_2) \end{aligned} \quad (6.43)$$

mit dem:
- Hauteffektfaktor (Skineffektfaktor) y_S,
- Näheeffektfaktor (Proximity-Effekt-Faktor) y_P,
- Schirm- und Mantelverlustfaktor λ_1,
- Bewehrungsverlustfaktor λ_2

und dem Gleichstromwiderstand bei der Bezugstemperatur ϑ_{20} (hier 20 °C), der sich aus der Querschnittfläche A und der spezifischen Leitfähigkeit κ_{20} des Leiters bei der Bezugstemperatur ϑ_{20} berechnet:

$$R'_{20} = \frac{1}{\kappa_{20}A} \quad (6.44)$$

Der Schirm- und Mantelverlustfaktor λ_1 sowie der Bewehrungsverlustfaktor λ_2 geben die jeweiligen Verluste bezogen auf die Gesamtverluste im Leiter an. Der Schirm- und Mantelverlustfaktor λ_1 setzt sich aus den beiden Anteilen λ'_1 und λ''_1 zusammen. Der Anteil λ'_1 berücksichtigt die Stromwärmeverluste in Schirm und Mantel bei beidseitiger Erdung des Schirms. Der andere Anteil λ''_1 beschreibt die Wirbelstrom- und Hystereseverluste im Schirm und Mantel. Je nach Kabeltyp und -aufbau und Ausführung der Schirmerdung variiert die Größe der Faktoren. Bei beidseitiger Schirmerdung dominiert der Faktor λ'_1 und der Beitrag von λ''_1 kann vernachlässigt werden. Der Bewehrungsverlustfaktor gibt die Wirbelstrom- und Hystereseverluste in der Bewehrung relativ zu den Gesamtverlusten im Leiter an.

Der Induktivitätsbelag für das Mit- und Gegensystem ist im Wesentlichen von den Leiterabmessungen, den Leiterabständen und damit von der Legung der Kabel, dem Schirm und der Schirmerdung abhängig. Er wird entweder durch Messungen bestimmt oder den Herstellerangaben entnommen [11]. Für einfache Anordnungen können Berechnungsgleichungen angegeben werden, die aber den bei beidseitig geerdeten Schirmen erheblichen Einfluss der Schirme und den Einfluss eines metallischen Mantels nicht berücksichtigen. Der Induktivitätsbelag für das Nullsystem ist nicht angebbar, da sich die Nullsystemströme auf einen bei NS-Kabeln vorhandenen vierten Leiter, auf den Schirm, metallischen Mantel, Bewehrung, Erdboden und andere im Erdboden liegende Leiter aufteilen [11].

6.5.2 Kapazitive Kopplung

Die Leitungsgleichung in Gl. (6.7) schreibt sich für eine Einfachleitung unter Beachtung der kapazitiven Kopplungen zwischen den Leitern (siehe auch Band 1, Abschnitt 9.4) wie folgt:

$$\frac{d}{dx}\begin{bmatrix} \underline{I}_a \\ \underline{I}_b \\ \underline{I}_c \end{bmatrix} = - \begin{bmatrix} \underline{Y}'_{aa} & -\underline{Y}'_{ab} & -\underline{Y}'_{ac} \\ -\underline{Y}'_{ba} & \underline{Y}'_{bb} & -\underline{Y}'_{bc} \\ -\underline{Y}'_{ca} & -\underline{Y}'_{cb} & \underline{Y}'_{cc} \end{bmatrix} \begin{bmatrix} \underline{U}_a \\ \underline{U}_b \\ \underline{U}_c \end{bmatrix} \tag{6.45}$$

mit (i, k = a, b, c):

$$\underline{Y}'_{ik} = \underline{Y}'_{ki} \quad \text{und} \quad \underline{Y}'_{ii} = \underline{Y}'_{iE} + \sum_{k=1}^{3} \underline{Y}'_{ik} \tag{6.46}$$

Für ein symmetrisches Dreileitersystem ergeben sich diagonal-zyklisch symmetrische Parametermatrizen ($\underline{Y}'_{ii} = \underline{Y}'_s$, $\underline{Y}'_{ik} = \underline{Y}'_g$):

$$\underline{Y}' = \begin{bmatrix} \underline{Y}'_s & \underline{Y}'_g & \underline{Y}'_g \\ \underline{Y}'_g & \underline{Y}'_s & \underline{Y}'_g \\ \underline{Y}'_g & \underline{Y}'_g & \underline{Y}'_s \end{bmatrix} = \boldsymbol{G}' + j\omega\boldsymbol{C}' = \begin{bmatrix} G'_s & G'_g & G'_g \\ G'_g & G'_s & G'_g \\ G'_g & G'_g & G'_s \end{bmatrix} + j\omega \begin{bmatrix} C'_s & C'_g & C'_g \\ C'_g & C'_s & C'_g \\ C'_g & C'_g & C'_s \end{bmatrix} \tag{6.47}$$

6.5.2.1 Admittanzbeläge von Freileitungen

Der Ableitungsbelag von Freileitungen ist stark witterungsabhängig und kann nur abgeschätzt oder nur sehr ungenau mit empirischen oder halbempirischen Formeln berechnet werden. Üblicherweise wird er bis zur 110-kV-Ebene vernachlässigt, in der 110-kV-Ebene mit $G'_s = G'_1 = G'_2 = 50\,\text{nS}$ und in der HöS-Ebene mit $G'_s = G'_1 = G'_2 = 25\,\text{nS}$ abgeschätzt. Damit gilt auch $G'_g = 0\,\text{nS}$.

Die Kapazitätsbeläge können demgegenüber aus der Geometrie der Anordnung mit Hilfe der Potentialkoeffizienten P_{ik} bestimmt werden. Sie stellen den Zusammenhang zwischen auf den Leitern angenommenen Linienladungen $\underline{Q}'_i$ und den Leiter-

Erde-Spannungen $\underline{U}_i$ her:

$$\underline{u} = \begin{bmatrix} \underline{U}_a \\ \underline{U}_b \\ \underline{U}_c \end{bmatrix} = \begin{bmatrix} P_{aa} & P_{ab} & P_{ac} \\ P_{ba} & P_{bb} & P_{bc} \\ P_{ca} & P_{cb} & P_{cc} \end{bmatrix} \begin{bmatrix} \underline{Q}'_a \\ \underline{Q}'_b \\ \underline{Q}'_c \end{bmatrix} = \boldsymbol{P} \cdot \underline{\boldsymbol{q}}' \tag{6.48}$$

mit:

$$P_{ii} = \frac{1}{2\pi\varepsilon_0} N_{ii} = \frac{1}{2\pi\varepsilon_0} \ln\left(\frac{2h_i}{r_B}\right) \tag{6.49}$$

und:

$$P_{ik} = \frac{1}{2\pi\varepsilon_0} N_{ik} = \frac{1}{2\pi\varepsilon_0} \ln\left(\frac{D_{ik}}{d_{ik}}\right) \tag{6.50}$$

sowie den Abmessungen entsprechend Abbildung 6.51.

Die Inversion der Matrix $\boldsymbol{P}$ in Gl. (6.48) führt auf die Kapazitätskoeffizientenmatrix $\boldsymbol{K}'$:

$$\underline{\boldsymbol{q}}' = \begin{bmatrix} \underline{Q}'_a \\ \underline{Q}'_b \\ \underline{Q}'_c \end{bmatrix} = \begin{bmatrix} K'_{aa} & K'_{ab} & K'_{ac} \\ K'_{ba} & K'_{bb} & K'_{bc} \\ K'_{ca} & K'_{cb} & K'_{cc} \end{bmatrix} \begin{bmatrix} \underline{U}_a \\ \underline{U}_b \\ \underline{U}_c \end{bmatrix} = \boldsymbol{K}' \cdot \underline{\boldsymbol{u}} \tag{6.51}$$

Aus den Maxwell'schen Gleichungen bzw. dem Knotenpunktsatz lässt sich der Zusammenhang zwischen den Leiterströmen und den Ladungsänderungen angeben:

$$\frac{\mathrm{d}\underline{I}_i}{\mathrm{d}x} = -\mathrm{j}\omega \underline{Q}'_i \tag{6.52}$$

und durch Erweiterungen der Zusammenhang zu den Kapazitätsbelägen in Gl. (6.45):

$$K'_{ik} = -C'_{ik} \quad \text{und} \quad K'_{ii} = C_{iE} + \sum_{k=1,k\neq i}^{n=3} C_{ik} \tag{6.53}$$

Für eine vollständig verdrillte, symmetrische Leitung mit $P_{ii} = P_s$ und $P_{ik} = P_g$ gilt für die Kapazitätskoeffizienten:

$$K'_{ii} = K'_s = \frac{P_s + P_g}{(P_s - P_g)(P_s + 2P_g)} \quad \text{und} \quad K'_{ik} = K'_g = \frac{-P_g}{(P_s - P_g)(P_s + 2P_g)} \tag{6.54}$$

Damit folgt für die Leiter-Erde- und Leiter-Leiter-Kapazitätsbeläge:

$$C'_{ik} = -C'_g = C' = \frac{P_g}{(P_s - P_g)(P_s + 2P_g)} \tag{6.55}$$

und:

$$C'_{iE} = C'_E = \frac{P_s + P_g - 2P_g}{(P_s - P_g)(P_s + 2P_g)} = \frac{1}{P_s + 2P_g} \tag{6.56}$$

sowie für die konstante, frequenzunabhängige Kapazitätsbelagsmatrix $\boldsymbol{C}'$:

$$\boldsymbol{C}' = \begin{bmatrix} C'_E + 2C' & -C' & -C' \\ -C' & C'_E + 2C' & -C' \\ -C' & -C' & C'_E + 2C' \end{bmatrix} \tag{6.57}$$

Für die Kapazitätsbeläge des Mit-, Gegen- und Nullsystems ergibt sich:

$$C_1' = C_2' = C_s' - C_g' = C_E' + 3C' = \frac{1}{P_s - P_g} = \frac{2\pi\varepsilon_0}{\ln\left(\frac{2hd}{r_B D}\right)} \approx \frac{2\pi\varepsilon_0}{\ln\left(\frac{d}{r_B}\right)} \tag{6.58}$$

und

$$C_0' = C_s' + 2C_g' = C_E' = \frac{2\pi\varepsilon_0}{\ln\left(\frac{2hD^2}{r_B d^2}\right)} \approx \frac{2\pi\varepsilon_0}{3\ln\left(\frac{2h}{r_B d^2}\right)} \tag{6.59}$$

mit den geometrisch gemittelten Abmessungen:

$$d = \sqrt[3]{d_{ab}d_{bc}d_{ca}}, \quad D = \sqrt[3]{D_{ab}D_{bc}D_{ca}} \quad \text{und} \quad h = \sqrt[3]{h_a h_b h_c} \tag{6.60}$$

6.5.2.2 Admittanzbeläge von Kabeln

In Kabeln treten bei Betrieb mit Wechselspannung dielektrische Verluste auf, die durch den Verlustfaktor $\tan\delta$ (siehe Abschnitt 6.3.2.2) gekennzeichnet werden und durch einen Ableitungsbelag G' berücksichtig werden. Für die längenbezogenen spannungsabhängigen dielektrischen Verluste eines Leiters gilt:

$$P_{Di}' = U^2 G' = U^2 \omega C' \tan\delta \tag{6.61}$$

Die Kapazitätsbeläge hängen vom Kabeltyp ab und werden über die Teilkapazitäten bestimmt. Es gilt:

$$C_1' = C_s' - C_g' = C_E' + 3C' \quad \text{und} \quad C_0' = C_s' + 2C_g' = C_E' \tag{6.62}$$

Für Einleiterkabel und Dreimantelkabel mit einem elektrischen Radialfeld ergibt sich (siehe Abbildung 6.53):

$$C_1' = C_2' = C_0' = C_E' \quad \text{und} \quad C_g' = 0 \tag{6.63}$$

Für ein Gürtelkabel gilt entsprechend (siehe Abbildung 6.53):

$$C_1' = C_2' = C_E' + 3C' \quad \text{und} \quad C_0' = C_E' \tag{6.64}$$

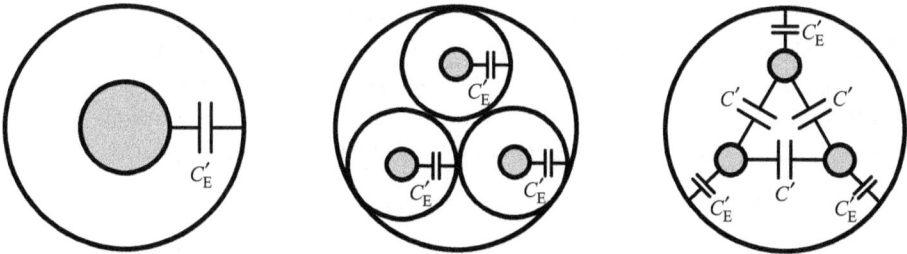

Abb. 6.53: Kapazitive Kopplungen im Einleiterkabel (links), Dreimantelkabel (Mitte) und Gürtelkabel (rechts)

6.5.3 Verdrillung

In der HöS-Ebene und in Einzelfällen auch in der HS-Ebene werden die Freileitungen verdrillt. Bei einer verdrillten Freileitung tauschen die Leiterseile in regelmäßigen Abständen ihre Positionen. Dieser Positionstausch wird an besonderen Abspannmasten, den Verdrillungsmasten (siehe Abbildung 6.54), durchgeführt. Entlang der gesamten Trassenlänge sind die Leiterseile darüber hinaus näherungsweise auf einer gleich langen Abschnittslänge auf jeder Position aufgehängt. Die resultierenden Leitungsparameter ergeben sich aus den Mittelwerten der Leitungsparameter über den gesamten Verdrillungsumlauf (siehe z. B. Gln. (6.39) und (6.40) in Abschnitt 6.5.1.1). Dadurch ergeben sich für alle Leiter gleiche Selbst- und Gegenimpedanzen sowie gleiche Selbst- und Gegenadmittanzen und damit auch diagonal-zyklisch symmetrische Parametermatrizen (siehe Band 1, Abschnitt 19.1.2).

Abb. 6.54: Verdrillungsmast, Quelle: TenneT TSO GmbH

Diese Verdrillung erfolgt auf Basis von vier häufig eingesetzten Verdrillungsschemata. Dies sind die α-, β-, δ- und γ-Verdrillung, die in Abhängigkeit von der Anzahl der Drehstromsysteme (Drehstromeinfach- und Drehstromdoppelleitungen) und dem Mastkopfbild (siehe Abbildung 6.55) verwendet werden. Freileitungen werden ab der HS-Ebene ab Längen von 20 bis 30 km verdrillt. Ein vollständiger Verdrillungsumlauf sollte je nach Mastkopfbild und Belastung 40 bis 80 km nicht überschreiten.

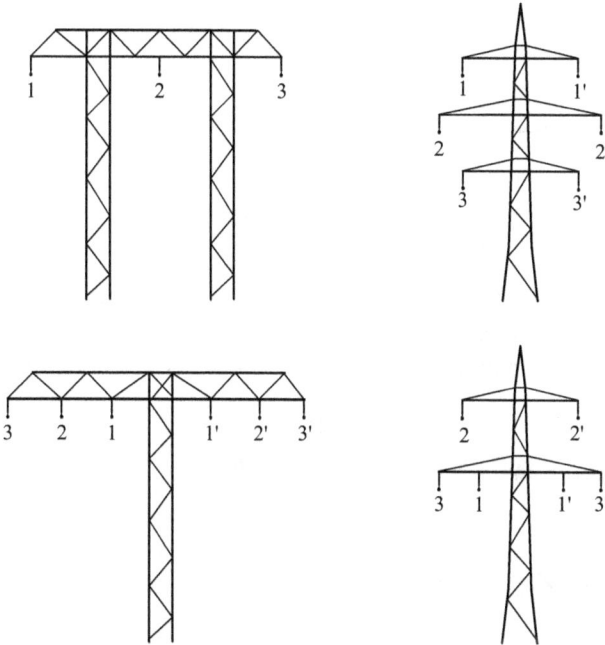

Abb. 6.55: Mastkopfbilder für einen Portalmast einer Einfachleitung (links oben), Tonnenmast (rechts oben), Einebenenmast (links unten) und Donaumast (rechts unten) einer Doppelleitung mit den Bezeichnungen der Mastpositionen 1, 2 und 3 sowie 1', 2' und 3' für die Leiterseile

6.5.3.1 α-Verdrillung

Die α-Verdrillung ist eine symmetrische Verdrillung und wird für Freileitungen mit einem Drehstromsystem (Drehstromeinfachleitung (Index EL), siehe Abbildung 6.55 links oben) eingesetzt. Man unterscheidet die α1- und die α2-Verdrillung (siehe Abbildung 6.56 und Abbildung 6.57). Bei der α2-Verdrillung ist entlang eines vollständigen Verdrillungsumlaufs über die Länge l ein zusätzlicher Verdrillungsmast erforderlich, der es ermöglicht, dass im Gegensatz zur α1-Verdrillung die Leiter wieder die selben Positionen wie am Anfang des Verdrillungsumlaufs einnehmen.

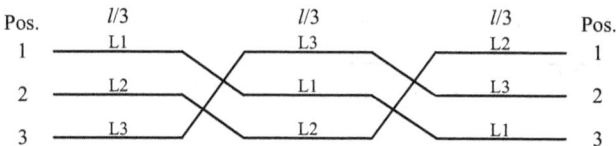

Abb. 6.56: Vollständiger Verdrillungsumlauf über die Länge l mit der α1-Verdrillung mit Angabe der Mastpositionen 1, 2 und 3 und der drei Leiter L1, L2 und L3 eines Drehstromsystems

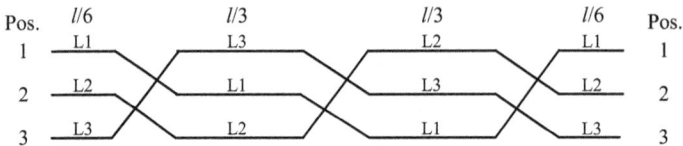

Abb. 6.57: Vollständiger Verdrillungsumlauf über die Länge *l* mit der α2-Verdrillung mit Angabe der Mastpositionen 1, 2 und 3 und der drei Leiter L1, L2 und L3 eines Drehstromsystems

Beide α-Verdrillungen erzeugen diagonal-zyklisch symmetrische Parametermatrizen, die, wie es beispielhaft für die Impedanzmatrix $\underline{Z}_{EL\alpha}$ angegeben ist, wie folgt aufgebaut sind und zu einer Entkopplung in den Symmetrischen Komponenten führen:

$$\underline{Z}_{EL\alpha} = \underline{Z}_{EL\alpha 1} = \underline{Z}_{EL\alpha 2} = \begin{bmatrix} \underline{Z}_s & \underline{Z}_g & \underline{Z}_g \\ \underline{Z}_g & \underline{Z}_s & \underline{Z}_g \\ \underline{Z}_g & \underline{Z}_g & \underline{Z}_s \end{bmatrix} \quad \text{und}$$

$$\underline{Z}_{SEL\alpha} = \underline{T}_S^{-1}\underline{Z}_{EL\alpha}\underline{T}_S = \begin{bmatrix} \underline{Z}_1 & 0 & 0 \\ 0 & \underline{Z}_2 & 0 \\ 0 & 0 & \underline{Z}_0 \end{bmatrix} \tag{6.65}$$

mit (vgl. Band 1, Abschnitt 20.5):

$$\underline{Z}_1 = \underline{Z}_2 = \underline{Z}_s - \underline{Z}_g \quad \text{und} \quad \underline{Z}_0 = \underline{Z}_s + 2\underline{Z}_g \tag{6.66}$$

6.5.3.2 β-Verdrillung

Die β-Verdrillung (siehe Abbildung 6.58) ist eine vollsymmetrische Verdrillung (auch Spezialverdrillung) und wird für Freileitungen mit zwei Drehstromsystemen (Drehstromdoppelleitung (Index DL), siehe Abbildung 6.55) eingesetzt.

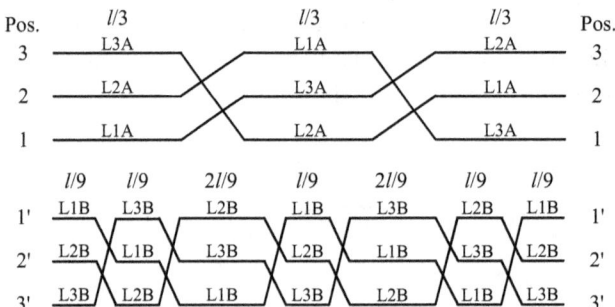

Abb. 6.58: Vollständiger Verdrillungsumlauf über die Länge *l* mit der β-Verdrillung (Spezialverdrillung) mit Angabe der Mastpositionen 1, 2 und 3 bzw. 1′, 2′ und 3′ und der drei Leiter L1A, L2A und L3A bzw. L1B, L2B und L3B der beiden Drehstromsysteme A und B

Sie führt auf gleiche Selbst- und gleiche Gegenimpedanzen zwischen allen Leitern eines Drehstromsystems und gleichen Gegenimpedanzen zwischen den beiden Systemen. Bei gleichen Leiterseilen und einer symmetrischen Anordnung der Erdseile zu den Leiterseilen gilt des Weiteren $\underline{Z}_s = \underline{Z}_{sAA} = \underline{Z}_{sBB}$ und $\underline{Z}_g = \underline{Z}_{gAA} = \underline{Z}_{gBB}$:

$$\underline{Z}_{DL\beta} = \begin{bmatrix} \underline{Z}_{AA} & \underline{Z}_{AB} \\ \underline{Z}_{BA} & \underline{Z}_{BB} \end{bmatrix} = \begin{bmatrix} \underline{Z}_{sAA} & \underline{Z}_{gAA} & \underline{Z}_{gAA} & \underline{Z}_{gAB} & \underline{Z}_{gAB} & \underline{Z}_{gAB} \\ \underline{Z}_{gAA} & \underline{Z}_{sAA} & \underline{Z}_{gAA} & \underline{Z}_{gAB} & \underline{Z}_{gAB} & \underline{Z}_{gAB} \\ \underline{Z}_{gAA} & \underline{Z}_{gAA} & \underline{Z}_{sAA} & \underline{Z}_{gAB} & \underline{Z}_{gAB} & \underline{Z}_{gAB} \\ \underline{Z}_{gAB} & \underline{Z}_{gAB} & \underline{Z}_{gAB} & \underline{Z}_{sBB} & \underline{Z}_{gBB} & \underline{Z}_{gBB} \\ \underline{Z}_{gAB} & \underline{Z}_{gAB} & \underline{Z}_{gAB} & \underline{Z}_{gBB} & \underline{Z}_{sBB} & \underline{Z}_{gBB} \\ \underline{Z}_{gAB} & \underline{Z}_{gAB} & \underline{Z}_{gAB} & \underline{Z}_{gBB} & \underline{Z}_{gBB} & \underline{Z}_{sBB} \end{bmatrix} \qquad (6.67)$$

Nach der Transformation der Impedanzmatrix in die Symmetrischen Komponenten erkennt man, dass die beiden Stromkreise im stationären symmetrischen Betrieb vollständig entkoppelt sind:

$$\underline{Z}_{SDL\beta} = \begin{bmatrix} \underline{T}_S^{-1}\underline{Z}_{AA}\underline{T}_S & \underline{T}_S^{-1}\underline{Z}_{AB}\underline{T}_S \\ \underline{T}_S^{-1}\underline{Z}_{BA}\underline{T}_S & \underline{T}_S^{-1}\underline{Z}_{BB}\underline{T}_S \end{bmatrix} = \begin{bmatrix} \underline{Z}_1 & 0 & 0 & 0 & 0 & 0 \\ 0 & \underline{Z}_1 & 0 & 0 & 0 & 0 \\ 0 & 0 & \underline{Z}_0 & 0 & 0 & \underline{Z}_{0AB} \\ 0 & 0 & 0 & \underline{Z}_1 & 0 & 0 \\ 0 & 0 & 0 & 0 & \underline{Z}_1 & 0 \\ 0 & 0 & \underline{Z}_{0AB} & 0 & 0 & \underline{Z}_0 \end{bmatrix} \qquad (6.68)$$

mit:

$$\underline{Z}_1 = \underline{Z}_2 = \underline{Z}_{sAA} - \underline{Z}_{gAA} = \underline{Z}_{sBB} - \underline{Z}_{gBB} = \underline{Z}_s - \underline{Z}_g$$

$$\underline{Z}_0 = \underline{Z}_{sAA} + 2\underline{Z}_{gAA} = \underline{Z}_{sBB} + 2\underline{Z}_{gBB} = \underline{Z}_s + 2\underline{Z}_g \qquad (6.69)$$

$$\underline{Z}_{0AB} = 3\underline{Z}_{gAB} = 3\underline{Z}_g$$

Diese Verdrillungsart stellt aufgrund der zahlreichen Verdrillungspunkte entlang eines Verdrillungsumlaufs (siehe Abbildung 6.58) die aufwändigste Verdrillungsart dar und wird deshalb nicht mehr eingesetzt.

6.5.3.3 γ-Verdrillung

Die γ1- und die γ2-Verdrillung (siehe Abbildung 6.59 und Abbildung 6.60) führen auf eine gleichmäßige Verdrillung der beiden Drehstromsysteme von Drehstromdoppelleitungen (Index DL) mit einem Donaumastkopfbild oder einem Einebenenmastkopfbild, siehe Abbildung 6.55). Die Leiterseile der beiden Systeme werden zyklisch getauscht, so dass zum Beispiel die Leiter L1A und L1B von „innen" zuerst nach „außen" und dann über die mittlere Position durchgetauscht werden.

Bei der γ2-Verdrillung ist entlang eines vollständigen Verdrillungsumlaufs ein zusätzlicher Verdrillungsmast erforderlich, der es ermöglicht, dass im Gegensatz zur γ1-Verdrillung die Leiter wieder die selben Positionen wie am Anfang des Verdrillungsumlaufs einnehmen.

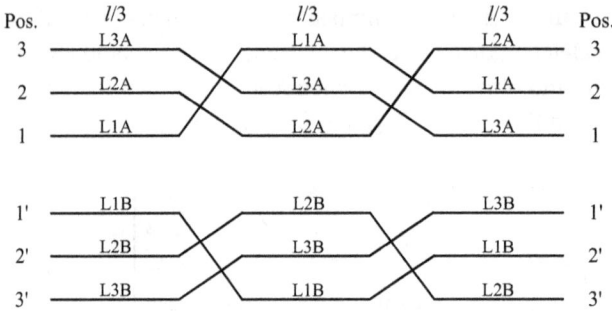

Abb. 6.59: Vollständiger Verdrillungsumlauf über die Länge *l* mit der γ1-Verdrillung mit Angabe der Mastpositionen 1, 2 und 3 sowie 1', 2' und 3' und der drei Leiter L1A, L2A und L3A sowie L1B, L2B und L3B der beiden Drehstromsysteme A und B

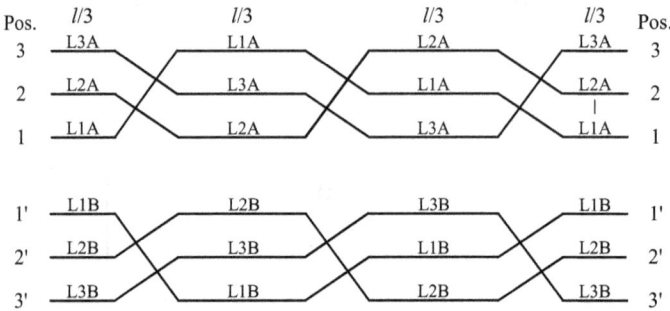

Abb. 6.60: Vollständiger Verdrillungsumlauf über die Länge *l* mit der γ2-Verdrillung mit Angabe der Mastpositionen 1, 2 und 3 sowie 1', 2' und 3' und der drei Leiter L1A, L2A und L3A sowie L1B, L2B und L3B der beiden Drehstromsysteme A und B

Die γ-Verdrillungen führen auf gleiche Selbst- und gleiche Gegenimpedanzen zwischen allen Leitern eines Drehstromsystems sowie zu einer diagonal-zyklisch symmetrischen Kopplungsimpedanzmatrix mit den Gegenimpedanzen zu den Leitern des jeweils anderen Drehstromsystems:

$$
\underline{Z}_{DL\gamma} = \begin{bmatrix} \underline{Z}_{AA} & \underline{Z}_{AB} \\ \underline{Z}_{BA} & \underline{Z}_{BB} \end{bmatrix} = \begin{bmatrix} \underline{Z}_{sAA} & \underline{Z}_{gAA} & \underline{Z}_{gAA} & \vdots & \underline{Z}_{sAB} & \underline{Z}_{gAB} & \underline{Z}_{gAB} \\ \underline{Z}_{gAA} & \underline{Z}_{sAA} & \underline{Z}_{gAA} & \vdots & \underline{Z}_{gAB} & \underline{Z}_{sAB} & \underline{Z}_{gAB} \\ \underline{Z}_{gAA} & \underline{Z}_{gAA} & \underline{Z}_{sAA} & \vdots & \underline{Z}_{gAB} & \underline{Z}_{gAB} & \underline{Z}_{sAB} \\ \cdots & \cdots & \cdots & + & \cdots & \cdots & \cdots \\ \underline{Z}_{sBA} & \underline{Z}_{gBA} & \underline{Z}_{gBA} & \vdots & \underline{Z}_{sBB} & \underline{Z}_{gBB} & \underline{Z}_{gBB} \\ \underline{Z}_{gBA} & \underline{Z}_{sBA} & \underline{Z}_{gBA} & \vdots & \underline{Z}_{gBB} & \underline{Z}_{sBB} & \underline{Z}_{gBB} \\ \underline{Z}_{gBA} & \underline{Z}_{gBA} & \underline{Z}_{sBA} & \vdots & \underline{Z}_{gBB} & \underline{Z}_{gBB} & \underline{Z}_{sBB} \end{bmatrix} \qquad (6.70)
$$

Bei den γ-Verdrillungen sind die beiden Stromkreise im stationären symmetrischen Betrieb somit nicht vollständig entkoppelt:

$$
\underline{Z}_{\text{SDL}\gamma} = \begin{bmatrix} \boldsymbol{T}_S^{-1}\underline{Z}_{AA}\boldsymbol{T}_S & \boldsymbol{T}_S^{-1}\underline{Z}_{AA}\boldsymbol{T}_S \\ \boldsymbol{T}_S^{-1}\underline{Z}_{BA}\boldsymbol{T}_S & \boldsymbol{T}_S^{-1}\underline{Z}_{BB}\boldsymbol{T}_S \end{bmatrix}
$$

$$
= \begin{bmatrix}
\underline{Z}_{1AA} & 0 & 0 & \vdots & \underline{Z}_{1AB} & 0 & 0 \\
0 & \underline{Z}_{2AA} & 0 & \vdots & 0 & \underline{Z}_{1AB} & 0 \\
0 & 0 & \underline{Z}_{0AA} & \vdots & 0 & 0 & 3\underline{Z}_{0AB} \\
\cdots & \cdots & \cdots & & \cdots & \cdots & \cdots \\
\underline{Z}_{1AB} & 0 & 0 & \vdots & \underline{Z}_{1BB} & 0 & 0 \\
0 & \underline{Z}_{1AB} & 0 & \vdots & 0 & \underline{Z}_{2BB} & 0 \\
0 & 0 & 3\underline{Z}_{0AB} & \vdots & 0 & 0 & \underline{Z}_{0BB}
\end{bmatrix} \tag{6.71}
$$

mit:

$$
\underline{Z}_{1AA} = \underline{Z}_{1BB} = \underline{Z}_{2AA} = \underline{Z}_{2BB} = \underline{Z}_{sAA} - \underline{Z}_{gAA} = \underline{Z}_{sBB} - \underline{Z}_{gBB} = \underline{Z}_s - \underline{Z}_g
$$

$$
\underline{Z}_{0AA} = \underline{Z}_{0BB} = \underline{Z}_{sAA} + 2\underline{Z}_{gAA} = \underline{Z}_{sBB} + 2\underline{Z}_{gBB} = \underline{Z}_s + 2\underline{Z}_g
$$

$$
\underline{Z}_{1AB} = \underline{Z}_{2AB} = \underline{Z}_{sAB} - \underline{Z}_{gAB} \tag{6.72}
$$

$$
\underline{Z}_{0AB} = \underline{Z}_{sAB} + 2\underline{Z}_{gAB}
$$

6.5.3.4 δ-Verdrillung

Die δ1- und die δ2-Verdrillungen (siehe Abbildung 6.61 und Abbildung 6.62) führen auf eine zentral symmetrische Verdrillung der beiden Drehstromsysteme von Drehstromdoppelleitungen (Index DL) mit einem Tonnenmastkopfbild, siehe Abbildung 6.55). Die Leiterseile der beiden Systeme werden zyklisch getauscht, so dass zum Beispiel die Leiter L1A und L1B von „oben" zuerst nach „unten" und dann über die mittlere Position durchgetauscht werden.

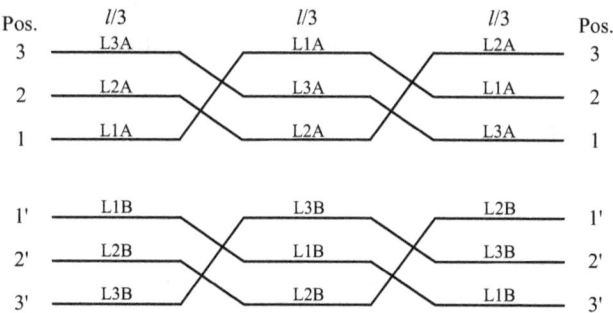

Abb. 6.61: Vollständiger Verdrillungsumlauf über die Länge *l* mit der δ1-Verdrillung mit Angabe der Mastpositionen 1, 2 und 3 sowie 1′, 2′ und 3′ und der drei Leiter L1A, L2A und L3A sowie L1B, L2B und L3B der beiden Drehstromsysteme A und B

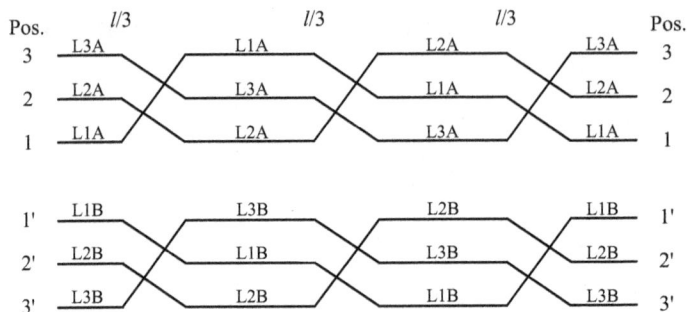

Abb. 6.62: Vollständiger Verdrillungsumlauf über die Länge *l* mit der δ2-Verdrillung mit Angabe der Mastpositionen 1, 2 und 3 sowie 1′, 2′ und 3′ und der drei Leiter L1A, L2A und L3A sowie L1B, L2B und L3B der beiden Drehstromsysteme A und B

Bei der δ2-Verdrillung ist entlang eines vollständigen Verdrillungsumlaufs ein zusätzlicher Verdrillungsmast erforderlich, der es ermöglicht, dass im Gegensatz zur δ1-Verdrillung die Leiter wieder die selben Positionen wie am Anfang des Verdrillungsumlaufs einnehmen.

Die δ-Verdrillungen führen auf gleiche Selbst- und gleiche Gegenimpedanzen zwischen allen Leiter eines Drehstromsystems sowie zu einer diagonal-zyklisch symmetrischen Kopplungsimpedanzmatrix mit den Gegenimpedanzen zu den Leitern des jeweils anderen Drehstromsystems:

$$
\underline{Z}_{\mathrm{DL\delta}} = \begin{bmatrix} \underline{Z}_{\mathrm{AA}} & \underline{Z}_{\mathrm{AB}} \\ \underline{Z}_{\mathrm{BA}} & \underline{Z}_{\mathrm{BB}} \end{bmatrix} = \begin{bmatrix} \underline{Z}_{\mathrm{sAA}} & \underline{Z}_{\mathrm{gAA}} & \underline{Z}_{\mathrm{gAA}} & \vdots & \underline{Z}_{\mathrm{sAB}} & \underline{Z}_{\mathrm{gAB}} & \underline{Z}_{\mathrm{gAB}} \\ \underline{Z}_{\mathrm{gAA}} & \underline{Z}_{\mathrm{sAA}} & \underline{Z}_{\mathrm{gAA}} & \vdots & \underline{Z}_{\mathrm{gAB}} & \underline{Z}_{\mathrm{sAB}} & \underline{Z}_{\mathrm{gAB}} \\ \underline{Z}_{\mathrm{gAA}} & \underline{Z}_{\mathrm{gAA}} & \underline{Z}_{\mathrm{sAA}} & \vdots & \underline{Z}_{\mathrm{gAB}} & \underline{Z}_{\mathrm{gAB}} & \underline{Z}_{\mathrm{sAB}} \\ \underline{Z}_{\mathrm{sBA}} & \underline{Z}_{\mathrm{gBA}} & \underline{Z}_{\mathrm{gBA}} & \vdots & \underline{Z}_{\mathrm{sBB}} & \underline{Z}_{\mathrm{gBB}} & \underline{Z}_{\mathrm{gBB}} \\ \underline{Z}_{\mathrm{gBA}} & \underline{Z}_{\mathrm{sBA}} & \underline{Z}_{\mathrm{gBA}} & \vdots & \underline{Z}_{\mathrm{gBB}} & \underline{Z}_{\mathrm{sBB}} & \underline{Z}_{\mathrm{gBB}} \\ \underline{Z}_{\mathrm{gBA}} & \underline{Z}_{\mathrm{gBA}} & \underline{Z}_{\mathrm{sBA}} & \vdots & \underline{Z}_{\mathrm{gBB}} & \underline{Z}_{\mathrm{gBB}} & \underline{Z}_{\mathrm{sBB}} \end{bmatrix} \tag{6.73}
$$

Bei den δ-Verdrillungen sind die beiden Stromkreise wie bei den γ-Verdrillungen nicht vollständig entkoppelt:

$$
\underline{Z}_{\mathrm{SDL\delta}} = \begin{bmatrix} \boldsymbol{T}_{\mathrm{S}}^{-1}\underline{Z}_{\mathrm{AA}}\boldsymbol{T}_{\mathrm{S}} & \boldsymbol{T}_{\mathrm{S}}^{-1}\underline{Z}_{\mathrm{AA}}\boldsymbol{T}_{\mathrm{S}} \\ \boldsymbol{T}_{\mathrm{S}}^{-1}\underline{Z}_{\mathrm{BA}}\boldsymbol{T}_{\mathrm{S}} & \boldsymbol{T}_{\mathrm{S}}^{-1}\underline{Z}_{\mathrm{BB}}\boldsymbol{T}_{\mathrm{S}} \end{bmatrix}
$$

$$
= \begin{bmatrix} \underline{Z}_{\mathrm{1AA}} & 0 & 0 & \vdots & \underline{Z}_{\mathrm{1AB}} & 0 & 0 \\ 0 & \underline{Z}_{\mathrm{2AA}} & 0 & \vdots & 0 & \underline{Z}_{\mathrm{1AB}} & 0 \\ 0 & 0 & \underline{Z}_{\mathrm{0AA}} & \vdots & 0 & 0 & 3\underline{Z}_{\mathrm{0AB}} \\ \underline{Z}_{\mathrm{1AB}} & 0 & 0 & \vdots & \underline{Z}_{\mathrm{1BB}} & 0 & 0 \\ 0 & \underline{Z}_{\mathrm{1AB}} & 0 & \vdots & 0 & \underline{Z}_{\mathrm{2BB}} & 0 \\ 0 & 0 & 3\underline{Z}_{\mathrm{0AB}} & \vdots & 0 & 0 & \underline{Z}_{\mathrm{0BB}} \end{bmatrix} \tag{6.74}
$$

Für die Bestimmung der Impedanzen für die Symmetrischen Komponenten gilt Gl. (6.72).

6.5.4 Typische Parameter von Freileitungen und Kabel

In Tabelle 6.7 sind typische Wertebereiche von Leitungsbelägen für das Mitsystem von Freileitungen und VPE-Einleiterkabeln in der MS-, HS- und HöS-Spannungsebene angegeben.

Tab. 6.7: Typische Parameter von MS-, HS- und HöS-Freileitungen und -VPE-Einleiterkabeln

Leitungsparameter	MS (hier 20 kV)		HS (hier 110 kV)		HöS (hier 380 kV)	
	Freileitung	VPE-Kabel	Freileitung	VPE-Kabel	Freileitung	VPE-Kabel
Leitermaterial	Al/St	Al	Al/St	Cu	Al/St	Cu
Querschnitt in mm^2	120/20	240	265/35	1000	4 × 564/72	2500
I_{thmax} in A	410	460	680	830	4200	2320
S_{thmax} in MVA	14,2	15,9	130	158	2764	1527
R'_1 in mΩ/km $^{1)}$	0,240	0,125	0,109	0,028	0,014	0,011
X'_1 in mΩ/km	0,360	0,100	0,380	0,126	0,250	0,188
G'_1 in S/km	0,000	36,442	50,000	23,876	25,000	30,788
C'_1 in nF/km	10,000	290,000	9,500	190,000	14,200	245,000
C'_0 in nF/km	5,000	290,000	5,000	190,000	6,500	245,000
Z_W in Ω	371,109	41,917	363,923	46,513	236,940	49,450
$\angle Z_W$ in °	−16,845	−25,659	−7,523	−6,318	−1,419	−1,633
α in 10^{-3}/km	0,338	1,655	0,160	0,307	0,032	0,110
β in 10^{-3}/km	1,116	3,442	1,074	2,759	1,057	3,804
v_W in Tsd km/s	281,543	91,281	292,404	113,850	297,349	82,576
S_{Nat} in MVA	1,078	9,543	33,249	260,141	609,436	2920,151
I'_L in A/km	0,036	1,052	0,190	3,791	0,979	16,886
Q'_L in Mvar/km	1,257	36,442	36,113	722,252	644,177	11.114,326

$^{1)}$ bei 20 °C

Die Ableitungsbeläge G'_1 sind für Freileitungen stark witterungsabhängig (siehe Abschnitt 6.5.2.1) und für Kabel über den Verlustfaktor tan δ vom Isolationsmaterial abhängig (siehe Abschnitt 6.5.2.2). Die daraus resultierenden Impedanzen sind im Bereich der Nennfrequenz deutlich größer als die Impedanz der parallelen Kapazität ($1/\omega C_1' \ll 1/G'_1$), so dass der Ableitungsbelag üblicherweise vernachlässigt wird). Der weitere Vergleich der Leitungsparameter zeigt, dass für die HöS-Ebene (380 kV und 220 kV) sowie auch noch für die HS-Ebene (110 kV) der ohmsche Widerstandsbelag gegenüber dem Reaktanzbelag vernachlässigt werden kann. Dies ist in den NS- und MS-Netzen nicht zulässig, da in der NS-Ebene der Widerstandsbelag sogar dominierend gegenüber dem Reaktanzbelag ist. Aufgrund der in den NS- und MS-Netzen vergleichsweise kurzen Leitungslängen sind die Querimpedanzen so groß, dass die Querelemente (Kapazitäts- und Ableitungsbeläge) vernachlässigt werden können.

Die Wellenimpedanzen $\underline{Z}_W$ der Freileitungen sind um ein Mehrfaches größer als die der Kabel in der selben Spannungsebene. Generell weisen die Wellenimpedanzen einen kapazitiven Anteil auf (siehe $\angle \underline{Z}_W$), der mit steigender Spannungsebene kleiner wird und in der Höchstspannungsebene zu vernachlässigen ist.

Die Dämpfungskonstante α der Kabel ist in allen Spannungsebenen größer als die der Freileitungen. Die Ausbreitungsgeschwindigkeit v_W der Freileitungen liegt nahe an der Lichtgeschwindigkeit $c_0 \approx 300$ Tsd km/s, während die der Kabel mit ungefähr ein Drittel der Lichtgeschwindigkeit deutlich geringer ist.

Die natürlichen Leistungen S_{Nat} (siehe Abschnitt 6.7.4) der Freileitungen und die der Kabel in der MS-Ebene sind immer kleiner als ihre maximal thermisch zulässigen Leistungen S_{thmax}, während die der Kabel in der HS- und HöS-Ebene die maximal thermisch zulässigen Leistungen deutlich überschreiten und im Netzbetrieb nie erreicht werden können.

Der längenbezogene Ladestrom I_L' und auch die längenbezogene kapazitive Ladeleistung Q_L' (siehe Abschnitt 6.7.5) der Kabel sind aufgrund ihrer wesentlich größeren Kapazitätsbeläge in allen Spannungsebenen um ein Mehrfaches (Faktor 17 in der HöS-Ebene bis Faktor 29 in der MS-Ebene) größer als die der Freileitungen.

Die dargestellten Unterschiede in den Werten der Leitungsparameter für die unterschiedlichen Spannungsebenen führen zu möglichen Vereinfachungen in den Ersatzschaltungen (siehe Abschnitt 6.6) und Unterschieden im Betriebsverhalten (siehe Abschnitt 6.7), die im Nachfolgenden herausgearbeitet werden.

6.6 Vierpolgleichungen und Ersatzschaltungen

Mit der Angabe der Lösungen der Leitungsgleichungen als Vierpolgleichungen in Abschnitt 6.4 lassen sich entsprechend Band 1, Abschnitt 7.4 verschiedene Ersatzschaltungen angeben, die im Folgenden vorgestellt werden.

6.6.1 Kettenform

Nach dem Einsetzen der noch verbleibenden Randbedingungen an der Klemme A: $\underline{U}(x=0) = \underline{U}_A$ und $\underline{I}(x=0) = \underline{I}_A$ in Gl. (6.11) ergibt sich der Zusammenhang zwischen den Klemmgrößen der Leitung, der der Kettenform (siehe Band 1, Abschnitt 7.4.3) entspricht:

$$\begin{bmatrix} \underline{U}_A \\ \underline{I}_A \end{bmatrix} = \begin{bmatrix} \cosh\left(\underline{\gamma}l\right) & -\underline{Z}_w \sinh\left(\underline{\gamma}l\right) \\ \underline{Y}_w \sinh\left(\underline{\gamma}l\right) & -\cosh\left(\underline{\gamma}l\right) \end{bmatrix} \begin{bmatrix} \underline{U}_B \\ \underline{I}_B \end{bmatrix} \tag{6.75}$$

und:

$$\begin{bmatrix} \underline{U}_B \\ \underline{I}_B \end{bmatrix} = \begin{bmatrix} \cosh\left(\underline{\gamma}l\right) & -\underline{Z}_w \sinh\left(\underline{\gamma}l\right) \\ \underline{Y}_w \sinh\left(\underline{\gamma}l\right) & -\cosh\left(\underline{\gamma}l\right) \end{bmatrix} \begin{bmatrix} \underline{U}_A \\ \underline{I}_A \end{bmatrix} \tag{6.76}$$

Es handelt sich um einen symmetrischen Vierpol.

6.6.2 Admittanzform und Π-Ersatzschaltung

Die Auflösung von Gl. (6.75) oder Gl. (6.76) nach den Strömen ergibt die Admittanzform:

$$\begin{bmatrix} \underline{I}_A \\ \underline{I}_B \end{bmatrix} = \begin{bmatrix} \underline{Y}_w \coth(\gamma l) & -\underline{Y}_w \sinh^{-1}(\gamma l) \\ -\underline{Y}_w \sinh^{-1}(\gamma l) & \underline{Y}_w \coth(\gamma l) \end{bmatrix} \begin{bmatrix} \underline{U}_A \\ \underline{U}_B \end{bmatrix} \tag{6.77}$$

Damit kann die Π-Ersatzschaltung der Leitung mit verteilten Parametern in Abbildung 6.63 angegeben werden (siehe auch Band 1, Abschnitt 7.4.4).

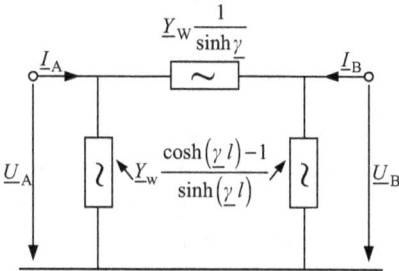

Abb. 6.63: Π-Ersatzschaltung der Leitung mit verteilten Parametern

6.6.3 Impedanzform und T-Ersatzschaltung

Die Auflösung von Gl. (6.75) oder Gl. (6.76) nach den Klemmspannungen ergibt die Impedanzform:

$$\begin{bmatrix} \underline{U}_A \\ \underline{U}_B \end{bmatrix} = \begin{bmatrix} \underline{Z}_w \coth(\gamma l) & \underline{Z}_w \sinh^{-1}(\gamma l) \\ \underline{Z}_w \sinh^{-1}(\gamma l) & \underline{Z}_w \coth(\gamma l) \end{bmatrix} \begin{bmatrix} \underline{I}_A \\ \underline{I}_B \end{bmatrix} \tag{6.78}$$

Damit kann die T-Ersatzschaltung der Leitung mit verteilten Parametern in Abbildung 6.64 angegeben werden (siehe auch Band 1, Abschnitt 7.4.4).

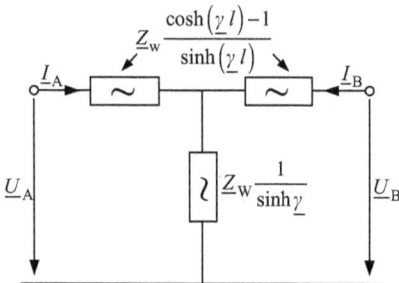

Abb. 6.64: T-Ersatzschaltung der Leitung mit verteilten Parametern

6.6.4 Ersatzschaltungen für die elektrisch kurze Leitung

Eine elektrisch kurze Leitung liegt vor, wenn $|\underline{\gamma}l| \ll 1$ gilt. Diese Bedingung wird für Leitungen mit kleinen Längen und/oder für Untersuchungen von Vorgängen mit kleinen Frequenzen im Bereich der Nennfrequenz angewendet. Ist die Bedingung erfüllt, können die hyperbolischen Funktionen $\sinh(\underline{\gamma}l)$ und $\cosh(\underline{\gamma}l)$ durch ihre nach dem ersten bzw. zweiten Glied abgebrochenen Taylor-Reihen-Entwicklungen approximiert werden:

$$\sinh\left(\underline{\gamma}l\right) = \sum_{i=0}^{\infty} \frac{1}{(2i+1)!} \left(\underline{\gamma}l\right)^{2i+1} \approx \underline{\gamma}l \tag{6.79}$$

und:

$$\cosh\left(\underline{\gamma}l\right) = \sum_{i=0}^{\infty} \frac{1}{(2i)!} \left(\underline{\gamma}l\right)^{2i} \approx 1 + \frac{1}{2}\left(\underline{\gamma}l\right)^2 \tag{6.80}$$

Setzt man diese Approximationen in die Gleichungen für die Elemente der Π- und T-Ersatzschaltung in Abbildung 6.63 und Abbildung 6.64 bzw. in die Gl. (6.77) und (6.78) ein, so erhält man die Π- und die T-Ersatzschaltung für die elektrische kurze Leitung mit konzentrierten Elementen in Abbildung 6.65 und Abbildung 6.66 mit den entsprechenden Vierpolgleichungen in Admittanzform in Gl. (6.81) bzw. in Impedanzform in Gl. (6.82).

$$\begin{bmatrix} \underline{I}_A \\ \underline{I}_B \end{bmatrix} = \begin{bmatrix} \frac{1}{2}\underline{Y} + \underline{Z}^{-1} & -\underline{Z}^{-1} \\ -\underline{Z}^{-1} & \frac{1}{2}\underline{Y} + \underline{Z}^{-1} \end{bmatrix} \begin{bmatrix} \underline{U}_A \\ \underline{U}_B \end{bmatrix} \tag{6.81}$$

und:

$$\begin{bmatrix} \underline{U}_A \\ \underline{U}_B \end{bmatrix} = \begin{bmatrix} \frac{1}{2}\underline{Z} + \underline{Y}^{-1} & \underline{Y}^{-1} \\ \underline{Y}^{-1} & \frac{1}{2}\underline{Z} + \underline{Y}^{-1} \end{bmatrix} \begin{bmatrix} \underline{I}_A \\ \underline{I}_B \end{bmatrix} \tag{6.82}$$

mit:

$$\underline{Z} = \underline{Z}'l = (R' + j\omega L')l \quad \text{und} \quad \underline{Y} = \underline{Y}'l = (G' + j\omega C')l \tag{6.83}$$

Eine solche Ersatzschaltung ist bei Nennfrequenz bis zu Leitungslängen von 150 km bis 200 km verwendbar. Für die Nachbildung langer Leitungen oder für die Berechnung von höherfrequenten Vorgängen aber auch zur Erhöhung der Genauigkeit sind mehrere dieser Vierpolersatzschaltungen in Reihe zu sogenannten Kettenleitern zu schalten (siehe Band 1, Abschnitt 7.4.3 und z. B. [36]).

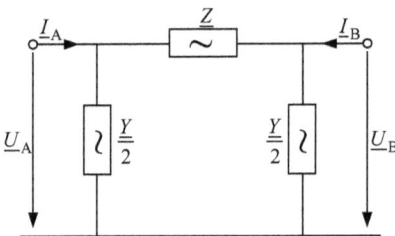

Abb. 6.65: Π-Ersatzschaltung der elektrisch kurzen Leitung mit konzentrierten Elementen.

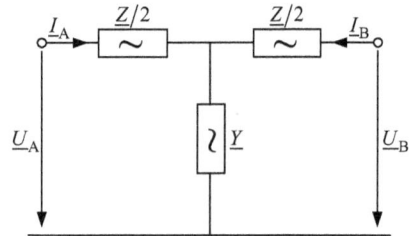

Abb. 6.66: T-Ersatzschaltung der elektrisch kurzen Leitung mit konzentrierten Elementen.

6.6.5 Vereinfachte Ersatzschaltung

Für Kurzschlussstromberechnungen (siehe Band 3, Kapitel 2 und 3) und für die Nachbildung von Leitungen in der NS- und MS-Ebene mit ihren kurzen Leitungslängen (siehe z. B. Band 3, Kapitel 4) sowie mit Einschränkungen für stark ausgelastete kurze Leitungen in der HS- und HöS-Ebene (vgl. Abschnitt 6.5.3), können in den T- und den Π-Ersatzschaltungen (Abschnitte 6.6.2 bis 6.6.4) die Querelemente vernachlässigt werden. Man erhält dann die vereinfachte Ersatzschaltung der Leitung in Abbildung 6.67.

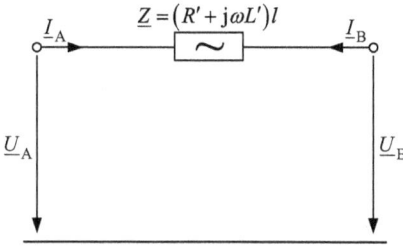

Abb. 6.67: Vereinfachte Ersatzschaltung der Leitung

6.7 Betriebsverhalten

Für die Erläuterung des Betriebsverhaltens der Leitung wird die Π-Ersatzschaltung der elektrisch kurzen Leitung in Abbildung 6.68 herangezogen.

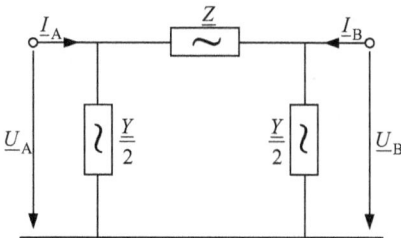

Abb. 6.68: Π-Ersatzschaltung der elektrisch kurzen Leitung mit Zählpfeilen

6.7.1 Zeigerbild und Spannungsabfall

Ausgehend von der Klemmenspannung $\underline{U}_B$ am Leitungsende B und der Annahme einer ohmsch-induktiven Leistungsabnahme an diesem Leitungsende lässt sich das Zeigerbild in Abbildung 6.69 konstruieren.

Der Strom $\underline{I}_\lambda$ ist verantwortlich für den Spannungsabfall $\Delta\underline{U}_Z$ über der Längsimpedanz $\underline{Z} = R + j\omega L$. Die kapazitiven Ströme $\underline{I}_{CA}$ und $\underline{I}_{CB}$ durch die Kondensatoren an den beiden Leitungsenden kompensieren den ohmsch-induktiven Verbraucher-

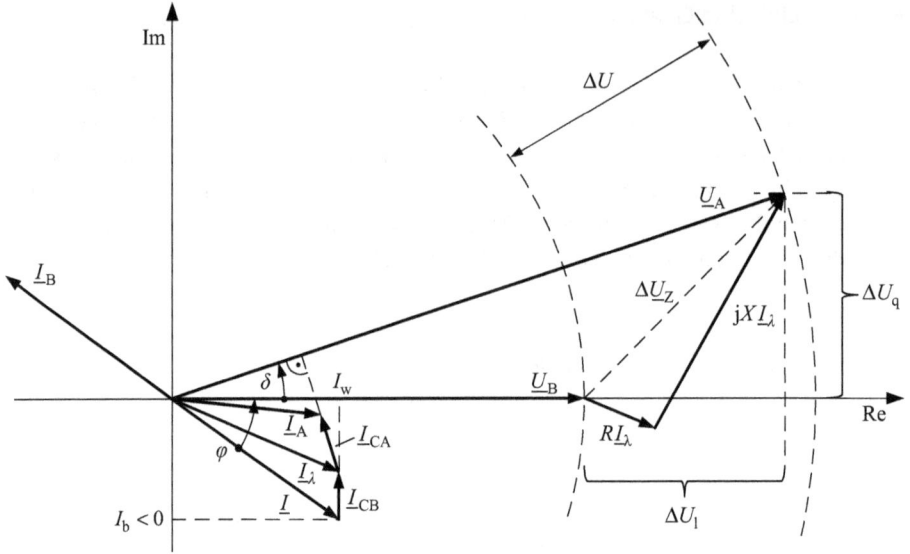

Abb. 6.69: Zeigerbild für die Leitung bei ohmsch-induktiver Leistungsabnahme am Leitungsende B

strom $\underline{I}$ und wirken sich somit reduzierend auf den Spannungsabfall aus. Dies zeigt auch die rechnerische Analyse. Aus:

$$\underline{U}_A = \underline{U}_B + (R + jX) \cdot \underline{I}_\lambda = \underline{U}_B + \Delta\underline{U}_Z \tag{6.84}$$

und:

$$\underline{I}_\lambda = \underline{I} + \underline{I}_{CB} = \underline{I}_A - \underline{I}_{CA} \tag{6.85}$$

erhält man bei Vernachlässigung der Ableitwerte G mit $\underline{Y} = \frac{1}{2}j\omega C$ und mit $\underline{U}_B = U_B e^{j0}$:

$$\begin{aligned}
\underline{U}_A &= U_B + \Delta\underline{U}_Z = U_B + (R + jX)(\underline{I} + j\underline{I}_{CB}) \\
&= U_B + (R + jX)(I_w + jI_b + jI_{CB}) \\
&= U_B + RI_w - X(I_b + I_{CB}) + j(XI_w + R(I_b + I_{CB})) \\
&= U_B + \Delta U_l + j\Delta U_q \\
&= U_B + \Delta\underline{U}_l + \Delta\underline{U}_q
\end{aligned} \tag{6.86}$$

Der Spannungsabfall $\Delta\underline{U}_Z$ lässt sich in einen Spannungsabfall $\Delta\underline{U}_l$ in Längsrichtung und einen Spannungsabfall $\Delta\underline{U}_q$ in Querrichtung zum Zeiger von $\underline{U}_B$ aufteilen. Beachtet man, dass der Blindstrom I_b der Verbraucherlast bei ohmsch-induktiven Lasten negativ ist (siehe Band 1, Abschnitt 5.4), so erkennt man ebenfalls, dass die kapazitiven Ströme den Längs- und Querspannungsabfall in einem solchen Betriebszustand reduzieren. Für den Spannungsbetragsunterschied der beiden Klemmenspannungen („Spannungsfall") ergibt sich:

$$\Delta U = U_A - U_B = \sqrt{(U_B + \Delta U_l)^2 + \Delta U_q^2} - U_B \tag{6.87}$$

Die Spannungswinkeldifferenz der beiden Klemmenspannungen ist der Übertragungswinkel, der im Hinblick auf die Systemstabilität (siehe Band 3, Kapitel 5) kleiner als 30° bleiben sollte:

$$\delta = \varphi_{\text{UA}} - \varphi_{\text{UB}} = \arctan\left(\frac{\Delta U_q}{U_B + \Delta U_l}\right) = \arcsin\left(\frac{\Delta U_q}{U_A}\right) \tag{6.88}$$

Insbesondere für kleine Übertragungswinkel δ gilt:

$$\Delta U_Z \approx \Delta U \approx \Delta U_l \tag{6.89}$$

Für verlustarme Leitungen ($R \ll X$), wie sie in der HS- und HöS-Ebene angenommen werden können, gilt dann weiterhin:

$$\Delta U_Z \approx \Delta U \approx \Delta U_l = -X(I_b + I_{CB}) = X(I\sin\varphi - I_{CB}) \tag{6.90}$$

und:

$$\Delta U_q = U_A \cdot \sin\delta \approx X \cdot I_w = X \cdot I \cdot \cos\varphi \Rightarrow \sin\delta = \frac{X \cdot I \cdot \cos\varphi}{U_A} \tag{6.91}$$

Der Spannungsabfall entsteht in HöS- und HS-Netzen im Wesentlichen durch den Blindstrom und den damit verbundenen Blindleistungstransport, wobei sich der Strom durch die Kondensatoren wie bereits beschrieben reduzierend auswirkt. Eine Vergrößerung des kapazitiven Stromes durch eine parallelgeschaltete Kapazität würde den induktiven Blindstrom weiter kompensieren und den Spannungsabfall weiter verringern (siehe Parallelkompensation in Abschnitt 7.5). Demgegenüber ist der Wirkstrom hauptverantwortlich für die Größe des Übertragungswinkels. Große Wirkleistungsübertragungen führen zu großen Übertragungswinkeln.

In den NS- und MS-Netzen können die Kapazitäten und Ableitwerte gegenüber der Längsimpedanz vernachlässigt werden, wobei die Längsimpedanz typischerweise einen großen ohmschen Widerstand mit $R \geq X$ aufweist. Für Leitungen in diesen Spannungsebenen kann ausgehend von Gl. (6.86) der Spannungsabfall $\Delta \underline{U}_Z$ wie folgt abgeschätzt werden, wobei der Wirk- und der Blindstrom noch entsprechend ihrer Definitionen (siehe Band 1, Abschnitt 5.4) durch die an den Verbraucher abgegebene Wirk- und Blindleistung $\underline{S} = P + jQ = 3\underline{U}_B\underline{I}^*$ ersetzt werden können:

$$\Delta \underline{U}_Z = \Delta U_l + j\Delta U_q \approx RI_w - XI_b + j(XI_w + RI_b) = \frac{1}{3U_B}(RP + XQ + j(XP - RQ)) \tag{6.92}$$

Für kleine Übertragungswinkel kann wieder der Querspannungsabfall ΔU_q vernachlässigt werden:

$$\Delta \underline{U}_Z \approx \Delta U_l = RI_w - XI_b (XI_w + RI_b) = \frac{RP + XQ}{3U_B} \tag{6.93}$$

Man erkennt, dass bei typischen Lasten mit einem Wirk- und Blindleistungsbezug ($P > 0$ und $Q > 0$) ein Spannungsabfall mit einer geringeren Spannung am Leitungsende B gegenüber der am Leitungsende A entsteht. Demgegenüber entsteht bei einer reinen Wirkleistungseinspeisung ($P < 0$ und $Q = 0$), z. B. durch eine Photovoltaik-anlage, ein Spannungsanstieg am Leitungsende B. Diesem kann durch eine Blind-leistungsabnahme ($Q > 0$) an diesem Leitungsende begegnet werden, und der Span-nungsanstieg kann kompensiert werden.

Zu große Spannungsabfälle und zu große Übertragungswinkel können auch durch eine Längskompensation verringert werden (siehe Abschnitt 7.4).

6.7.2 Übertragbare Leistung

Die an den beiden Leitungsenden auf- bzw. abgegebenen Leistungen berechnen sich mit den Vierpolgleichungen aus:

$$
\begin{bmatrix} \underline{S}_A \\ \underline{S}_B \end{bmatrix} = 3 \begin{bmatrix} \underline{U}_A & 0 \\ 0 & \underline{U}_B \end{bmatrix} \begin{bmatrix} \underline{I}_A^* \\ \underline{I}_B^* \end{bmatrix} = 3 \begin{bmatrix} \underline{U}_A & 0 \\ 0 & \underline{U}_B \end{bmatrix} \begin{bmatrix} \underline{Y}_{AA}^* & \underline{Y}_{AB}^* \\ \underline{Y}_{BA}^* & \underline{Y}_{BB}^* \end{bmatrix} \begin{bmatrix} \underline{U}_A^* \\ \underline{U}_B^* \end{bmatrix}
$$

$$
= 3 \begin{bmatrix} \underline{Y}_{AA}^* U_A^2 + \underline{Y}_{AB}^* \underline{U}_A \underline{U}_B^* \\ \underline{Y}_{BB}^* U_B^2 + \underline{Y}_{BA}^* \underline{U}_B \underline{U}_A^* \end{bmatrix}
\tag{6.94}
$$

Mit den Vierpolparametern für die Π-Ersatzschaltung erhält man:

$$
\begin{bmatrix} \underline{S}_A \\ \underline{S}_B \end{bmatrix} = 3 \begin{bmatrix} \left(\dfrac{1}{2}\underline{Y}^* + \underline{Z}^{*-1} \right) U_A^2 - \underline{Z}^{*-1} \underline{U}_A \underline{U}_B^* \\ \left(\dfrac{1}{2}\underline{Y}^* + \underline{Z}^{*-1} \right)^* U_B^2 - \underline{Z}^{*-1} \underline{U}_B \underline{U}_A^* \end{bmatrix}
$$

$$
= 3 \begin{bmatrix} \dfrac{1}{2}(G - j\omega C) U_A^2 + \dfrac{U_A^2 - U_A U_B e^{j\delta}}{R - jX} \\ \dfrac{1}{2}(G - j\omega C) U_B^2 + \dfrac{U_B^2 - U_A U_B e^{-j\delta}}{R - jX} \end{bmatrix}
\tag{6.95}
$$

$$
= 3 \begin{bmatrix} \dfrac{1}{2}Y U_A^2 e^{-j\varphi_Y} + \dfrac{1}{Z}\left(U_A^2 e^{j\varphi_Z} - U_A U_B e^{j(\delta + \varphi_Z)} \right) \\ \dfrac{1}{2}Y U_B^2 e^{-j\varphi_Y} + \dfrac{1}{Z}\left(U_B^2 e^{j\varphi_Z} - U_A U_B e^{-j(\delta - \varphi_Z)} \right) \end{bmatrix}
$$

mit:

$$
\tan \varphi_Z = \frac{1}{\cot \varphi_Z} = \frac{X}{R} \quad \text{und} \quad \tan \varphi_Y = \frac{1}{\cot \varphi_Y} = \frac{\omega C}{G}
\tag{6.96}
$$

und dem Übertragungswinkel δ:

$$
\delta = \delta_A - \delta_B
\tag{6.97}
$$

Bei Vernachlässigung der bei großen Übertragungsleistungen nur geringe Beiträge lie-fernden Querelemente $\underline{Y}$ (siehe Abschnitt 6.6.5) erhält man für die Wirk- und Blindleis-tungen an den Klemmen der Leitung:

$$
\underline{S}_A \approx \frac{U_A^2}{Z} \cos \varphi_Z - \frac{U_A U_B}{Z} \cos (\delta + \varphi_Z) + j \left[\frac{U_A^2}{Z} \sin \varphi_Z - \frac{U_A U_B}{Z} \sin (\delta + \varphi_Z) \right]
\tag{6.98}
$$

$$
\underline{S}_B \approx \frac{U_B^2}{Z} \cos \varphi_Z - \frac{U_A U_B}{Z} \cos (\delta - \varphi_Z) + j \left[\frac{U_B^2}{Z} \sin \varphi_Z + \frac{U_A U_B}{Z} \sin (\delta - \varphi_Z) \right]
\tag{6.99}
$$

Für HS- und HöS-Leitungen kann noch der ohmsche Widerstandsbelag vernachlässigt werden. Mit $R' \approx 0$ folgt $\varphi_Z = \pi/2$ und damit:

$$\underline{S}_A = \frac{U_A U_B}{X} \sin\delta + j\left[\frac{U_A^2}{X} - \frac{U_A U_B}{X} \cos\delta\right] \qquad (6.100)$$

$$\underline{S}_B = -\frac{U_A U_B}{X} \sin\delta + j\left[\frac{U_B^2}{X} - \frac{U_A U_B}{X} \cos\delta\right] \qquad (6.101)$$

Die vom Leitungsende A zum Leitungsende B transportierte Wirkleistung beträgt dann:

$$P_{AB} = \frac{U_A U_B}{X} \sin\delta = \frac{U_A U_B}{X' \cdot l} \sin(\delta_A - \delta_B) \qquad (6.102)$$

6.7.3 Verluste und Blindleistungsbedarf

Aus der Addition der beiden Klemmenleistungen in Gl. (6.95) ergeben sich die Verluste P_V und der Blindleitungsbedarf Q_V der Leitung:

$$
\begin{aligned}
\underline{S}_V = P_V + jQ_V &= \underline{S}_A + \underline{S}_B \\
&= 3\left[\frac{1}{2}Y \cdot e^{-j\varphi_Y}\left(U_A^2 + U_B^2\right) + \frac{1}{Z \cdot e^{-j\varphi_Z}}\left(U_A^2 + U_B^2 - \underline{U}_A \underline{U}_B^* - \underline{U}_A^* \underline{U}_B\right)\right] \\
&= 3\left[\frac{1}{2}\underline{Y}^*\left(U_A^2 + U_B^2\right) + \frac{1}{\underline{Z}^*}\left(\underline{U}_A - \underline{U}_B\right)\left(\underline{U}_A^* - \underline{U}_B^*\right)\right] \\
&= 3\left[\frac{1}{2}\underline{Y}^*\left(U_A^2 + U_B^2\right) + \underline{Z} \cdot I_\lambda^2\right] \\
&= 3\left[\frac{1}{2}G'\left(U_A^2 + U_B^2\right) + R' \cdot I_\lambda^2 + j\left(X' \cdot I_\lambda^2 - \frac{1}{2}\omega C'\left(U_A^2 + U_B^2\right)\right)\right]l
\end{aligned}
\qquad (6.103)
$$

Die Verluste setzen sich aus einem belastungsabhängigen Anteil, der die quadratisch vom Strom abhängigen Stromwärmeanteile umfasst, und einem quadratisch von den Klemmenspannungen abhängigen Anteil, der bei nahezu gleichbleibenden Spannungen als näherungsweise konstant angesehen werden kann, zusammen.

Entsprechende strom- und spannungsabhängige Anteile sind auch beim Blindleistungsbedarf festzustellen, wobei der induktive, quadratisch vom Übertragungsstrom abhängige Blindleistungsbedarf der Leitungsreaktanz je nach Betriebszustand den quadratisch von der Spannung abhängigen kapazitiven Blindleistungsbedarf der Leitungskapazitäten nur teilweise (unternatürlicher Betrieb), vollständig (natürlicher Betrieb (siehe Abschnitt 6.7.4) bei einer verlustlosen Leitung) oder auch überkompensieren (übernatürlicher Betrieb) kann (siehe Abbildung 6.70 für eine verlustlose und eine verlustarme HöS-Freileitung).

In Abbildung 6.71 sind beispielhaft der Blindleistungsbedarf und das Verhältnis der Spannungen am Leitungsanfang und Leitungsende in Abhängigkeit von der übertragenen Wirkleistung bei einem Verschiebungsfaktor $\cos\varphi_B = 1$ am Leitungsende B

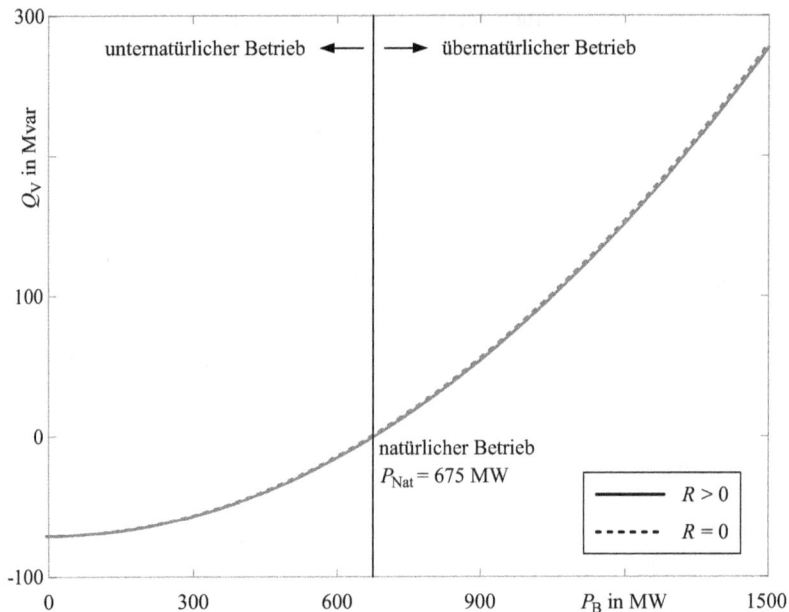

Abb. 6.70: Blindleistungsbedarf der Leitung in Abhängigkeit von der Wirkleistung

für eine verlustlose und eine verlustarme HöS-Freileitung dargestellt. Im übernatürlichen Betrieb überwiegt der induktive Blindleistungsbedarf der Leitung. Es entsteht ein induktiver Längsspannungsabfall, der die Spannung am Leitungsende B kleiner als die Spannung am Leitungsende A mit zunehmender Wirkleistungsübertragung werden lässt. Im unternatürlichen Betrieb gibt die Leitung Blindleistung ab, wodurch die Spannung am Leitungsende B größer als die Spannung am Leitungsende A wird (Ferranti-Effekt, siehe Abschnitt 6.7.5).

6.7.4 Natürlicher Betrieb (Anpassung)

Der sogenannte natürliche Betrieb einer Leitung liegt vor, wenn die Leitung mit ihrer Wellenimpedanz abgeschlossen wird. Man spricht dann auch von einer Leitungsanpassung:

$$\underline{U}_B = -\underline{Z}_W \cdot \underline{I}_B \tag{6.104}$$

Für die Spannungen und Ströme entlang der Leitung gilt mit Gl. (6.11):

$$
\begin{bmatrix} \underline{U}(x) \\ \underline{I}(x) \end{bmatrix} =
\begin{bmatrix} \cosh\left(\underline{\gamma}\,(l-x)\right) & -\underline{Z}_W \sinh\left(\underline{\gamma}\,(l-x)\right) \\ \underline{Y}_W \sinh\left(\underline{\gamma}\,(l-x)\right) & -\cosh\left(\underline{\gamma}\,(l-x)\right) \end{bmatrix}
\begin{bmatrix} \underline{U}_B \\ -\underline{Y}_W \underline{U}_B \end{bmatrix}
$$
$$
= \begin{bmatrix} \cosh\left(\underline{\gamma}\,(l-x)\right) + \sinh\left(\underline{\gamma}\,(l-x)\right) \\ \underline{Y}_W \cosh\left(\underline{\gamma}\,(l-x)\right) + \underline{Y}_W \sinh\left(\underline{\gamma}\,(l-x)\right) \end{bmatrix} \underline{U}_B =
\begin{bmatrix} e^{\underline{\gamma}(l-x)} \\ \underline{Y}_W e^{\underline{\gamma}(l-x)} \end{bmatrix} \underline{U}_B \tag{6.105}
$$

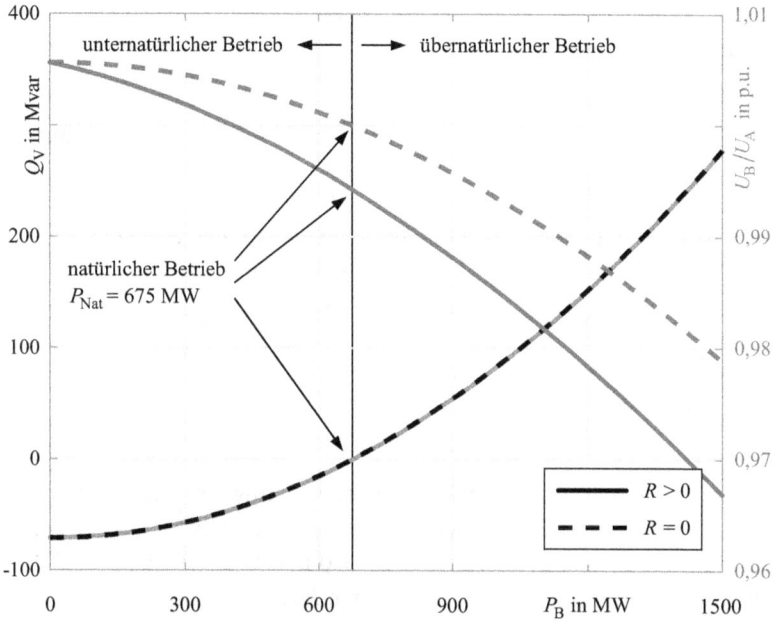

Abb. 6.71: Blindleistungsbedarf und Spannungsverhältnis Leitungsanfang und Leitungsende der Leitung in Abhängigkeit von der übertragenen Wirkleistung bei einem Verschiebungsfaktor $\cos \varphi_B = 1$ am Leitungsende B

und damit:

$$\underline{U}(x) = e^{\underline{\gamma}(l-x)}\underline{U}_B = e^{\alpha(l-x)} \cdot e^{j\beta(l-x)}\underline{U}_B$$
$$\underline{I}(x) = \underline{Y}_w e^{\underline{\gamma}(l-x)}\underline{U}_B = \underline{Y}_w e^{\alpha(l-x)} \cdot e^{j\beta(l-x)}\underline{U}_B \tag{6.106}$$

Der Quotient von Spannung und Strom an einem beliebigen Ort x entlang der Leitung liefert wieder die Wellenimpedanz:

$$\frac{\underline{U}(x)}{\underline{I}(x)} = \frac{1}{\underline{Y}_w} = \underline{Z}_w \tag{6.107}$$

Entlang der Leitung bleibt dieses Verhältnis konstant, es tritt keine Reflexion am Leitungsende auf, und Spannung und Strom weisen eine konstante Phasenverschiebung zueinander auf. Es wird in einem solchen Betriebszustand die Natürliche Leistung $\underline{S}_{Nat}$ an die angeschlossene Wellenimpedanz übertragen:

$$\underline{S}_{Nat} = P_{Nat} + jQ_{Nat} = 3\underline{U}_B \cdot (-\underline{I}_B^*) = 3\frac{U_B^2}{\underline{Z}_w^*} \tag{6.108}$$

Sie ist von der Betriebsspannung und über die Wellenimpedanz auch von der Geometrie der Leitung und der Anzahl und dem Abstand der Bündelleiter abhängig. Da die Wellenimpedanz für die verlustarme Leitung auch einen kleinen kapazitiven Anteil aufweist (siehe Abschnitt 6.4.3), ist die Natürliche Leistung keine reine Wirkleistung, sondern ist eine komplexe Leistung, die ebenfalls einen kleinen kapazitiven Anteil aufweist, der aber, wie der kapazitive Anteil der Wellenimpedanz, für Leitungen der HS- und HöS-Ebene vernachlässigt werden kann. Die Natürliche Leistung ist dann eine reine Wirkleistung:

$$\underline{S}_{\text{Nat}} \approx P_{\text{Nat}} = 3\frac{U_B^2}{Z_w} = 3\frac{U_B^2}{\sqrt{\dfrac{L'}{C'}}} \tag{6.109}$$

Für die an den Leistungsenden aufgenommenen Scheinleistungen und den Scheinleistungsbedarf der Leitung ergibt sich mit Gl. (6.107):

$$\begin{bmatrix} \underline{S}_A \\ \underline{S}_B \end{bmatrix} = 3\begin{bmatrix} \underline{U}_A \underline{I}_A^* \\ \underline{U}_B \underline{I}_B^* \end{bmatrix} = 3\begin{bmatrix} \underline{U}_B e^{\underline{\gamma}l}\underline{Y}_w^*\underline{U}_B^* e^{\underline{\gamma}^*l} \\ -\underline{U}_B\underline{Y}_w^*\underline{U}_B^* \end{bmatrix} = 3\begin{bmatrix} \underline{Y}_w^* U_B^2 e^{2\alpha l} \\ -\underline{Y}_w^* U_B^2 \end{bmatrix} \tag{6.110}$$

und (vgl. Gl. (6.104)):

$$\underline{S}_V = \underline{S}_A + \underline{S}_B = 3\underline{Y}_w^* U_B^2 \left(e^{2\alpha l} - 1\right) \tag{6.111}$$

Typische Werte für die Größenordnung der Natürlichen Leistung für Freileitungen und Kabel in den unterschiedlichen Spannungenebenen sind in Tabelle 6.7 angegeben.

Insbesondere für die verlustlose Leitung mit $R' = 0$ und $G' = 0$ bleiben die Beträge der Spannungen $U(x)$ und die Beträge der Ströme $I(x)$ entlang der Leitung konstant (vgl. Gl. (6.107) mit $\alpha = 0$). Die Spannungen und Ströme am Ort x sind in Phase ($\underline{Z}_W = Z_W$), und es wird nur Wirkleistung übertragen. Der Leitung muss keine Blindleistung zugeführt werden, ihr Blindleistungshaushalt ist ausgeglichen (siehe Abbildung 6.70). Die Spannungen und Ströme erfahren entlang der Leitung nur eine für beide gleiche Phasendrehung (vgl. Gl. (6.107)) entsprechend dem Faktor $\beta\,(l - x)$. Bei verlustarmen Leitungen ist der Spannungsfall entlang der Leitung im Natürlichen Betrieb ebenfalls gering, wodurch dieser Betriebspunkt insbesondere bei langen Leitungen angestrebt wird. Des Weiteren wird der Übertragungswirkungsgrad der Leitung als Verhältnis der eingespeisten zur abgenommenen Leistung bei einer verlustlosen Leitung im Natürlichen Betrieb maximal. Bei einer verlustarmen Leitung weicht der Übertragungswirkungsgrad nur geringfügig vom maximalen Wert ab. Des Weiteren kann dann gezeigt werden, dass der Leitung an den Leitungsenden keine Blindleistung zugeführt werden muss und dass sie ihren Blindleistungshaushalt aus sich heraus decken kann.

Für die verlustlose Leitung ($\alpha = 0$) kann dies anhand von Gl. (6.112) oder auch mit Gl. (6.104) für die Π-Ersatzschaltung mit $U_A = U_B$ und $I_\lambda \approx -I_B = Y_W U_B$ ebenfalls gezeigt werden:

$$\underline{S}_V = \text{j}3\left[X'I_\lambda^2 - \frac{1}{2}\omega C'\left(U_A^2 + U_B^2\right)\right]l = \text{j}3\left[X'\left(\sqrt{\frac{C'}{L'}}U_B\right)^2 - \omega C'U_B^2\right]l = 0 \tag{6.112}$$

Wird eine Leistung $P_B < P_{\text{Nat}}$ (unternatürlicher Betrieb) übertragen, so benötigt die Leitung negative Blindleistung, d. h. sie wirkt nach außen wie ein Kondensator. Bei einer Wirkleistungsübertragung $P_B > P_{\text{Nat}}$ (übernatürlicher Betrieb) benötigt die Leitung (positive) Blindleistung. Sie wirkt nach außen wie eine Reaktanz.

Das Zeigerbild für den Natürlichen Betrieb in Abbildung 6.72 soll die beschriebenen Zusammenhänge mit Hilfe der Π-Ersatzschaltung für die verlustlose Leitung verdeutlichen.

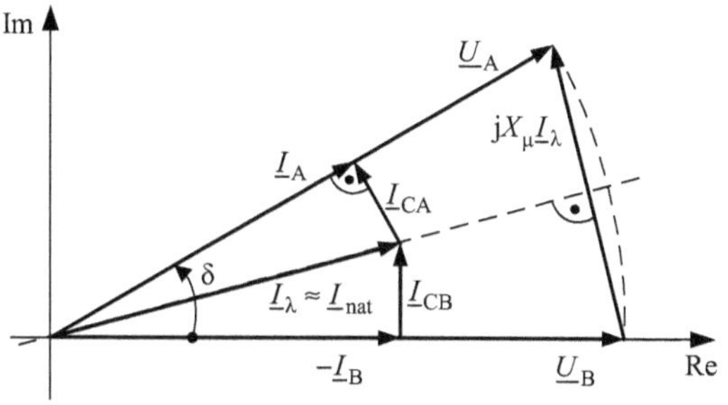

Abb. 6.72: Zeigerbild für den Natürlichen Betrieb für die Π-Ersatzschaltung der verlustlosen Leitung

Die Spannung $\underline{U}_B$ und der Strom $-\underline{I}_B$ am mit der Wellenimpedanz $\underline{Z}_W = Z_W$ abgeschlossenen Leitungsende B sind in Phase. Mit Hilfe der Spannung $\underline{U}_B$ lässt sich der Strom $\underline{I}_{CB}$ durch den Kondensator am Leitungsende B und anschließend der Strom $\underline{I}_\lambda$ mit Hilfe von $\underline{I}_B$ konstruieren. Daraus ergeben sich der Längsspannungsabfall und mit Hilfe des Maschensatzes auch die Spannung $\underline{U}_A$ am Leitungsende A. Dabei wird ausgenutzt, dass sich die Beträge der Spannungen an den beiden Leitungsenden nicht unterscheiden ($U_A = U_B$, siehe auch Abbildung 6.71), womit die Länge des Spannungszeigers U_A vorgegeben ist. Mit der Spannung $\underline{U}_A$ errechnet sich der Strom $\underline{I}_{CA}$ und anschließend mit $\underline{I}_\lambda$ der Strom $\underline{I}_A$ am Leitungsende A (vgl. Konstruktion von Zeigerbildern in Band 1, Abschnitt 5.4).

Dieser Strom und die Klemmenspannung $\underline{U}_A$ liegen wieder in Phase zueinander. Der Betrieb einer Leitung mit ihrer Natürlichen Leistung wird zwar angestrebt, es ist aber im praktischen Netzbetrieb nicht möglich, die Verbraucher so zu beeinflussen, dass die Natürliche Leistung abgenommen wird. Mit Hilfe der Blindleistungskompensation (siehe Abschnitt 7.2) kann die Wellenimpedanz der Leitung künstlich verändert und damit in Grenzen die Natürliche Leistung der Leitung an die abgenommene Leistung nachgeführt werden.

Konstruktiv kann die Natürliche Leistung vergrößert werden, indem die Wellenimpedanz verkleinert wird. Mit Blick auf Gl. (6.41) wird deutlich, dass die Verwendung von Bündelleitern (r_B groß) diese Möglichkeit bietet.

6.7.5 Leerlaufende Leitung, Ladestrom und Ferranti-Effekt

Das Betriebsverhalten einer leerlaufenden Leitung soll mit Hilfe der Π-Ersatzschaltung in Abbildung 6.65 und des damit konstruierten Zeigerbilds in Abbildung 6.73 erläutert werden.

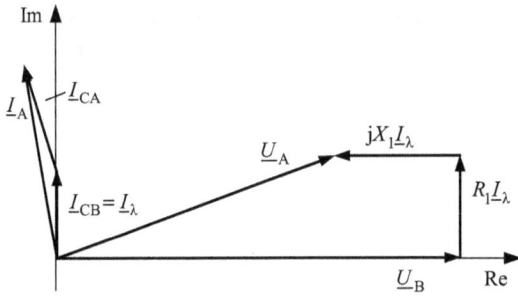

Abb. 6.73: Zeigerbild der leerlaufenden Leitung

Mit $\underline{I}_B = -\underline{I} = 0$ folgt durch Vorgabe der Spannung $\underline{U}_B$ am leerlaufenden Leitungsende die Bestimmung des Stromes $\underline{I}_{CB} = \underline{I}_\lambda$. Die Kenntnis von $\underline{I}_\lambda$ ermöglicht die Konstruktion des Längsspannungsabfalls und daran anschließend die Konstruktion der Klemmenspannung $\underline{U}_A$ am Leitungsende A. Damit können die Ströme $\underline{I}_{CA}$ und $\underline{I}_A = \underline{I}_{CA} + \underline{I}_\lambda$ bestimmt werden.

Man kann das Folgende aus Abbildung 6.73 ablesen:

– Es ist eine Spannungserhöhung am leerlaufenden Leitungsende festzustellen: $U_B > U_A$, die nach dem englischen Elektroingenieur Ferranti (1864–1930) als Ferranti-Effekt bezeichnet wird (siehe auch unternatürlicher Betrieb in Abbildung 6.71). Sie kann auch mit der Lösung der Leitungsgleichungen in Gl. (6.76) berechnet werden.

$$\underline{U}_B = \frac{1}{\cosh(\underline{\gamma}l)}\underline{U}_A \approx \frac{1}{\cos(\omega\sqrt{L'C'}l)}\underline{U}_A \tag{6.113}$$

In Abbildung 6.74 sind für typische HS- und HöS-Leitungen die relativen Spannungserhöhungen am leerlaufenden Leitungsende in Abhängigkeit von der Leitungslänge l dargestellt.

– Der Leitung fließt auch im leerlaufenden Zustand am Leitungsende A ein Strom zu, der als (kapazitiver) Ladestrom bzw. Leerlaufstrom bezeichnet wird. Er berechnet sich aus (siehe Gl. (6.75) für $\underline{I}_B = 0$ und Abbildung 6.73):

$$\underline{I}_L = \underline{I}_A = \underline{I}_C = \underline{Y}_w \sinh(\underline{\gamma}l)\underline{U}_B = \underline{Y}_w \tanh(\underline{\gamma}l)\underline{U}_A$$
$$\approx \underline{I}_{CA} + \underline{I}_{CB} = j\omega C_1 \frac{1}{2}(\underline{U}_A + \underline{U}_B) \tag{6.114}$$

Nimmt man weiterhin an, dass die beiden Klemmspannungen näherungsweise der Netznennspannung entsprechen, so erhält man für den Ladestrom:

$$I_L = I_A = I_C \approx \omega C_1' l\frac{U_{nN}}{\sqrt{3}} \tag{6.115}$$

Daraus ergibt sich eine (kapazitive) Ladeleistung von:

$$Q_C = \sqrt{3}U_A I_C = \sqrt{3}U_{nN}I_C = \omega C_1' l U_{nN}^2 \tag{6.116}$$

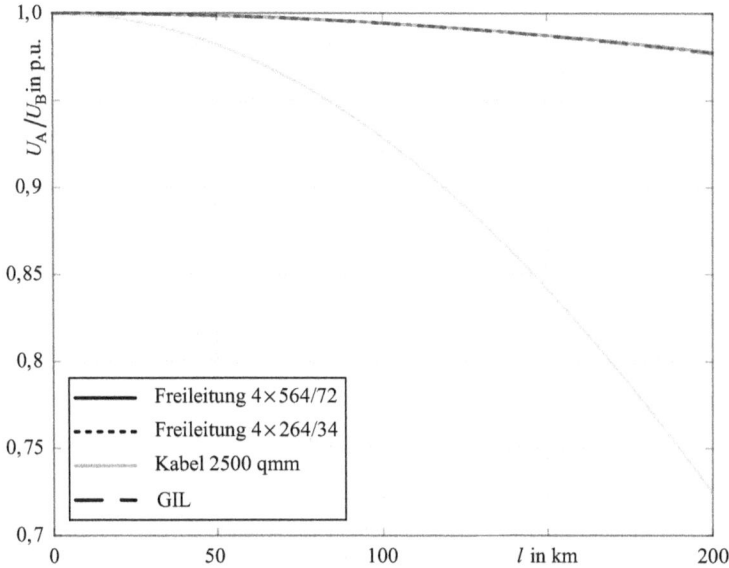

Abb. 6.74: Relative Spannungserhöhungen an leerlaufenden Leitungsenden in Abhängigkeit von der Leitungslänge *l*

In Tabelle 6.7 sind die Größenordnungen der längenbezogenen Ladeströme und Ladeleistungen für typische Freileitungen und Kabel der MS- bis HöS-Ebene angegeben. Abbildung 6.75 zeigt für typische HS- und HöS-Leitungen den bezogenen Ladestrom in Abhängigkeit von der Leitungslänge *l*.

6.7.6 Kurzgeschlossene Leitung

Das Betriebsverhalten einer am Leitungsende B kurzgeschlossenen Leitung ($\underline{U}_B = 0$) wird ebenfalls mit der Π-Ersatzschaltung in Abbildung 6.65 und dem Zeigerbild in Abbildung 6.76 erläutert.

Die Konstruktion des Zeigerbildes erfolgt ausgehend vom Kurzschlussstrom $\underline{I}_k = -\underline{I}_B = \underline{I}_\lambda$ am Leitungsende B. Damit lässt sich der Spannungsabfall über der Längsreaktanz und die Klemmenspannung $\underline{U}_A$ bestimmen. Die Teilspannungsabfälle über dem ohmschen Widerstand und der Reaktanz der Leitung bilden einen Thaleskreis (siehe Konstruktion von Zeigerbildern in Band 1, Abschnitt 5.4), in dem der Zeiger $\underline{U}_A$ die Grundlinie bildet. Bei vorgegebener Spannung $\underline{U}_A$ lässt sich somit auf die Größe des Kurzschlussstromes $\underline{I}_k = -\underline{I}_B$ schließen. Rechnerisch erhält man aus Gl. (6.76):

$$\underline{I}_B = -\frac{1}{\sinh\left(\underline{\gamma}l\right)}\underline{Y}_w\underline{U}_A \approx -\frac{1}{\sin\left(\omega\sqrt{L'C'}l\right)}\sqrt{\frac{C'}{L'}}\cdot\underline{U}_A \qquad (6.117)$$

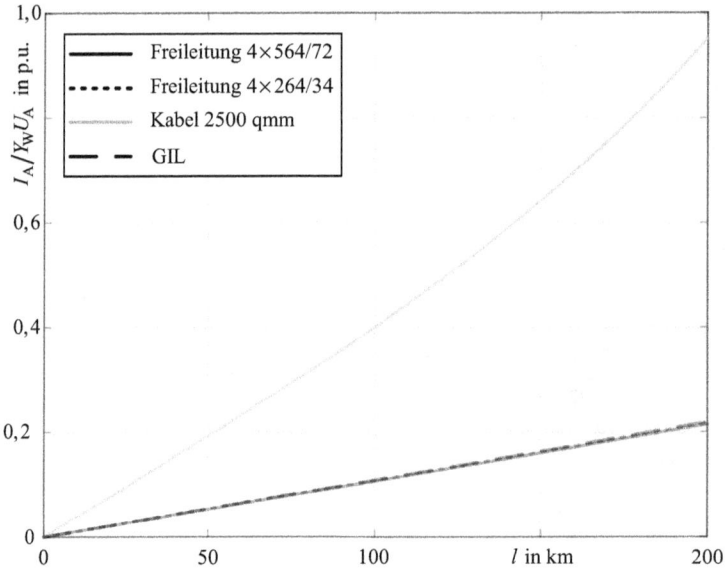

Abb. 6.75: Bezogener Ladestrom in Abhängigkeit von der Leitungslänge l

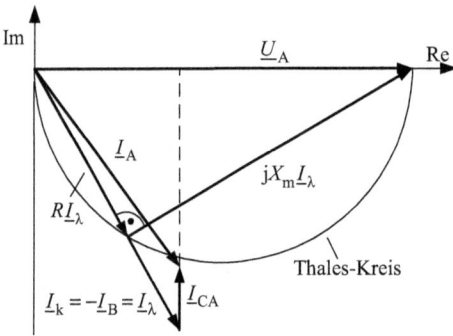

Abb. 6.76: Zeigerbild der am Leitungsende B kurzgeschlossenen Leitung

7 Drosselspulen, Kondensatoren und Kompensation

Drosselspulen und Kondensatoren werden in Energieversorgungsnetzen als Reihendrosselspulen und -kondensatoren und als Paralleldrosselspulen und -kondensatoren eingesetzt und kompensieren damit kapazitive bzw. induktive Ströme und Blindleistungen oder werden zur gezielten Beeinflussung der Größe der Reaktanzen und damit der Leistungsflüsse, der Höhe der Kurzschlussströme und der Stabilität eingesetzt.

7.1 Reihendrosselspule zur Begrenzung von Kurzschlussströmen

Reihendrosselspulen werden zur Begrenzung von Kurzschlussströmen eingesetzt. Dies wird z. B. dann erforderlich, wenn die Kurzschlussströme oder die Kurzschlussleistungen aufgrund des Zubaus von Erzeugungsanlagen im überlagerten Netz oder aufgrund einer weiteren Vermaschung gestiegen sind und die Schaltanlagen (siehe Abbildung 7.1a) etc. nicht mehr für das gestiegene Kurzschlussstromniveau ausgelegt sind und damit die Anforderungen an eine ausreichende thermische und mechanische Kurzschlussfestigkeit (siehe Band 3, Kapitel 7) nicht mehr erfüllen. Die einfachste und günstigste Lösung wäre eine Sammelschienentrennung auf der Unterspannungsseite (siehe Abbildung 7.1b), wodurch ein Kurzschluss im unterlagerten Netz nur noch über einen Transformator gespeist werden würde. Diese Maßnahme hat aber den Nachteil, dass bei Ausfall eines der beiden Transformatoren ein Teil des unterlagerten Netzes spannungslos werden würde. Dieser Nachteil lässt sich zum Teil durch den Einbau einer Kurzschlussstrombegrenzungsdrosselspule beseitigen (siehe Abbildung 7.1c). Durch die Größe der Impedanz dieser Reihendrosselspule lässt sich die Höhe des Kurzschlussstrombeitrags über den zweiten Transformator begrenzen. Allerdings weist die Kurzschlussstrombegrenzungsdrosselspule im normalen Betrieb Verluste auf. Diese Verluste können vermieden werden, wenn parallel zur Kurzschlussstrombegrenzungsdrosselspule z. B. ein I_S-Begrenzer (siehe Band 1, Abschnitt 17.6) parallel geschaltet wird (siehe Abbildung 7.1d). Im normalen Betrieb fließt der Strom verlustarm über den I_S-Begrenzer. Im Kurzschlussfall löst der I_S-Begrenzer aus, und der Strom kommutiert auf die Kurzschlussstrombegrenzungsspule und wird durch diese dann auf einen zulässigen Wert begrenzt. Der Fehler kann anschließend konzeptgemäß durch den Schutz selektiv geklärt werden. Kurzschlussstrombegrenzungsdrosselspulen werden üblicherweise als Luftdrosselspulen ohne Eisenkern ausgeführt.

Reihendrosselspulen liegen an beiden Anschlussklemmen an Spannung und müssen deswegen auch gegenüber dem Nullpotential isoliert aufgestellt werden (siehe Abbildung 7.2).

https://doi.org/10.1515/9783110548600-007

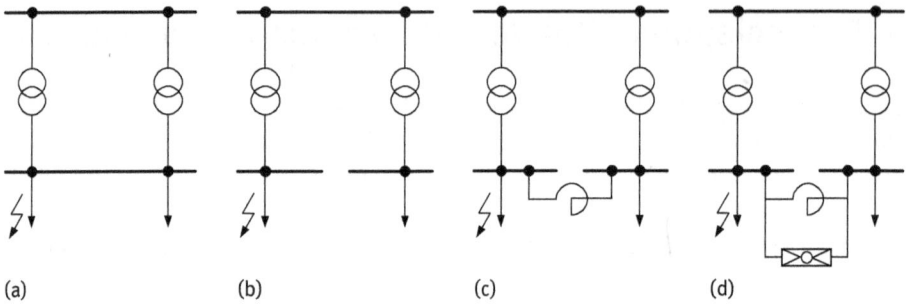

(a) (b) (c) (d)

Abb. 7.1: Mittelspannungseinspeisung mit zwei parallelen Transformatoren (a), Begrenzung von Kurzschlussströmen durch Sammelschienentrennung (b), durch eine Kurzschlussstrombegrenzungsspule (c) und durch eine Kurzschlussstrombegrenzungsspule mit einem parallelen I_S-Begrenzer (d)

Abb. 7.2: Reihendrosselspule Konverterplattform BorWin Beta, Quelle: TenneT TSO GmbH

7.2 Paralleldrosselspule zur Ladestromkompensation

Paralleldrosselspulen werden zur Ladestromkompensation von langen Leitungen und insbesondere zur Ladestromkompensation von HS- und HöS-Kabeln eingesetzt (siehe Abbildung 7.3).

Sie stellen am Anfang und Ende oder auch bei längeren Kabeltrassen nach regelmäßigen Kabelabschnitten Kompensationsblindleistung zur Kompensation der Ladeströme (siehe Abschnitt 6.7.5) bereit. Dadurch fließen nicht mehr an den beiden Enden die vollständigen Ladeströme der Leitung zu, sondern können zu einem Teil an den Kompensationsstellen der Leitung zugeführt werden, wodurch die Leitungsbelastung abnimmt und das Spannungsprofil vergleichmäßigt wird.

Abb. 7.3: 3-phasige 400-kV-Kompensationsdrosselspule mit einem Laststufenschalter mit 33 Anzapfungen für einen Leistungbereich von 50 bis 250 Mvar, Quelle: Siemens AG

Für eine vereinfachte, qualitative Betrachtung dienen Abbildung 7.4 und die Annahme einer verlustlosen Leitung mit $|yl| \ll 1$. Mit dieser Annahme ist mit Gl. (6.79) der auf der Leitung fließende Strom $\underline{I}(x)$ linear vom Ort x abhängig.

Der Ladestrom $\underline{I}_L$ ist entsprechend Abschnitt 6.7.5 vom Kapazitätsbelag C', der Leitungslänge l und der anliegenden Spannung $\underline{U}$ abhängig. Bei einer leerlaufenden nicht kompensierten Leitung muss dieser Ladestrom einseitig in die Leitung fließen, wodurch, vereinfachend und bildlich dargestellt, an diesem Leistungsende der für einen zusätzlichen Energietransport verfügbare Leitungsquerschnitt eingeschränkt wird. Der entlang der Leitung fließende Ladestrom ist in Abbildung 7.4a für diesen Fall dargestellt. Der noch für einen Energietransport verfügbare Transportstrom berechnet sich aus:

$$I_{\text{Transport}} = \sqrt{I_{\text{zul}}^2 - I_L^2} = \sqrt{I_{\text{zul}}^2 - (\omega C' l U)^2} \tag{7.1}$$

I_{zul} ist der maximal thermisch zulässige Strom der Leitung.

Wird die Leitung beidseitig kompensiert, so wird der Ladestrom beidseitig zugeführt, wodurch der für den Energietransport zur Verfügung stehende Leitungsquerschnitt gegenüber dem Fall ohne Kompensation vergrößert wird, da von jeder Seite näherungsweise nur der halbe Ladestrom zufließt. Der entlang der Leitung fließende

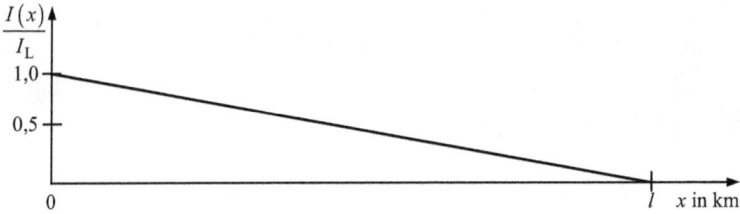

(a)

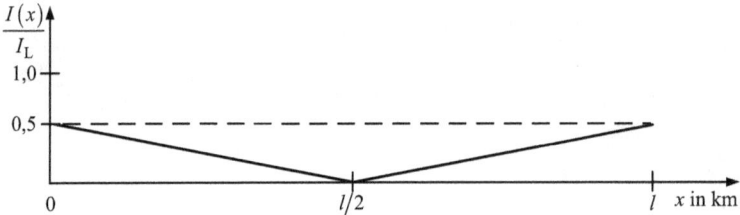

(b)

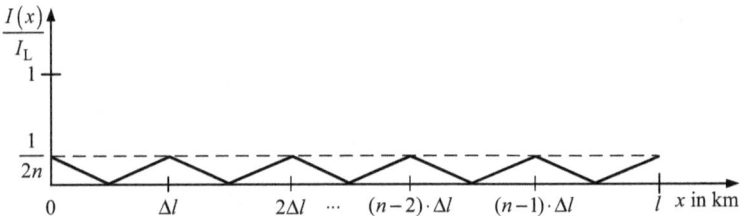

(c)

Abb. 7.4: Verlauf des Betrags des Ladestroms entlang (a) einer leerlaufenden, nicht kompensierten Leitung, (b) einer an beiden Enden kompensierten Leitung und (c) einer in regelmäßigen Abständen kompensierten Leitung

Ladestrom ist in Abbildung 7.4b abgebildet. Es gilt für den maximal möglichen Transportstrom:

$$I_{\text{Transport}} = \sqrt{I_{\text{zul}}^2 - \left(\frac{I_L}{2}\right)^2} = \sqrt{I_{\text{zul}}^2 - \left(\frac{1}{2}\omega C' l U\right)^2} \tag{7.2}$$

Wird die Leitung dagegen in n Teilstücke aufgeteilt und am Anfang und Ende jedes Teilstücks der für das Teilstück erforderliche Ladestrom beidseitig zugeführt (siehe Ladestromverlauf in Abbildung 7.4c), so wird der für den Energietransport verfügbare Leitungsquerschnitt weiter vergrößert. Es gilt für den maximal möglichen Transportstrom:

$$I_{\text{Transport}} = \sqrt{I_{\text{zul}}^2 - \left(\frac{I_L}{2n}\right)^2} = \sqrt{I_{\text{zul}}^2 - \left(\frac{1}{2n}\omega C' l U\right)^2} \tag{7.3}$$

7.3 Sternpunktdrosselspule zur Sternpunkterdung

Eine weitere Anwendung von Drosselspulen erfolgt einphasig bei der Erdung von Sternpunkten von z. B. Transformatoren (siehe Kapitel 5 und Band 3, Kapitel 8). Sie werden dort im Rahmen der niederohmigen Sternpunkterdung als eisenlose Luftdrosselspulen (siehe Abbildung 7.5) oder bei der sogenannten Resonanzsternpunkterdung als Erdschlusslöschspule mit einem Eisenkern mit einem variablen Luftspalt (Tauchkernspulen, siehe Abbildung 7.6) eingesetzt. Mit dem variablen Luftspalt kann der sogenannte Verstimmungsgrad v eingestellt werden (siehe Band 3, Abschnitt 8.5).

Abb. 7.5: Sternpunktdrosselspule für die niederohmige Sternpunkterdung, Bauart: Trockentyp, ohne Eisenkern mit Anzapfungen (30/40/60 Ω) in Freiluftaufstellung, I_r = 50 A, U_m = 72,5 kV, (Anmerkung: auf dem Bild ist die Spule noch nicht angeschlossen und es fehlt die Blitzfangstange), Quelle: Stromnetz Berlin GmbH

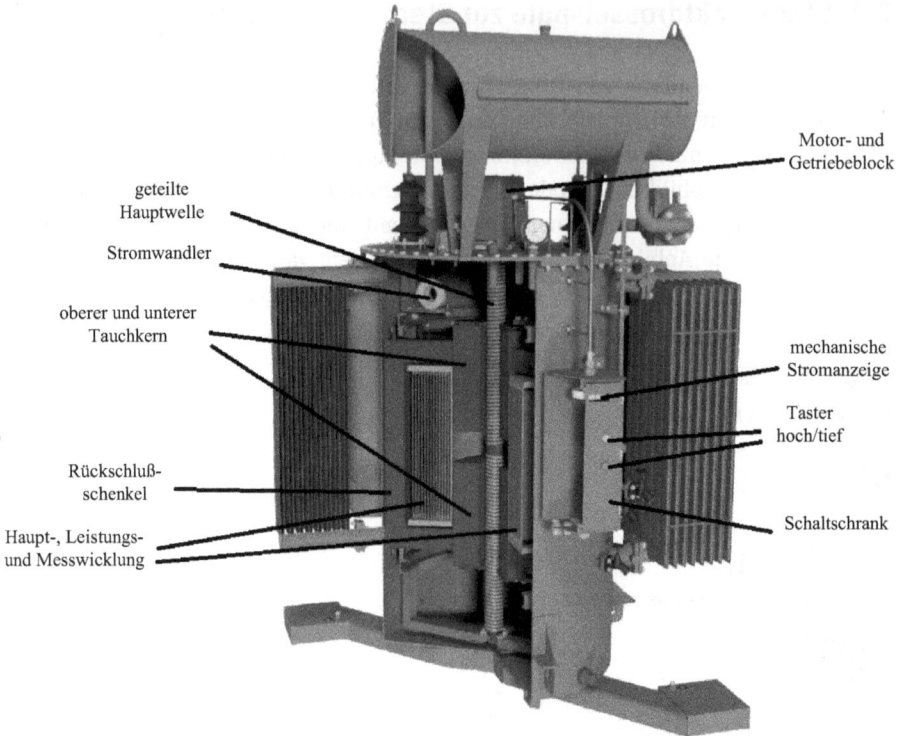

Abb. 7.6: Erdschlusslöschspule (Petersen-Spule) als Tauchkernspule mit einem einstellbaren Eisenkern (Tauchkern), Quelle: EGE Deutschland GmbH

7.4 Reihenkondensator zur Spannungs- und Stabilitätsverbesserung

Reihenkondensatoren erfüllen in den verschiedenen Spannungsebenen unterschiedliche Aufgaben. Beim Einsatz in der Mittelspannungsebene werden sie zur Verbesserung des Spannungsbetrages und beim Einsatz in der Höchstspannungsebene zur Verbesserung der Spannungswinkel und damit zur Stabilitätsverbesserung verwendet.

Die grundsätzlichen Zusammenhänge sollen mit der beispielhaften Anordnung in Abbildung 7.7 erläutert werden, bei der eine Verbraucherlast über eine Leitung versorgt wird. Die Verbraucherlast wird durch den Abnahmestrom $\underline{I}$ und ihren Verschiebungsfaktor $\cos \varphi$ beschrieben. Die Leitung wird durch ihre vereinfachte Ersatzschaltung mit einer einfachen Längsimpedanz (siehe Abschnitt 6.6.5) nachgebildet.

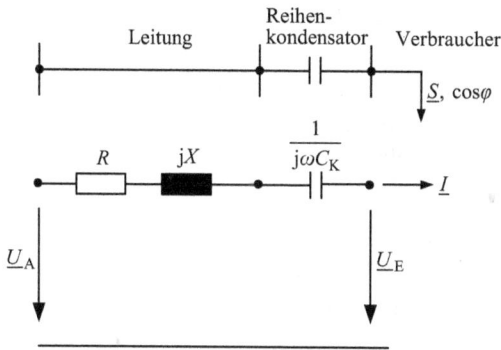

Abb. 7.7: Kompensation mit Reihenkondensator zur Spannungs- und
Stabilitätsverbesserung

7.4.1 Einsatz im Mittelspannungsnetz zur Spannungsbetragsverbesserung

In den Mittelspannungsnetzen kann es zu Spannungshaltungsproblemen kommen. Dies liegt zum einen an dem R/X-Verhältnis der Mittelspannungsleitungen, das nahe eins ($R/X \geq 1$) liegen kann, mit entsprechend hohen Spannungsabfällen über den Widerständen und Reaktanzen. Zum anderen sind die Verbraucherlasten in der Regel nicht ausreichend kompensiert, wodurch vergleichsweise schlechte Verschiebungs-faktoren $\cos\varphi$ an den Abnahmeknoten mit großen Phasenverschiebungen zwischen den Spannungen und Strömen auftreten. Abbildung 7.8 zeigt das Zeigerbild für die Versorgung einer Last über eine Leitung entsprechend Abbildung 7.7. Man erkennt, dass ohne Reihenkompensation (oberer Index „ohne C") die Spannungsabfälle über dem Widerstand und der Reaktanz der Leitung annähernd gleich groß sind und dass der Betrag der Spannung $\underline{U}_E$ am Leitungsende E deutlich geringer als der Betrag der Spannung am Leitungsanfang $\underline{U}_A^{\text{ohne C}}$ ist. Der Übertragungswinkel $\delta^{\text{ohne C}}$ als Winkel-differenz der Spannungen an den beiden Leitungsenden ist vergleichsweise klein.

Durch den Reihenkondensator kann der Betragsunterschied der beiden Spannun-gen deutlich reduziert und im Idealfall auf den Wert null kompensiert werden (siehe Abbildung 7.8). Der Betrag der Spannung $\underline{U}_E$ am Leitungsende E ist näherungsweise

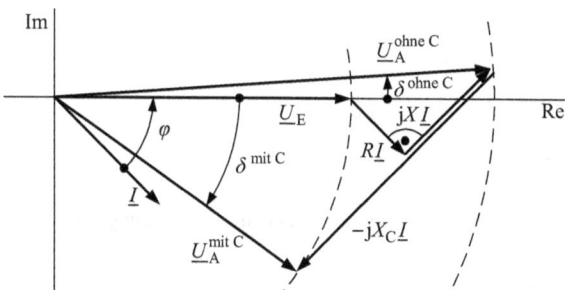

Abb. 7.8: Einsatz von Reihenkondensatoren in der Mittelspannungsebene zur Spannungsverbesserung

gleich groß wie der Betrag der Spannung $\underline{U}_A^{\text{mit}\,C}$ am Leitungsanfang A. Der Übertragungswinkel $\delta^{\text{mit}\,C}$ ist allerdings deutlich angestiegen und hat auch sein Vorzeichen geändert. Die Größe der Kompensation kann dabei durch den sogenannten Kompensationsgrad k ausgedrückt werden. Er gibt das Verhältnis zwischen den Beträgen der Reaktanz des Reihenkondensators zu der der Leitung an.

$$k = \frac{X_C}{X_L} \tag{7.4}$$

Anhand der Größenverhältnisse in Abbildung 7.8 ist zu erkennen, dass dieses Verhältnis deutlich größer als eins sein muss. Typische Werte liegen im Bereich von $k = 2\ldots4$.

7.4.2 Einsatz im Höchstspannungsnetz zur Stabilitätsverbesserung

Im Höchstspannungsnetz werden Reihenkondensatoren zur Verbesserung der Spannungswinkel und damit zur Verbesserung der Stabilität eingesetzt. Im Vergleich zum Mittelspannungsnetz ist das R/X-Verhältnis der Höchstspannungsleitungen sehr klein (siehe Abschnitt 6.5.4), so dass der ohmsche Anteil gegenüber der Reaktanz vernachlässigt werden kann ($R \ll X$). Des Weiteren zeichnen sich die Verbraucherlasten durch Verschiebungsfaktoren $\cos\varphi$ nahe eins aus. Abbildung 7.9 zeigt das Zeigerbild für die Anordnung in Abbildung 7.7. Man erkennt, dass es im Betrieb ohne den Reihenkondensator aufgrund des Spannungsabfalls über der Reaktanz nur zu einem geringen Unterschied zwischen den Beträgen der Spannungen $\underline{U}_A^{\text{ohne}\,C}$ und $\underline{U}_E$ an den Leitungsenden A und E kommt. Allerdings ist der Übertragungswinkel $\delta^{\text{ohne}\,C}$ zwischen den Spannungen am Leitungsanfang und Leitungsende groß.

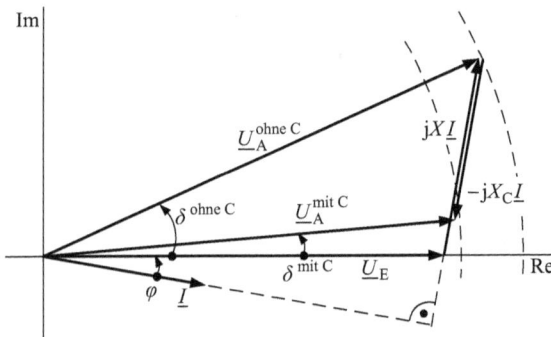

Abb. 7.9: Einsatz von Reihenkondensatoren in der Höchstspannungsebene zur Spannungswinkel- und Stabilitätsverbesserung

Durch den Einsatz des Reihenkondensators C_K kann der Übertragungswinkel deutlich reduziert ($\delta^{\text{mit}\,C} < \delta^{\text{ohne}\,C}$) und damit die Stabilität der Energieübertragung verbessert werden. Die Größe der Kompensation kann wieder durch den Kompensationsgrad k ausgedrückt werden. Anhand der Größenverhältnisse in Abbildung 7.9 ist zu erkennen, dass der Kompensationsgrad k kleiner gleich eins sein sollte ($k \leq 1$).

7.5 Parallelkondensatoren

Mit Hilfe von Parallelkondensatoren kann ein Teil des Blindleistungsbedarfs Q_L von großen, in der Regel induktiven Verbraucherlasten vor Ort durch die Blindleistungseinspeisung oder -abnahme Q_K von Kompensationsanlagen bereitgestellt werden und muss nicht über das Stromnetz transportiert werden (siehe Abbildung 7.10).

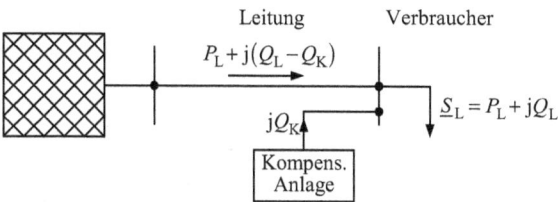

Abb. 7.10: Blindleistungskompensation von Verbrauchern bzw. Verbrauchergruppen

Damit kann der Verschiebungsfaktor des Verbrauchers deutlich verbessert und für $Q_K \approx Q_L$ nahe eins gebracht werden:

$$|\cos \varphi| = \frac{|P_L|}{\sqrt{P_L^2 + (Q_L - Q_K)^2}} \qquad (7.5)$$

Blindleistungskompensationsanlagen können für jeden Verbraucher einzeln, für Verbrauchergruppen oder auch zentral für größere Anlagen aufgestellt werden. Man spricht dann von Einzel-, Gruppen- und Zentralkompensation.

Die Vorteile der Blindleistungskompensation sind:
- die Reduzierung der stromabhängigen Übertragungsverluste und Spannungsabfälle aufgrund der geringeren Betriebsmittelströme,
- die Vermeidung der zusätzlichen Belastungen der Betriebsmittel und Erhöhung der verfügbaren Übertragungskapazität des Netzes,
- die Senkung der Energiekosten bei den Verbrauchern,
- die Einhaltung der Netzanschlussbedingungen durch den Verbraucher und
- die Senkung der Investitions- und Wartungskosten bei den Netzbetreibern.

Die Einzelkompensation (siehe Abbildung 7.11) wird zur Kompensation der Leerlauf-Blindleistung von Transformatoren, für Antriebe im Dauerbetrieb oder auch für Antriebe mit langen NS-Zuleitungen eingesetzt. Bei dieser Art der Blindleistungskompensation entsteht aufgrund der Verteilung der Kompensationsanlagen über den ganzen Betrieb ein großer Installationsaufwand. Bei einer Einzelkompensation kann eine mögliche Reduzierung der Kompensationsblindleistung aufgrund der Berücksichtigung des gleichzeitigen Blindleistungsbedarfs durch einen Gleichzeitigkeitsfaktor nicht einbezogen werden.

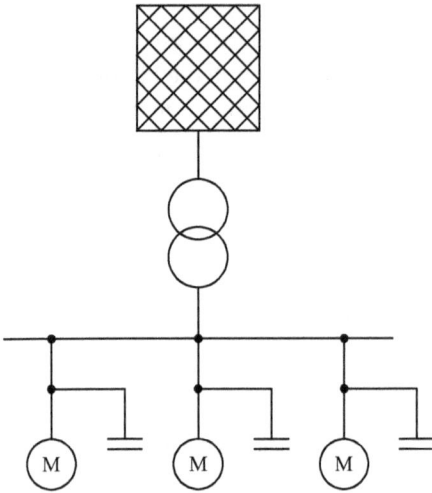

Abb. 7.11: Einzelkompensation

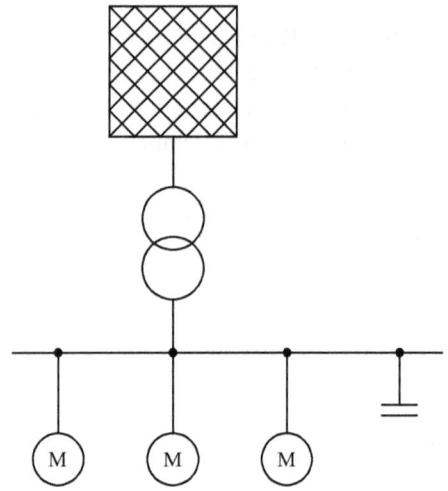

Abb. 7.12: Gruppenkompensation

Für die Blindleistungskompensation von mehreren gemeinsam betriebenen induktiven Verbrauchern (z. B. große Beleuchtungsanlagen, Motoren) wird die Gruppenkompensation (siehe Abbildung 7.12) eingesetzt, wodurch diese im Vergleich zur Einzelkompensation aufgrund der Ausnutzung des Gleichzeitigkeitsfaktors wirtschaftlicher (niedrige Kosten pro kvar) ist.

Bei der Zentralkompensation (siehe Abbildung 7.13) wird die Kompensationsblindleistung am Netzanschlusspunkt eines größeren Verbrauchers oder eines lokal begrenzten Netzgebiets geregelt, wodurch ein durch die verschiedenen Verbraucher verursachter schwankender Blindleistungsbedarf kompensiert werden kann. Damit kann die installierte Kondensatorleistung gut ausgenutzt werden, und es kann auch aufgrund der Berücksichtigung des Gleichzeitigkeitsfaktors in der Summe weniger Kondensatorleistung installiert werden. Insgesamt ist in der Regel aufgrund des zentralen Standorts eine einfache Installation der Kompensationsanlage möglich. Allerdings ist bei dieser Art der Kompensation eine Entlastung des Blindstroms im Netz des Verbrauchers und damit eine Verringerung der Verluste in diesem Netz nicht möglich, und es entstehen zusätzliche Kosten für die automatische Regelung der Zentralkompensationsanlage.

Grundsätzlich können die genannten Arten der Kompensation auch kombiniert als sogenannte gemischte Kompensation eingesetzt werden (siehe Abbildung 7.14).

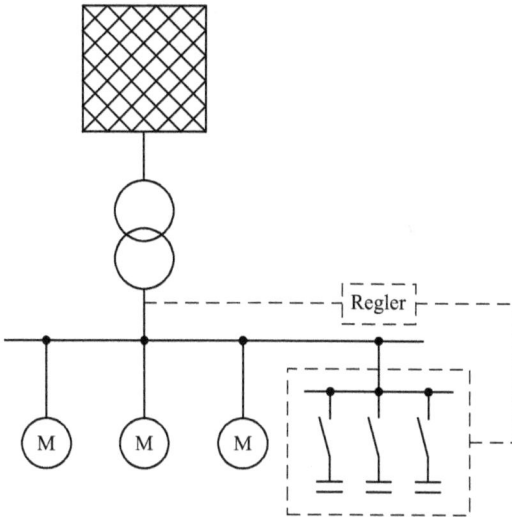

Abb. 7.13: Zentralkompensation

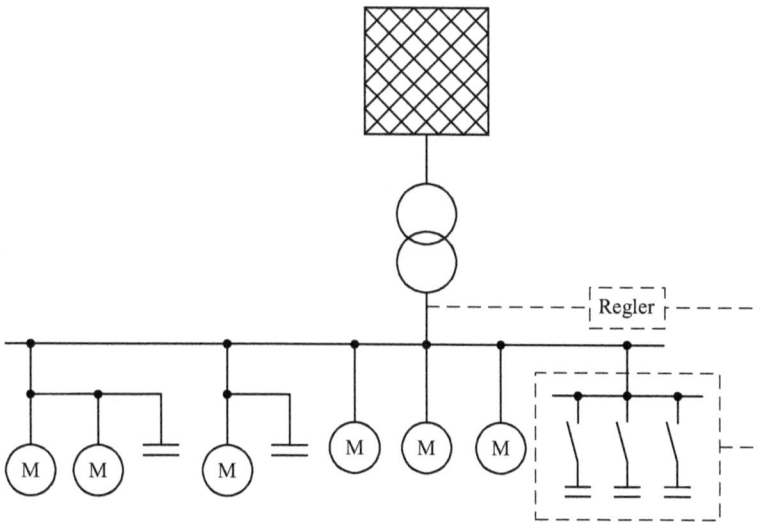

Abb. 7.14: Gemischte Kompensation

A Anhang

A.1 Ausgewählte SI-Basis-Einheiten

Größe	Symbol	Einheitenname	Zeichen
Länge	l	Meter	m
Masse	m	Kilogramm	kg
Zeit	t	Sekunde	s
Elektrische Stromstärke	I	Ampere	A
Thermodynamische Temperatur	T	Kelvin	K

A.2 Ausgewählte abgeleitete SI-Einheiten

Größe	Symbol	Einheitenname	Zeichen
Energie, Arbeit, Wärme	W, Q	Joule	J
Dichte	ρ	Kilogramm/Kubikmeter	kg/m^3
Drehmoment	M	Newtonmeter	N m
Ebener Winkel	α	Radiant	rad
Elektrischer Leitwert	G	Siemens	S
Elektrische Spannung	U	Volt	V
Elektrische Stromdichte	S	Ampere/Quadratmeter	A/m^2
Elektrischer Widerstand	R	Ohm	Ω
Frequenz	f	Hertz	Hz
Geschwindigkeit	v	Meter/Sekunde	m/s
Induktivität	L	Henry	H
Kapazität	C	Farad	F
Kraft	F	Newton	N
Ladung	Q	Coulomb	C
Leistung	P	Watt	W
Magnetische Feldstärke	H	Ampere/Meter	A/m
Magnetische Flussdichte	B	Tesla	T
Massenträgheitsmoment	J	Kilogramm · Quadratmeter	$kg\,m^2$
Permeabilität	μ	Henry/Meter	H/m
Temperatur	ϑ	Grad Celsius	°C
Winkelgeschwindigkeit, elektrisch	ω	Radiant/Sekunde	rad/s
Winkelgeschwindigkeit, mechanisch	Ω	Radiant/Sekunde	rad/s

https://doi.org/10.1515/9783110548600-008

A.3 Naturkonstanten und mathematische Konstanten

Konstante	Zahlenwert	Einheit
Zusammenhang der Konstanten μ_0, ε_0 und c	$\mu_0 = 1/\varepsilon_0 c^2$	
Magnetische Feldkonstante μ_0	$4\pi 10^{-7} = 1{,}25663\ldots \cdot 10^{-6}$	Vs/Am
Elektrische Feldkonstante ε_0	$8{,}85418\ldots \cdot 10^{-12}$	A s/V m
Lichtgeschwindigkeit c	$299.792.458$	m/s
Eulersche Zahl e	$2{,}71828\ldots$	
Stefan-Boltzmann-Konstante	$5{,}67 \cdot 10^{-8}$	W/(m^{2}K^4)
Eulersche Konstante $C = \ln \gamma$	$0{,}577216\ldots$	

Literaturverzeichnis

[1] Bronstein, I. N.; Mühlig, H.; Musiol, G.; Semendjajew, K.: Taschenbuch der Mathematik. 10. Auflage, Europa Lehrmittel, 2016.

[2] Heuck, K.; Dettmann, K.-D.; Schulz, D.: Elektrische Energieversorgung: Erzeugung, Übertragung und Verteilung elektrischer Energie für Studium und Praxis. 8. Auflage, Wiesbaden: Vieweg und Teubner Verlag/Springer Fachmedien Wiesbaden GmbH, 2010.

[3] Flosdorff, R.; Hilgarth, G.: Elektrische Energieverteilung. 5. Auflage, Stuttgart: B. G. Teubner, 1986.

[4] Müller, G.; Ponick, B.: Grundlagen elektrischer Maschinen. 10. Auflage, Band 1, Weinheim: Wiley-VCH Verlag GmbH & Co. KGaA, 2014.

[5] Hofmann, W.: Elektrische Maschinen. München: Pearson, 2013.

[6] Park, R. H.: Two-reaction theory of synchronous machines generalized method – Part I. AIEE Trans., Vol. 42 (1929), Number 2, pp. 716–730.

[7] Park, R. H.: Two-reaction theory of synchronous machines generalized method – Part II. AIEE Trans., Vol. 52 (1933), Number 2, pp. 352–355.

[8] Oswald, B. R.: Berechnung von Drehstromnetzen. 3. Auflage, Wiesbaden: Springer Vieweg, 2017.

[9] Weßnigk, K.-D.: Kraftwerkselektrotechnik. Berlin: VDE-Verlag, 1993.

[10] Spring, E.: Elektrische Maschinen. 3. Auflage, Berlin, Heidelberg: Springer, 2009.

[11] Oeding, D.; Oswald, B. R.: Elektrische Kraftwerke und Netze. 8. Auflage, Berlin: Springer Vieweg, 2016.

[12] Fischer, R.: Elektrische Maschinen. 16. Auflage, München: Carl Hanser Verlag, 2013.

[13] Kundur, P.: Power System Stability and Control. New York: Mc Graw Hill, 1994.

[14] Crastan, V.: Elektrische Energieversorgung. Berlin: Springer, 2004.

[15] Klöppel, F. W.: Kurzschluss in Elektroenergiesystemen. Leipzig: Deutscher Verlag für Grundstoffindustrie, 1969.

[16] DIN EN 60909-0 VDE 0102:2016-12: Kurzschlussströme in Drehstromnetzen, Teil 0: Berechnung der Ströme. Berlin: VDE-Verlag, 2016.

[17] DIN EN 60076-1 VDE 0532-76-1:2012-03: Leistungstransformatoren, Teil 1: Allgemeines. Berlin: VDE Verlag, 2012.

[18] BDEW, VDEW, VDN: Verkabelungsgrad des deutschen Stromnetzes, 2010.

[19] Bundesnetzagentur (Hrsg.): Netzausbau – Stromnetze zukunftssicher gestalten. www.netzausbau.de. Zugriff am 16.09.2016.

[20] Rathke, C.; Hofmann, L.: Machbarkeitsstudie zur Verknüpfung von Bahn- und Energieleitungsinfrastrukturen, Ergebnisbericht zu Los 1: Technische Machbarkeit der Nutzung von Bahnstromtrassen für Freileitungs- und Kabeltrassen öffentlicher Energieversorgung. 07.2012, https://www.bundesnetzagentur.de/DE/Service-Funktionen/Beschlusskammern/Beschlusskammer8/BK8_92_Hinweise_und_Konsultationen/Gutachten_Nutzung_Bahnstromtrassen_Netzausbau/Gutachten_Los_1_Anlage.pdf?__blob=publicationFile&v=1. Zugriff am 14.11.2017.

[21] Siemens (Hrsg.): Projektierung der 380-kV-Elbekreuzung der Nordwestdeutschen Kraftwerke AG. Siemens Energietechnik, Vol. 1 (1979), Heft 1, S. 13–17.

[22] Hofmann, L.; Rathke, C.; Mohrmann, M.: Ökologische Auswirkungen von 380-kV-Erdleitungen und HGÜ-Erdleitungen. Ergebnisbericht der Arbeitsgruppe Technik/Ökonomie. Auftraggeber BMU (03MAP189 Laufzeit: 01.10.2009-31.12.2011), 2012, http://www.gbv.de/dms/clausthal/E_BOOKS/2012/2012EB137.pdf, Zugriff am 01.05.2018.

https://doi.org/10.1515/9783110548600-009

[23] Südkabel GmbH (Hrsg.): Freileitungsseile/Overhead Line Conductors (Südkabel 0406-2 3007 SK). 2006, http://www.suedkabel.de/cms/upload/pdf/Freileitungsseile.pdf, Zugriff am 14.11.2017.

[24] Hosemann, G.: Elektrische Energietechnik, Band 3: Netze. 30. Auflage, Berlin, Heidelberg, New York, Barcelona, Hongkong, London, Mailand, Paris, Singapur, Tokio: Springer-Verlag, 2001.

[25] Heinhold, L.; Stubbe, R.: Kabel und Leitungen für Starkstrom. Erlangen: Publicis MCD Verlag, 1999.

[26] Merschel, F.: Vorlesungsskript Energiekabel in der elektrischenEnergieversorgung. Leibniz Universität Hannover, Wintersemester 2015/2016.

[27] DIN VDE 0271 VDE 0271:2007-01: Starkstromkabel, Festlegungen für Starkstromkabel ab 0,6/1 kV für besondere Anwendungen. Berlin: VDE-Verlag, 01.2007.

[28] Merschel, F.; Kliesch, M.: Starkstromkabelanlagen. Buchreihe Anlagentechnik für elektrische Verteilungsnetze, 2. Auflage, Berlin: VDE-Verlag GmbH, 2010.

[29] Saßnick, Y. (Vattenfall Europe Transmission): Vortrag Fachsymposium Deutsche Umwelhilfe, Berlin, 17. März 2009.

[30] Schegner, P.: Sternpunktbehandlung und Erdung in Kabelnetzen. Vortrag, 90. Kabelseminar des Instituts für Elektrische Energiesysteme der Leibniz Univ. Hannover, 09.2017.

[31] DIN 4124:2012-01: Baugruben und Gräben – Böschungen, Verbau, Arbeitsraumbreiten. Berlin: Beuth Verlag, 2012.

[32] IEC 62067:2011: Power cables with extruded insulation and their accessories for rated voltages above 150 kV (Um = 170 kV) up to 500 kV (Um = 550 kV) – Test methods and requirements. 2011.

[33] IPH Berlin (Hrsg.): IPH Report 2/05. Berlin, 2005.

[34] Hoy, C.; Koettnitz, H.; Kostenko, M. V.: Wellenvorgänge auf Hochspannungsfreileitungen. Berlin: VEB Verlag Technik, 1988.

[35] Carson, J. R.: Wave propagation in overhead wires with earth return. Bell System Technical Journal, Vol. 5 (1926), pp. 539–554.

[36] Hofmann, L.: Modellierung von Freileitungen mit frequenzabhängigen Parametern im Kurzzeitbereich. Düsseldorf: VDI Verlag, zgl. Dissertation Univ. Hannover, 1998.

[37] Oswald, B. R.; Siegmund, D.: Berechnung von Ausgleichsvorgängen in Elektroenergiesystemen. Leipzig: Deutscher Verlag für Grundstoffindustrie, 1991.

Stichwortverzeichnis

https://doi.org/10.1515/9783110548600-010

www.ingramcontent.com/pod-product-compliance
Lightning Source LLC
Chambersburg PA
CBHW061353210326

41598CB00035B/5970